工程训练教程

主　编：杨安杰　赵呈建
副主编：黄宏俊　李林峻　李　可

河南大学出版社
·郑州·

图书在版编目(CIP)数据

工程训练教程 / 杨安杰,赵呈建主编.—郑州:河南大学出版社,2019.7(2022.1重印)

ISBN 978-7-5649-3815-4

Ⅰ.①工… Ⅱ.①杨… ②赵… Ⅲ.①机械制造工艺-高等学校-教材 Ⅳ.①TH16

中国版本图书馆 CIP 数据核字(2019)第 147546 号

责任编辑　柳　涛
责任校对　陈　巧
封面设计　翟淼淼

出版发行　河南大学出版社
　　　　　地址:郑州市郑东新区商务外环中华大厦 2401 号
　　　　　邮编:450046
　　　　　电话:0371-86059750(高等教育与职业教育出版分社)
　　　　　　　　0371-86059701(营销部)
　　　　　网址:hupress.henu.edu.cn
排　　版　河南宏运蓝图文化传媒有限公司
印　　刷　河南育翼鑫印务有限公司
版　　次　2019 年 12 月第 1 版
印　　次　2022 年 1 月第 3 次印刷
开　　本　787mm×1092mm　1/16　　印　张　22.75
字　　数　536 千字　　　　　　　　定　价　49.00 元

(本书如有印装质量问题,请与河南大学出版社营销部联系调换)

前　言

教材建设是高等教育的基本建设之一，在我国实现"中国制造2025"和伟大复兴中国梦宏伟蓝图及高等教育大众化的今天，大学生工程素质教育更为重要。为了适应工程类专业教学改革的需要，河南工程学院工程训练中心按照河工院教〔2017〕82号《河南工程学院教材编写和出版管理办法（暂行）》文件有关编写高水平应用型特色教材的精神，组织教师以立德树人、实施现代工程教育理念下的工程训练为宗旨，以"学习工艺知识，提高工程素质，培养创新精神"为教学目标，以扩大工程训练教学内容为目的，结合当前我国和我校工程训练的实践教学研究和教学改革成果，组织编写了《工程训练教程》。

本教材主要具有以下特色：

1. 本教材在内容上介绍一些全新的、成熟的实用技术，注重典型的工件制作与评价，突出实践应用能力，加强针对性和实用性，旨在培养学生的技术应用能力。

2. 本教材根据"十三五"专业人才培养方案的要求编写，注重"教、学、做"合一的整体策划，并将实践教学内容分为基本概念、工艺与设备、操作实训技能及工件制作项目四个板块，体现出知识的基础性和实用性以及工程训练和创新实践的可操作性。教材内容既相互独立又相互衔接，具有系统性与完整性，并力求做到文字简练，图文并茂，便于自学。

3. 本教材紧扣教学改革，依据"以能力为本位，以工作过程为导向，以项目化教学为宗旨"的编写原则，更好地适应工作岗位能力的要求，倡导少讲、多学、多做的教学理念，对传统的课程体系和教学内容进行了整合和更新，精简了理论内容，突出了专业技能和理论知识应用能力的培养，缩短了学生专业技能与生产一线需求的距离。较好地满足当前工程制造类专业教学的需要。

4. 本教材针对以往《金属工艺学实习》教材存在的一些问题，增加各院校教师间的沟通和交流，树立工程训练"能实无虚"的思想，着力提高学生的实践能力；考虑学生认知特点，合理表述知识；本着"必需""够用""管用"的原则，严格把握教材的深度和广度。

本教材作为高等院校机械类、近机械类及其他专业的工程训练（或金工实习）教学用书，项目多样化，适应不同专业个性化教学的需要。希望这套教材能在工程训练教学工作中发挥积极的作用，并期待着能够不断完善，成为该类教材中的精品。

本教材由河南工程学院工程训练中心组织编写。参加本教材编写工作的有：杨安杰、赵呈建、李林峻、黄宏俊、曲全鹏、武振威、吴应桦、李可等。其中杨安杰、赵呈建共同编写前言和第一章,杨安杰编写第三章、第十六章的第一、二、三节,黄宏俊编写第二、第五、第十二、第十六章的第四、五节,李林峻编写第四、第十一、第十八章,武振威编写第六、第十七章,吴应桦编写第七、第十三、第十九章,曲全鹏编写第八、第九、第十章,李可编写第十四、第十五章。全套教材由杨安杰负责统稿和定稿。在编写过程中,河南理工大学工程训练中心张英琦主任、河南省机械院机械装备股份有限公司陈正学总工提出了宝贵的建议。本书在出版过程中得到学校教务处和相关学院领导及老师的大力支持和热忱帮助。本书在编写过程中参考和引用了相关手册、教材、学术杂志等文献资料上的有关内容,借鉴了许多同行专家的教学成果。在此一并表示真诚的谢意。

  由于编者水平和条件有限,书中难免存在疏漏之处,真诚希望读者提出修改意见和建议。

编者

2019 年 4 月

目　录

第一章　绪论 001

第一节　大学生工程训练的意义 001
第二节　工程训练的教学内容 003
第三节　工程训练的教学要求与安全知识 003
第四节　工程训练学生实习守则 004

第二章　铸造 006

第一节　概述 006
第二节　铸造相关工序与设备 008
第三节　铸造实习基本操作 012
第四节　工件制作 022
第五节　评分标准 024

第三章　锻造 026

第一节　概述 026
第二节　锻造所用的设备与工具 030
第三节　锻造基本工艺过程 035
第四节　工件制作 041
第五节　评分标准 043

第四章　焊接 045

第一节　焊接概述 045
第二节　焊接相关设备及工具 047
第三节　手弧交直流焊电流的选择与调节 057

第四节　手弧焊实习基本操作与工艺 …………………………………… 059
第五节　典型工件的焊接 ………………………………………………… 065
第六节　评分标准 ………………………………………………………… 066

第五章　热处理 …………………………………………………………… 067

第一节　概述 ……………………………………………………………… 067
第二节　热处理设备 ……………………………………………………… 070
第三节　热处理基本工艺过程 …………………………………………… 073
第四节　实训工件的热处理及硬度测量 ………………………………… 076
第五节　评分标准 ………………………………………………………… 078

第六章　钳工 ……………………………………………………………… 080

第一节　概述 ……………………………………………………………… 080
第二节　钳工所用的主要设备与量具 …………………………………… 081
第三节　钳工相关工序及操作 …………………………………………… 087
第四节　工件制作 ………………………………………………………… 108
第五节　评分标准 ………………………………………………………… 111

第七章　车工 ……………………………………………………………… 113

第一节　概述 ……………………………………………………………… 113
第二节　车削所用的设备、刀具与量具 ………………………………… 116
第三节　工件的安装 ……………………………………………………… 121
第四节　基本车削工艺训练 ……………………………………………… 123
第五节　工件制作 ………………………………………………………… 124
第六节　评分标准 ………………………………………………………… 128

第八章　铣工 ……………………………………………………………… 130

第一节　概述 ……………………………………………………………… 130
第二节　铣削加工所用的机床及其附件 ………………………………… 135
第三节　铣刀及安装 ……………………………………………………… 140
第四节　铣削加工基本操作 ……………………………………………… 143
第五节　工件制作 ………………………………………………………… 150

　　　　第六节　评分标准 ·· 151

第九章　刨工

　　　　第一节　概述 ·· 153
　　　　第二节　刨削加工所用的设备 ··· 155
　　　　第三节　刨刀及安装 ··· 159
　　　　第四节　工件的装夹 ··· 160
　　　　第五节　刨削加工基本操作 ·· 161
　　　　第六节　工件制作 ··· 163
　　　　第七节　评分标准 ·· 165

第十章　磨工

　　　　第一节　概述 ·· 167
　　　　第二节　磨削加工所用的设备及砂轮 ·· 169
　　　　第三节　磨削加工基本操作 ·· 174
　　　　第四节　工件制作 ··· 176
　　　　第五节　评分标准 ·· 177

第十一章　数控加工

　　　　第一节　概述 ·· 179
　　　　第二节　数控机床系统 ··· 182
　　　　第三节　数控加工基本操作 ·· 189
　　　　第四节　评分标准 ·· 197

第十二章　金属激光切割

　　　　第一节　概述 ·· 198
　　　　第二节　金属激光切割所用设备与切割基本操作 ··································· 200
　　　　第三节　工件制作 ··· 206
　　　　第四节　评分标准 ·· 210

第十三章　激光内雕

　　　　第一节　概述 ·· 212

第二节　激光内雕所用设备以及雕刻材料 …… 215
第三节　激光内雕基本操作工艺 …… 217
第四节　工件制作 …… 227
第五节　评分标准 …… 230

第十四章　非金属激光切割机 …… 232

第一节　概述 …… 232
第二节　非金属激光切割机所用设备使用介绍 …… 234
第三节　非金属激光切割机基本操作工艺 …… 235
第四节　操作参数设定 …… 250
第五节　评分标准 …… 252

第十五章　激光打标 …… 253

第一节　概述 …… 253
第二节　光纤激光打标机 …… 254
第三节　激光打标机基本操作 …… 257
第四节　评分标准 …… 265

第十六章　电火花与线切割 …… 266

第一节　概述 …… 266
第二节　线切割所用的设备 …… 270
第三节　数控线切割机床的操作 …… 276
第四节　工件制作 …… 277
第五节　评分标准 …… 280

第十七章　3D 打印快速成型技术 …… 282

第一节　概述 …… 282
第二节　3D 打印基本处理流程 …… 291
第三节　3D 打印样件制作 …… 292
第四节　评分标准 …… 298

第十八章　工业机器人 …… 299

第一节　概述 …… 299

第二节　工业机器人设备的基本操作 …………………………………… 307
　　第三节　工业机器人的坐标设定 …………………………………………… 312
　　第四节　四项基础运动指令 ………………………………………………… 322
　　第五节　工业机器人搬运的运动轨迹设定 ………………………………… 328
　　第六节　焊接机器人的运动轨迹设定 ……………………………………… 332

第十九章　三维扫描仪 ……………………………………………………… 336

　　第一节　概述 ………………………………………………………………… 336
　　第二节　三维扫描仪相关设备 ……………………………………………… 338
　　第三节　三维扫描仪的基本操作实例 ……………………………………… 340
　　第四节　评分标准 …………………………………………………………… 350

参考文献 ………………………………………………………………………… 351

第一章　绪论

【教学目标】

知识目标

1. 了解大学工程实训的意义。
2. 了解工程训练的教学内容。
3. 了解工程训练教学内容与安全知识。

能力目标

1. 掌握工程训练安全知识。
2. 熟悉工程训练学生实习守则。

第一节　大学生工程训练的意义

一、什么是大学生的工程素质

教育部于2003年提出了高等院校学科专业教学规范的制订要有助于加强学生基本知识、基本技能、基本素质培养的先进教学理念,并强调要特别重视实践教学,增强大学生的实践能力、适应能力和竞争能力。依据这一精神,不仅工程训练中心像雨后春笋在各个高校迅速建立和发展起来,而且高等工程教育也越来越受到格外的重视。高等工程教育将使学生能够了解常用的加工方法,学习现代工程知识,增强工程意识,提高工程实践能力。它对学生知识、能力、素质的提高发挥着重要作用,特别是对学生创新精神与创新能力的培养将有着良好的影响。

教育部从2010年又启动实施了"卓越工程师教育培养计划",该计划是贯彻落实《国家中长期教育改革和发展规划纲要(2010-2020年)》和《国家中长期人才发展规划纲要(2010-2020年)》的重大改革项目,也是促进我国由工程教育大国迈向工程教育强国的重大举措。该计划就是要培养造就一大批创新能力强、适应经济社会发展需要的高质量各类型工程技术人才,为国家走新型工业化发展道路、建设创新型国家和人才强国战略服务。该计划对促进高等教育面向社会需求培养人才,全面提高工程教育人才培养质量具有十分重要的示范和引导作用。"卓越计划"具有三个特点:一是行业企业深度参与培养过程;二是学校按通用标准和行业标准培养工程人才;三是强化培养学生的工程能力和创新能力。

工程素质是指从事工程实践的工程专业技术人员的一种能力,是面向工程实践活动时所具有的潜能和适应性。工程素质实质上是一种以正确的思维为导向的实际操作,具有很强的灵活性和创造性。工程素质主要包含以下内容:一是广博的工程知识素质;二是良好的思维素质;三是工程实践操作能力;四是灵活运用人文知识的素质;五是扎实的方法论素质;六是工程创新素质。

工程素质的形成并非是知识的简单综合,而是一个复杂的渐进过程,将不同学科的知识和素质要素融合在工程实践活动中,使素质要素在工程实践活动中综合化、整体化和目标化。学生工程素质的培养,体现在教育全过程中,渗透到教学的每一个环节,要因地制宜、因人制宜、因环境和条件差异进行综合培养。

二、工程训练的意义

工程素质是每一个大学生必须具备的基本素质。这些素质必须建立在学生对工程背景的了解和认知以及对工程意识的训练和培养的基础上才能逐步形成。工程训练实习正是为实现这一目的而采取的工程素质教育中最基本的工程实践教学环节。"工程训练"课程是一门实践性的技术基础课,是现代高等工程教育本专科阶段必修的实践教学环节。其以工业素质教育和创新能力培养为核心,以本专科低年级学生为主体,面向高校所有理工科专业和部分文科专业开课,是学生了解制造工程技术方面知识的必修课程。本课程的教学目的是使学生通过工程训练获得制造的基本知识,建立产品制造生产过程的概念,培养一定的操作技能,树立劳动观、创新意识观、理论联系实际观。

通过工程训练实习,学生一方面有条件通过现场参观、演示和实际动手操作等方式接触各种机器和相关应用技术,来弥补自己实践知识和实践经验的不足;另一方面,学生有机会接触实践教学人员、教学管理人员,开始与不同身份和不同职责的人共同学习和协调工作。它将为学生从走近工程、认识工程、了解工程,到热爱工程直至献身于工程起到良好的促进和推动作用。学生在这种从未有过的实践教学环境中,通过各种感受和体验,成功与失败,迷茫与领悟,去感悟纪律、安全、质量、技术、经济、管理、群体和市场的真实含义及彼此间的相互联系。这种综合的工程意识或工程素质的初步建立,为他们步入社会,施展自己的聪明才智和实现远大抱负奠定较为扎实的基础。

第二节　工程训练的教学内容

《工程训练》是一门以实践教学与理论教学相结合,并且以实践教学为主的基础课程,它在原《金工实习》及《金属工艺学》的基础上,拓展教育教学功能,精选传统教学内容,大力增加现代制造工程技术教学的一门面向制造业现代化的工程实践课。学生一旦接触制造工程实践就进入到了现代科学各个学科的交叉与综合的界面,进入到了认知现代工业文明的实践课堂,对于他们建立现代工业制造的思维模式和正确的思想方法提供了一种良好的教学环境,这种教学环境对于工科专业学生是从课堂走向工厂、从书本走向实践的开端,向知识的实际应用迈出了第一步;对于非工科专业的学生,使他们获得了认识现代工业文明和粗通工业制造的极好机会,这对于他们未来的成长和发展必将终生受益。

《工程训练》的主要内容包括冷加工(钳工、车削加工、铣削加工、刨削加工、磨削加工)、热加工(焊接、锻造冲压、铸造、热处理)等基础加工方法和技术的传授和训练,还涵盖特种加工(激光加工、电火花加工)、智能制造(数控加工、3D打印、机器人)等先进制造技术训练。并将实践教学内容分为基本概念、工艺与设备、操作实训技能及工件制作项目四个板块,体现出知识的基础性和实用性,以及工程训练和创新实践的可操作性。

第三节　工程训练的教学要求与安全知识

一、工程训练的教学

《工程训练》课程根据不同专业教学培养计划,其实训的周数在1~4周不等。为使学生对各工种都有初步的了解,对各种设备使用达到均衡和最大化,现场都采用了模块化教学,根据各校场地、设备、人员的不同,大致分4~7个模块,学生分组在各模块间轮换实习。因此要求学生服从老师的指令和安排,一定遵守安全操作规程和实习时间纪律规定,在此基础上达到如下教学要求:

(1)使学生了解制造的工艺过程,熟悉零件的常用加工方法及所用主要设备的工作原理及典型结构、工夹量具的使用及其安全操作技术。

(2)对简单零件初步具有选择加工方法和进行工艺分析的能力,在主要工种上具有独立完成简单零件加工制造的实践能力。

(3)树立产品的质量观念、经济效益观念、正确的劳动观念。

(4)培养学生的工程实践能力、创新意识与创新能力以及理论联系实际的作风。

二、工程训练成绩评定

总评成绩的评定办法为:实习操作与表现成绩占70%,实习报告成绩占30%。每个模块实习操作成绩不合格者不能参加成绩总评。

总评成绩按优秀、良好、中等、及格、不及格五级计分制。

三、工程训练的安全知识

工程训练所用的厂房车间和企业生产车间类似,所用设备也都是企业一线所用的生产设备,这些厂房、设备虽然在设计生产安装时尽可能考虑了使用者的人身安全,但不遵守安全规章制度,极易出现电力、机械、易燃易爆危险,危及生命人身安全。下面是工程训练需要牢记的安全知识:

(1)熟悉工程训练学生实习守则,严格遵守安全技术操作规程。

(2)必须按各工种要求穿戴好全部防护用品,如身着工作服及工作鞋,长发者须戴工作帽,机械加工时禁止戴手套,车削及焊接时须戴防护眼镜,焊接训练须穿长袖衣服等。

(3)未了解仪器设备性能或未经指导老师许可,不得擅自触摸或启动任何仪器设备。

(4)启动仪器设备前及启动后须按规定的程序及要求谨慎操作。

(5)两名以上的学生同时操作一台机器时,须密切配合,开机时应打招呼,以免发生事故。

(6)离开仪器设备或因故停电时,应随手关闭所用仪器设备的总开关。

(7)实习中如发现所用仪器设备不正常或仪器设备出现故障,应立刻停机并报告指导教师。

(8)实习中如有事故发生,须迅速切断电源,保护好现场,并立刻向指导老师报告,等候处理。

(9)工作完毕后,须整理及清点工具,并做好仪器设备和地面的清洁工作。

(10)上课期间不得接听手机,听随身听,看课外书等。

(11)熟悉车间、实验室的布局,门窗位置、消防设施位置、紧急电话。

第四节　工程训练学生实习守则

(1)参加实习前,必须接受工程训练中心和各工种指导教师二级安全教育。

(2)进入实习场所,要严格遵守各项规章制度,必须佩戴胸卡,着装符合安全规范要求,长发同学须戴工作帽,严禁戴围巾、穿短袖、短裤、背心、裙子、拖鞋、凉鞋等进入工程训练区实习。

(3)实习期间,必须遵守学校和工程训练中心各项规章制度,按时上下课,不迟到、不早退,有事请假,否则按旷课处理;严禁串岗、闲聊、打闹;禁止使用手机、耳机,看与实习无关的书籍等,一经发现,按相关规定处理。

(4)严格遵守安全操作规程,遵从教师指导,爱护仪器设备,未经允许,不得动用、启动其他设备及电闸。如遇设备故障,须立即停机,及时报告指导教师。因违反规章制度,未遵守操作规程所造成的设备仪器损坏、丢失,按损坏价值赔偿。

(5)爱护工程训练中心教学环境,讲究卫生,不准在墙壁、展板及有关设备上涂改、写、画或作其他污染行为,严禁乱扔垃圾、吸烟、随地吐痰,当天实习结束后,按要求擦拭设备,清扫场地,整理材料、工具、量具等。

(6)严禁将实习相关物品及图纸、账簿、报表等带出训练中心。

(7)及时完成老师布置的作业,认真撰写实习报告,不得抄袭、代写。认真做好实习后的复习和总结。

思考题

1. 工程训练教学的目的是什么?
2. 工程训练过程中安全要点有哪些?

第二章 铸 造

【教学目标】

知识目标

1. 了解砂型铸造生产过程、特点和应用,型(芯)砂的主要性能、组成。
2. 了解模样、铸件和零件三者之间的关系。
3. 了解铝合金的熔炼、浇注工艺;中频感应熔炼炉的结构、工作原理。
4. 了解新材料、新工艺、新技术在铸造方面的应用。
5. 熟悉造型、制芯的方法,能正确选择使用造型工装、工具与辅具。
6. 熟悉分型面的选择,浇注系统的组成、作用和浇口开设原则。

能力目标

1. 具备对结构简单的小型铸件进行经济分析、工艺分析和选择造型方法的能力。
2. 掌握手工两箱造型(如整模造型、分模造型、挖砂造型等)的特点及操作技能。
3. 能按图样要求完成结构简单的小型铸件(如元宝模型)的造型、浇注、清理等操作。

第一节 概 述

一、铸造安全操作规程

(1)进入实习车间前必须按本工种规定穿戴好劳动保护用品。

(2)搬运砂箱、砂型时,注意安全,以免砸伤手脚。

(3)造型时注意防止压勺、通气针等物刺伤人;不要用嘴吹分型砂,以免砂粒进入眼内。

(4)实习中,使用舂砂锤、平锹时,要注意安全,不要伤及他人。

(5)浇注金属液时,要注意安全,应戴好防护眼镜,站在安全地点;浇包内剩余液体金属不能泼在有水地面上;不参加浇注的人,应远离浇包。

(6)严禁用手摸或脚踏未冷却的铸件。

(7)清理铸件时,要注意周围环境,不能正对着人敲打浇帽口或凿毛刺,以免伤人。

(8)操作必须在老师的指导下进行,未经老师同意不得擅自动用各种设备。要做到文明作业,工作场地要保持整洁,使用完的工具、工件应摆放整齐。

二、铸造的概念及分类

铸造生产是将金属材料加热到液态,浇注到与零件形状、大小相适应的铸型内,待熔融的金属液凝固冷却后获得毛坯或者零件的一种液态成型方法。

根据生产工艺铸造可分为砂型铸造和特种铸造。特种铸造包含熔模铸造、金属型铸造、压力铸造、低压铸造、离心铸造、壳型铸造和消失模铸造等。

砂型铸造是用型砂紧实制成铸型生产铸件的铸造方法。砂型铸造的生产工序很多,主要工序为制模、配砂、造型、造芯、合型、熔炼、浇注、落砂、清理和检验。

三、铸造的特点及应用

(一)铸造的主要优点

(1)铸造生产的适应性强。

(2)铸造生产的成本低廉。

(二)铸造的主要缺点

(1)铸件的力学性能及精度较差,使铸造在生产中受到一定的限制。

(2)铸造生产的工序繁多,铸件质量难以控制,废品率较高。

(3)砂型铸造生产的铸件表面质量不太高,劳动条件差,环境污染较大。

(三)铸造的应用

铸造是一种古老的生产金属件的方法,也是现代工业生产制取金属制品的必不可少的重要方法。在机器设备中,铸件所占的比重还是很大的,如机床、内燃机、轧钢机等机械中,铸件的重量约占机器总重量的75%以上,可见铸造生产在机器制造中的重要性。

第二节 铸造相关工序与设备

一、铸造的生产过程

砂型铸造的生产过程如图2-1所示,首先分别配置型砂和芯砂,并用相应的工艺装备(模样、芯盒)造出型砂和芯砂,然后合为一个整体铸型,将熔融的金属浇注铸型内,冷却凝固后取出铸件,其中制作铸型和熔炼金属是核心环节。砂型铸造生产工艺流程如图2-2所示。

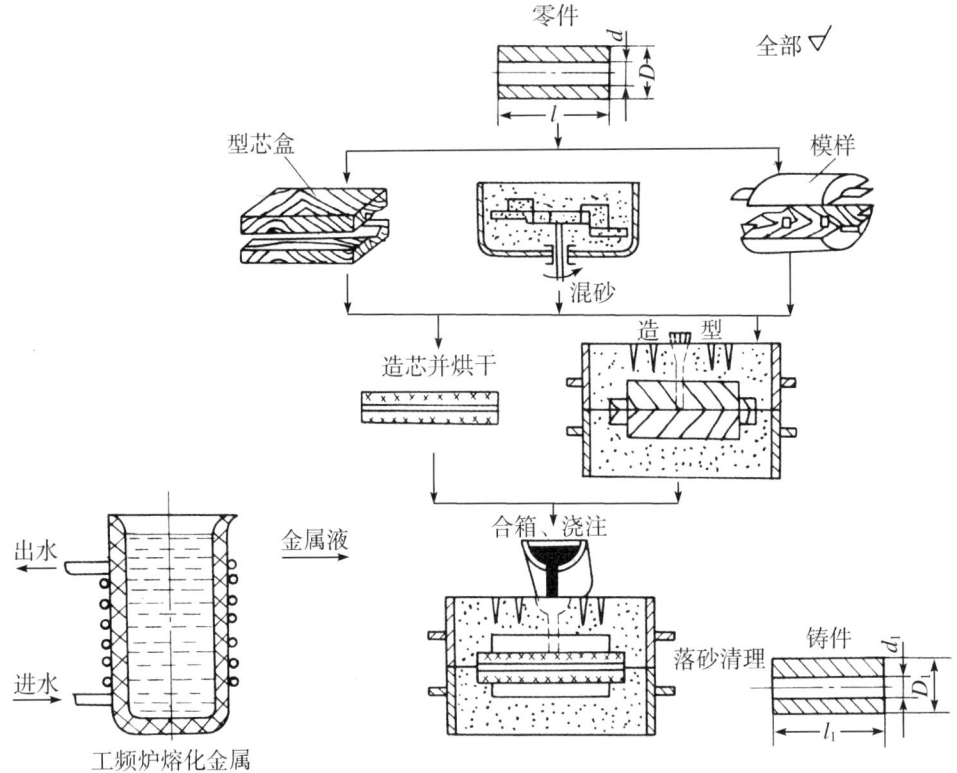

图2-1　砂型铸造的工艺过程

第二章 铸造

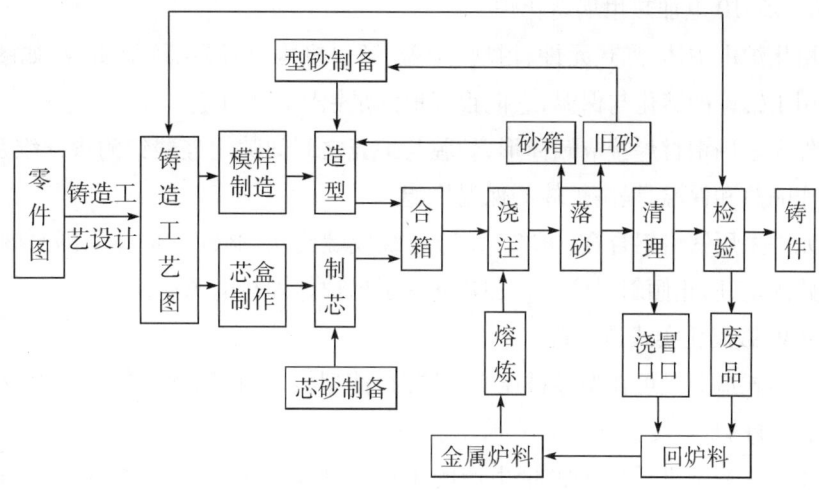

图 2-2 砂型铸造生产工艺流程

二、设备、造型工具及辅助工具

(一)设备

1. KGPS-0.35T 中频感应熔炼炉

感应炉是利用一定频率的交流电通过感应线圈,使炉内的金属炉料产生感应电动势,并形成蜗流,产生热量而使金属炉料熔化。根据所用电源频率不同,感应炉分为高频感应炉(10000HZ 以上)、中频感应炉(1000~2500HZ)和工频感应炉(50HZ)几种。如图 2-3 所示,是感应炉的结构示意图,它由坩埚和围绕其外的感应线圈组成。如图 2-4 所示,是 KGPS-0.35T 中频感应炉成套设备,通过感应电源的控制,不但可用于铝、锌、铜等合金的熔炼,而且常用于钢的熔炼。

感应炉熔炼的优点是操作简单、热效率高、升温快、生产率高。

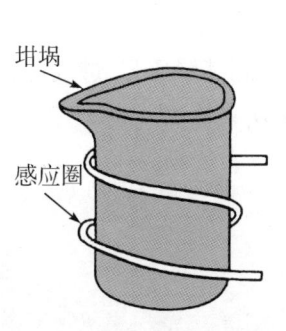

图 2-3 感应炉结构示意图

图 2-4 中频感应炉成套设备

2. SG2-45-10 电加热坩埚熔化炉

坩埚熔化炉由炉体、加热元件、坩埚、炉盖、倾斜机构、控温系统等组成,如图2-5所示。主要用于铝锭的熔化与保温,它能很好地满足铝熔炼的工艺。

炉体外壳采用钢材焊接成圆筒形,炉膛与炉壳之间间隙用硅酸铝耐火纤维及硅藻土散料充填作隔热和保温,提高炉体的保温机能。

加热元件采用铁铬铝合金(0Cr25AL5)丝绕成螺旋状,搁置在炉膛周围的搁砖上,并用插口搁砖固定,防止倾斜时脱出。加热元件引出炉体外与电源连接。

3. Z146W 微震压实式造型机

微震压实式造型机可在型砂被压实的同时,使型板、砂箱和型砂作高频率、小振幅的震动,提高型砂的紧实度。如图2-6所示。

微震压实式造型机适用于批量生产的小型铸件单面型板单箱造型,可造上箱或下箱。采用微震压实机构,可满足简单型或复杂型的要求,是机械化铸造不可缺少的利器之一。

图 2-5 电加热坩埚熔化炉

图 2-6 微震压实式造型机

4. 混砂设备(碾轮式混砂机)

型(芯)砂一般是在混砂机中混制。如图2-7所示为碾轮式混砂机。图中刮板的作用是为翻动型砂,使分散的型砂集中于碾轮下,供碾轮碾压。

混好的型(芯)砂应进行质量检验。生产中采用专用仪器测其湿压强、透气性和含水量。在缺乏检测仪器的情况下,常采用如图2-8所示的手捏法来检测。

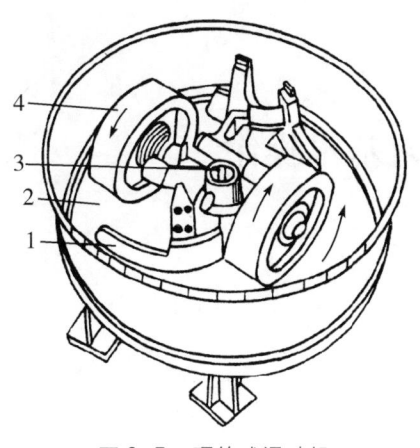

型砂适度是当时　　手放开后可看
可用手捏成砂团　　出清晰的轮廓

折断时断面没有碎裂状，同时有足够的强度

图2-7　碾轮式混砂机　　　　　图2-8　手捏法检验型砂
1—刮板　2—碾盘　3—主轴　4—碾轮

(二)造型工具及辅助工具

(1)砂型铸造的造型工具，修型工具如图2-9所示。工装、模样若干。

(2)砂箱：若干。

(3)底板：若干。

(4)浇注工具。

手提浇包、抬包、吊包如图2-10所示。

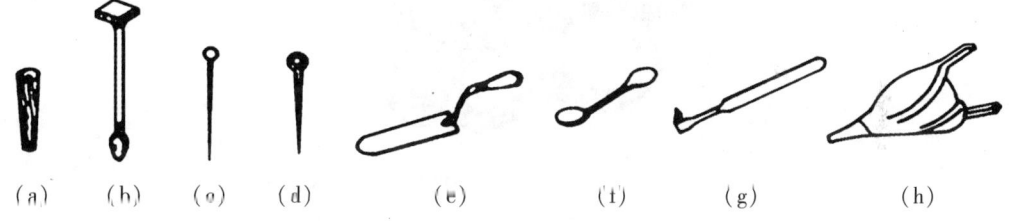

(a)　　(b)　　(c)　　(d)　　(e)　　(f)　　(g)　　(h)

(a)直浇棒；(b)春砂锤；(c)通气针；(d)起模针；(e)墁刀：修平面及挖沟槽；(f)秋叶：修凹的曲面；(g)砂勾：修深的底部或侧面及钩出砂型中散砂用；(h)手风器(皮老虎)

图2-9　造型工具

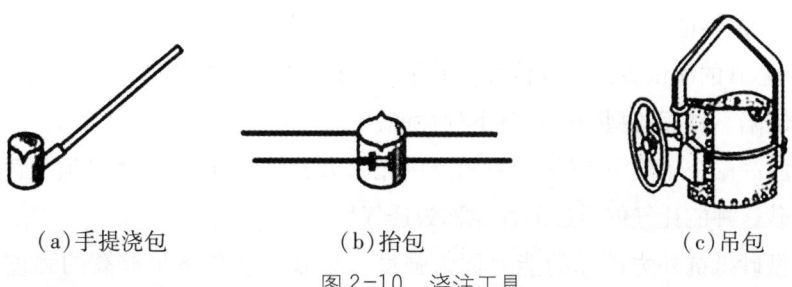

(a)手提浇包　　　(b)抬包　　　(c)吊包

图2-10　浇注工具

第三节 铸造实习基本操作

一、砂型的制造

(一)型砂的制备

制造砂型的材料称为造型材料,用于制造砂型的材料习惯上称为型砂,用于制造砂芯的造型材料称为芯砂。通常型砂是由砂子、粘土和水按一定比例混合而成,有时还加入少量如煤粉、植物油、木屑等附加物以提高型砂和芯砂的性能。紧实后的型砂结构如图2-11所示。

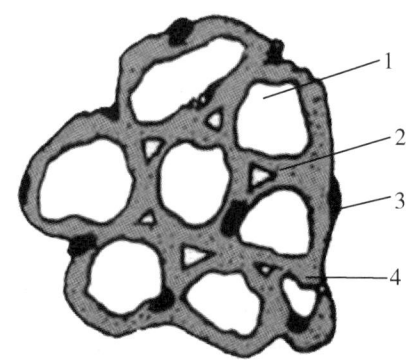

图2-11 型砂结构
1-砂粒 2-空隙 3-煤粉 4-粘土膜

(二)型砂的性能要求和组成

型砂是按一定比例配成的造型材料,是制作铸型(砂型铸造)的主要材料之一。

1. 对型砂的性能要求

型砂和芯砂的质量直接影响铸件的质量,型砂质量不好会使铸件产生气孔、砂眼、粘砂、夹砂等缺陷。良好的型砂应具备下列性能:

透气性:高温金属液浇入铸型后,铸型内充满大量气体,这些气体必须由铸型内顺利排出去,型砂这种能让气体透过的性能称为透气性。

强度:型砂抵抗外力破坏的能力称为强度。型砂必须具备足够高的强度才能在造型、搬运、合箱过程中不引起塌陷,浇注时也不会破坏铸型表面。

耐火性:高温的金属液体浇进后对铸型产生强烈的热作用,因此型砂要具有抵抗高温热作用的能力即耐火性。

可塑性:指型砂在外力作用下变形,去除外力后能完整地保持已有形状的能力。

退让性:铸件在冷凝时,体积发生收缩,型砂应具有一定的被压缩的能力,称为退让性。

2. 型砂的组成

为了满足型砂的性能要求,型砂由砂子、粘结剂、附加物及水按一定比例混制而成。

(1)砂子:一般采自海、河或山地,但并非所有的砂子都能用于铸造,铸造用砂应控制。

(2)粘结剂:用来粘结砂粒的材料称为粘结剂,如:水玻璃、桐油、干性植物油、树脂和粘土等。

(3)附加物:为改善型砂的某些性能而加入的材料称为附加物,常用的有:煤粉、油、木屑等。

3. 混砂过程

型砂的组成物按一定比例配制,以保证其性能。型砂的性能好坏不仅决定于其配比,还与配砂的工艺操作有关,应先加入新砂、旧砂(回用砂)和附加物干混 2~3 分钟,再加入水湿混 6~10 分钟,性能符合要求后即从出砂口出砂,混制好的型砂应放置 2~3 小时,使粘土膜内的水份均匀,以提高粘土的湿强度和透气性,使用前用松砂机将砂松散,使之松散好用。

(三)模样铸型的组成

铸型是用金属或其他耐火材料制成的组合整体,是金属液凝固后形成铸件的地方。以两箱砂型铸造为例,典型的铸型如图 2-12 所示,它由上砂型、下砂型、浇注系统、型腔、型芯和通气孔组成。

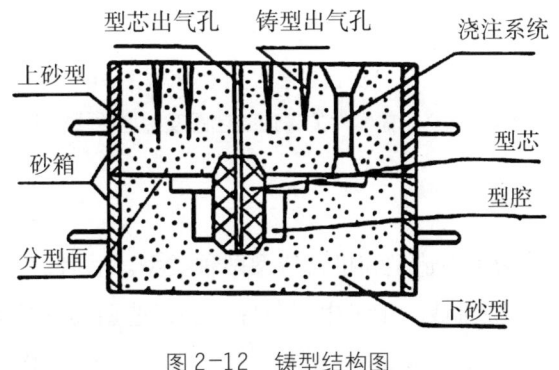

图 2-12 铸型结构图

(四)模样和芯盒

模样是形成铸型型腔的模具,芯盒是来制型芯以形成具有内腔的铸件。

在设计工艺图时,要考虑下列一些问题:

(1)分型面的选择:分型面是上下砂型的分界面,选择分型面时必须使模样能从砂型中取出,并使造型方便和有利于保证铸件质量。

(2)拔模斜度:为了易于从砂型中取出模样,凡垂直于分型面的表面,都做出0.5°~4°的拔模斜度。

(3)加工余量:铸件需要加工的表面,均需留出适当的加工余量。

(4)收缩量:铸件冷却时要收缩,模样的尺寸应考虑收缩的影响。通常铸铁件要加大1%;铸钢件加大1.5%~2%;铝合金为1%~1.5%。

(5)铸造圆角:铸件上各表面的转折处,都要做成过渡性圆角,以利于造型及保证铸件质量。

(6)芯头:有砂芯的砂型,必须在模样上做出相应的芯头,以便砂芯稳固地安放在铸型中。

如图2-13所示是压盖零件的铸造工艺图及相应的模样图。从图中可见模样的形状和零件图往往是不完全相同的。

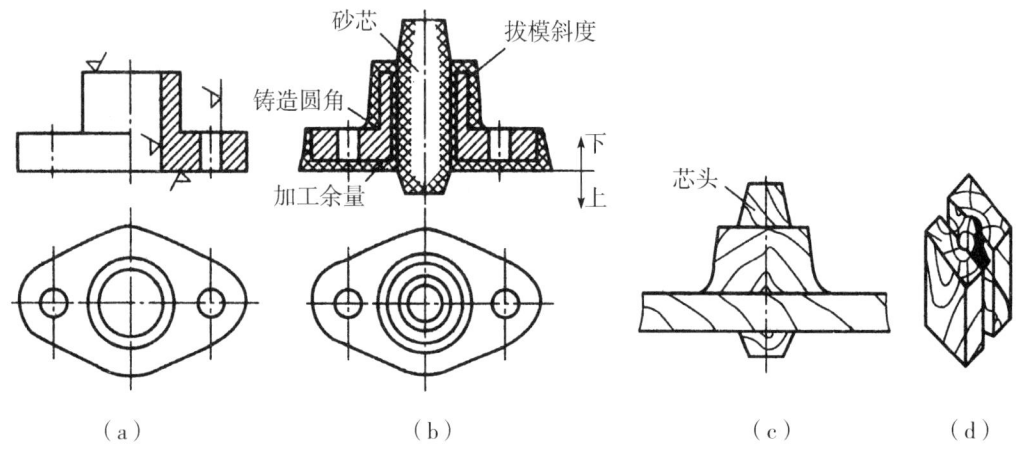

(a)零件图;(b)铸造工艺图;(c)模样图;(d)芯盒
图2-13 压盖零件的铸造工艺图及相应的模样图

二、手工造型方法

制作砂型的方法分为手工造型和机器造型两种类型。后者制作的砂型型腔质量好,生产效率高,但只适用于成批或大批量生产条件。手工造型具有机动、灵活的特点,应用仍较为普遍。

手工造型是全部用手工或手动工具制作铸型的造型方法。根据铸件结构、生产批量和生产条件,可采用不同的手工造型方案。手工造型根据模样特征分整模造型、分模造型、活块造型、挖砂造型、假箱造型和刮板造型等;手工造型根据砂箱特征分两箱造型、三箱造型等。两箱造型是铸造中最常用的一种造型方法,其特点是方便灵活,适应性强。当零件的最大截面在端部,并选它作为分型面时,采用整体模样,模样截面由大到小,放在一个砂箱内,可一次从砂箱中取出,则采用整模两箱造型方法。当铸件截面不是由大到小逐渐递减时,将模样在最大水平截面处分开,模样分成两半,使其能在不同的砂型中顺利取出,就是分模两箱造型。

(一)整模两箱造型

整模两箱造型步骤如图 2-14 所示。

整模造型的特点是模样是整体的,铸件分型面是平面,铸型型腔全部在半个铸型内,其造型简单,铸件不会产生错箱缺陷。整模造型适用于铸件最大截面在一端,且为平面的铸件。

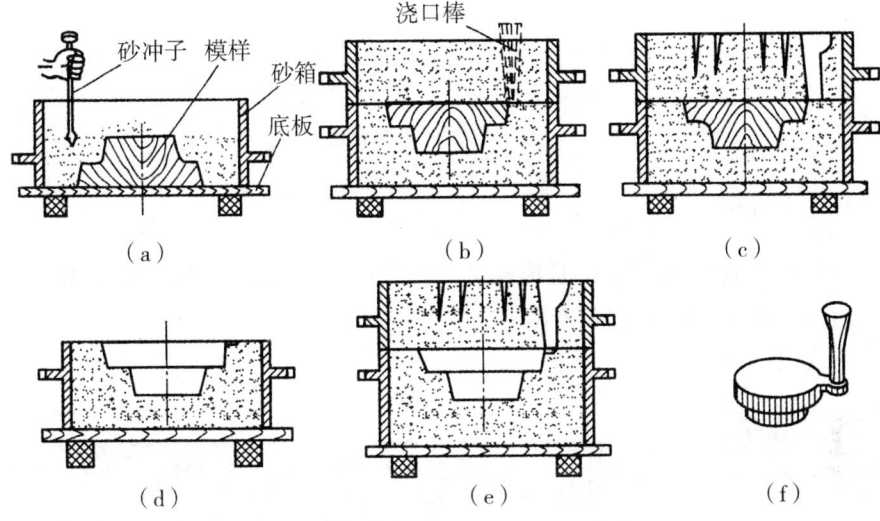

(a)造下砂箱;(b)造上砂箱;(c)开外浇口;(d)起出模样;(e)合型;(f)落砂后带浇口的铸件

图 2-14　齿轮坯整模两箱造型

(二)分模造型

分模造型的特点是模样分为两半,分模面是模样的最大截面,铸型型腔位于两个砂箱内。适用于形状较为复杂且有良好对称面的铸件,如套筒、管子和阀体等。分模造型方法简单,应用广泛。但分模造型时,若砂箱定位不准或夹持不牢,很容易造成错箱,影响铸件的精度。

套管的分模两箱造型过程,如图 2-15 所示。

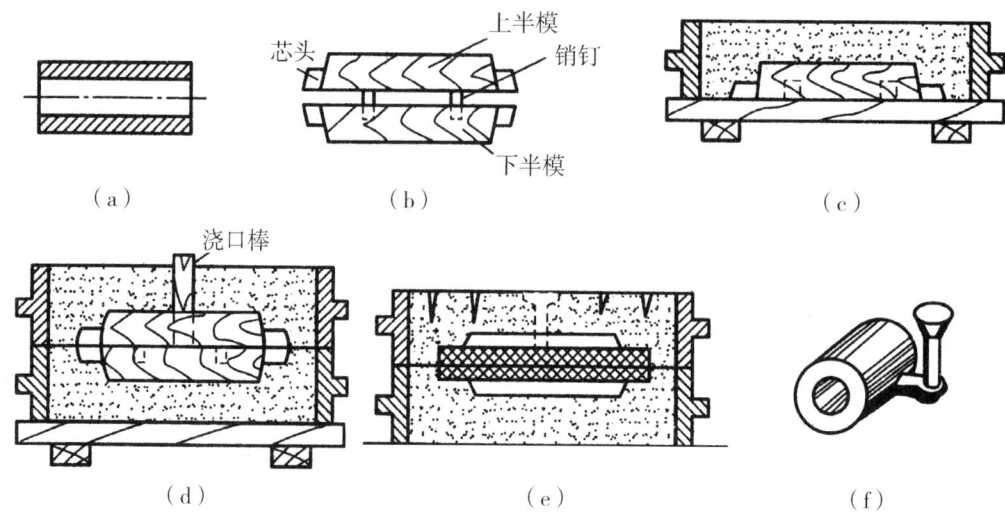

(a)零件；(b)分模；(c)用下模造下砂箱；(d)用上模造上砂箱；
(e)起模、放砂芯、合型；(f)落砂后带浇口的铸件

图 2-15　套管分模两箱造型

(三)挖砂造型

当铸件的最大截面不在端部,且模样又不便分成两半时,常采用挖砂造型。如图 2-16 所示为手轮的挖砂造型过程示意图。

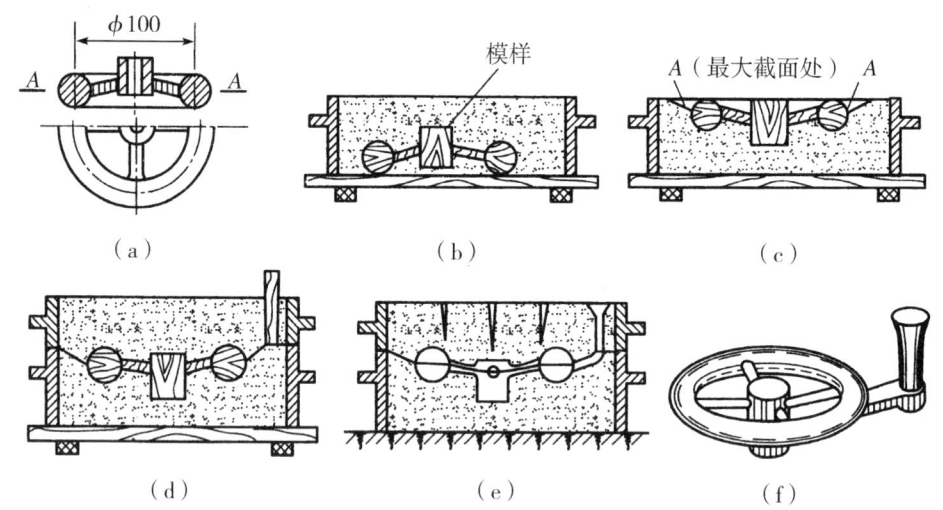

(a)手轮坯模样；(b)放置模样,开始造下型；(c)反转,挖出分型面；
(d)造上砂箱；(e)起模、合型；(f)落砂后带浇口的铸件

图 2-16　手轮挖砂造型

（四）活块造型

当铸件侧面有局部凸起阻碍起模时，可将此凸起部分做成能与模样本体分开的活动块。起模时，先把模样主体起出，然后再取出活块，如图2-17所示为活块造型过程。

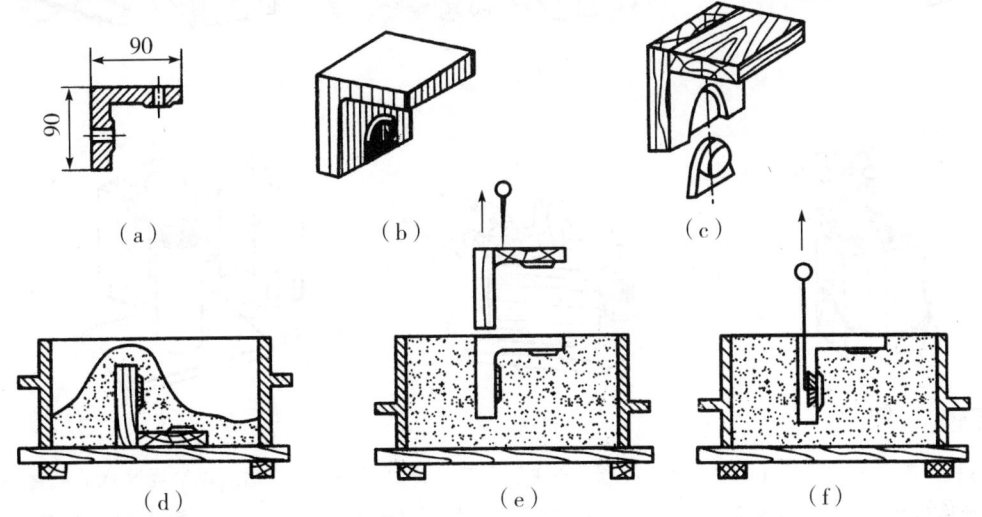

(a)零件；(b)铸件；(c)模样；(d)造下箱；(e)取出模样主体；(f)取出活块

图2-17　活块造型

三、制造砂芯

砂芯的作用是形成铸件的内腔。浇注时砂芯受高温液体金属的冲击和包围，因此除要求砂芯具有铸件内腔相应的形状外，还应具有较好的透气性、耐火性、强度、退让性等性能，故要用杂质少的石英砂和用植物油、水玻璃等粘结剂来配制芯砂，并在砂芯内放入金属芯骨和扎出通气孔以提高强度和透气性。砂芯是用芯盒制造而成的，其工艺过程和造型过程相似，手工制造砂芯过程如图2-18所示。做好的砂芯，用前必须烘干。

造芯的工艺措施：

(1)放芯骨——提高砂芯的强度。

(2)开通气道——提高砂芯的透气性。

(3)刷涂料——提高耐高温性能，防止粘砂(提高铸件表面质量)。

(4)烘干——提高强度和透气性，减少发气量。

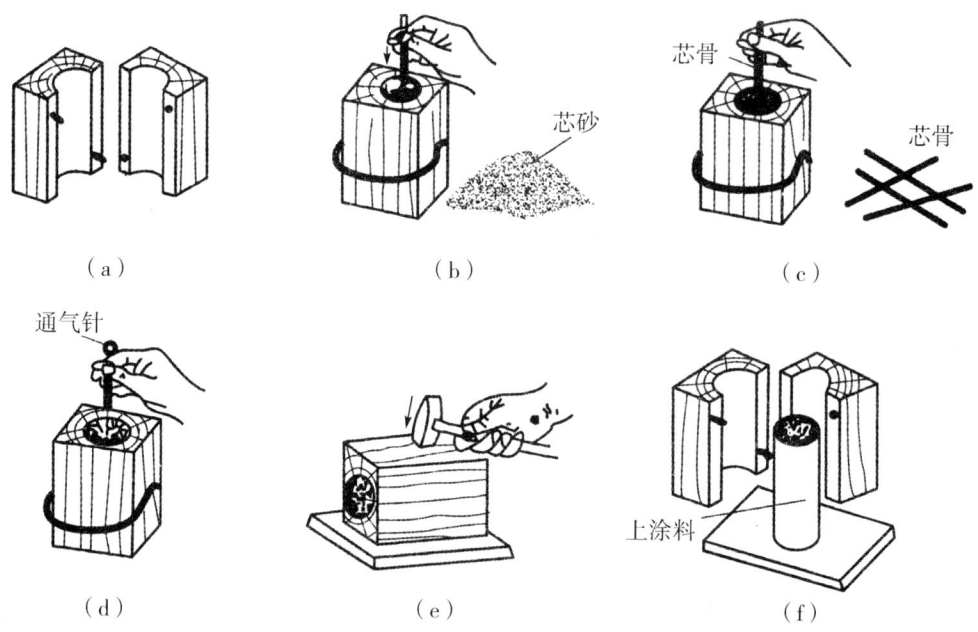

(a)检查芯盒是否匹配;(b)夹紧两半芯盒,分次加入芯砂,分层捣紧;(c)插入刷油泥浆水的芯骨,其位置要适中;(d)继续填砂捣紧,刮平,用通气针扎出通气孔;(e)松开夹子,轻敲芯盒,使砂芯从芯盒内壁松开;(f)取出砂芯,上涂料

图2-18 芯盒制芯

四、浇注系统

在铸型中引导液体金属进入型腔的通道称为浇注系统。典型的浇注系统由外浇口、直浇道、横浇道和内浇道组成,如图2-19所示。浇注系统的作用是:引导液体金属平稳地充满型腔,避免冲坏型壁和型芯;挡住熔渣进入型腔;调节铸件的凝固顺序。图中的冒口是为了保证铸件质量而增设的,其作用是排气、浮渣和补缩。对厚薄相差大的铸件,都要在厚大部分的上方适当开设冒口。

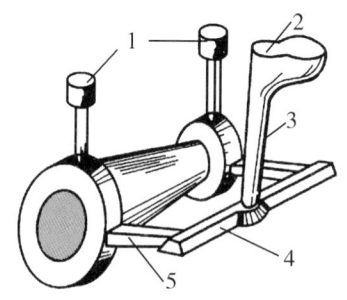

图2-19 浇注系统
1—冒口 2—外浇口 3—直浇道 4—横浇道 5—内浇道

五、合型

将已制作好的砂型和砂芯按照图样工艺要求装配成铸型的工艺过程叫合型。

合型步骤：

(1)清洁型腔和下芯：吹净型腔，将型芯装入型腔，并使之稳固，还要使型芯通气道与砂型通气道相连接，使气体能从砂型中引出。

(2)合型：合型时上型要垂直抬起，找正位置后垂直下落按原有的定位方法准确合型。

(3)铸型的紧固：在浇注时，由于金属液具有很大的浮力(又称抬型力)，会把上砂型抬起而出现金属液泄漏现象。小型铸件的抬型力不大，可使用压铁压紧。中、大型铸件的抬型力较大，可用螺栓或箱卡固定，如图2-20所示。

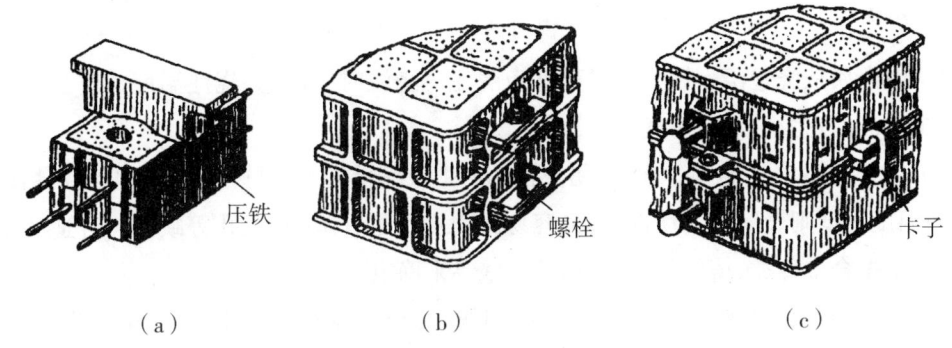

(a)压铁紧固；(b)螺栓紧固；(c)卡子紧固

图2-20 铸型的紧固

六、铝合金的熔炼

(一)熔炼金属

金属在浇注之前需进行熔炼。根据不同的金属材料采用不同的熔炼设备。对于铸铁件而言，常采用冲天炉进行熔炼，对于一些合金铸铁采用工频炉或中频炉熔炼。对于铸钢而言一般采用三相电弧炉进行熔炼，在一些中小型工厂近年来也采用工频炉或中频炉进行熔炼。对于铜、铝等有色金属一般采用坩埚炉或中频感应炉进行熔炼。铸造实习时熔化的铝合金常采用中频感应炉。不管采用什么样的炉子熔炼金属材料，都要确保金属材料的化学成份和温度符合要求，才能获得合格的铸件。

(二)铝合金的熔炼

铸铝是工业生产中应用最广泛的铸造非铁合金之一。由于铝合金的熔点低，熔炼时极易氧化、吸气，合金中的低沸点元素(如镁、锌等)极易蒸发烧损。故铝合金的熔炼应在与燃料和燃气隔离的状态下进行。

（三）铝合金的熔炼工艺

（1）溶剂保护：在一般熔炼温度下熔炼铝合金时，不必专门采取防氧化措施。

（2）铝合金的精炼：铝合金由液态变为固态时，氢在铝中溶解度由很大一下子变得很小，凝固时气体来不及逸出，便形成内部气孔。

（3）铝合金的变质处理：用含硅量大于6%的铝合金（如 ZL7、ZL11 等）浇注厚壁铸件时，易出现针状粗晶粒组织使铝合金的力学性能下降。

七、浇注、落砂、清理、检验

（一）浇注

将熔融金属从浇包浇入铸型的过程称为浇注。浇注时应注意：浇注温度、浇注速度，估计好金属液的重量、挡渣、引气。

（1）浇注温度：浇注温度过高，金属液在铸型中收缩量增大，易产生缩孔、裂纹及粘砂等缺陷；温度过低则金属液流动性差，又容易出现浇不足、冷隔和气孔等缺陷。合适的浇注温度应根据合金种类，铸件的大小、形状及壁厚来确定。

（2）浇注速度：浇注速度太慢，金属液冷却快，易产生浇不足、冷隔以及夹渣等缺陷；浇注速度太快，则会使铸型中的气体来不及排出而产生气孔。

（3）浇注的操作：浇注前应估算好每个铸型需要的金属液量，安排好浇注路线，浇注时应注意挡渣，浇注过程中应保持外浇口始终充满。

（二）落砂、清理

浇注后经过一段时间的冷却，将铸件从砂箱中取出称为落砂。从铸件上清除表面粘砂和多余的金属（包括浇冒口、飞边、毛刺、氧化皮等）的过程称为清理。

（1）浇冒口的去除，对于铸铁等脆性材料用敲击法；对于铝、铜铸件常采用锯割来切除浇冒口；对于铸钢件常采用氧气切割、电弧切割、等离子体切割切除浇冒口。

（2）型芯的清除，可采用手工清除，用风铲、钢凿等工具进行铲削，也可采用气动落芯机、水力清砂等方法清除。铸件表面可采用风铲、滚筒、抛光机等进行清理。

（三）检验

1. 对清理好的铸件要进行检验

（1）表面质量检验。

（2）化学成份。

(3)力学性能。

(4)内部质量,采用超声波、磁粉探伤、打压检查。

2.常见的铸件缺陷

铸造生产中,影响铸件质量的因素很多,常见的铸件缺陷见表2-1。

表2-1 常见的铸件缺陷

名称	图例	特征	产生的主要原因
错箱		铸件在分型面处有错移	1.模样的上半模和下半模未对好 2.合箱时,上下砂箱未对准
变形		铸件发生弯曲或扭曲等变形	1.铸件结构设计不合理,壁厚不均匀 2.铸件冷却时收缩不均匀
浇不足		铸件形状不完整,金属液未充满铸型	1.合金流动性差或浇注温度过低 2.铸件壁太薄 3.浇注速度过慢或断流 4.浇注系统太小,排气不畅
缩孔		缩孔多分布在铸件厚断面处,形状不规则,孔内粗糙	1.铸件结构不合理,如壁厚不均匀 2.浇口、冒口设计不合理,冒口尺寸过小 3.浇注温度太高
气孔		铸件内部的孔洞,圆而亮	1.铸型透气性差,紧实度高 2.起模刷水过多,型砂太湿 3.砂芯烘干不良或砂芯通气孔堵塞 4.浇注温度过低或浇注速度太快
砂眼		铸件表面或内部带有砂粒的孔洞	1.型砂和芯砂的强度不够 2.型腔、浇注系统内散砂未吹干净 3.合箱时铸型局部损坏 4.浇注系统不合理,冲坏了铸型
粘砂		铸件表面附着一层砂粒	1.型砂和芯砂的耐火性不够 2.浇注温度太高;未刷涂料或涂料太薄 3.砂型紧实度太低,型腔表面不致密
裂纹		在夹角处或薄厚交接处的表面或内层产生裂纹	1.铸件结构不合理,壁厚相差太大 2.砂型和砂芯的退让性差 3.浇注温度过高

第四节　工件制作

以端盖为例如图 2-21 所示，说明造型操作的一般顺序：

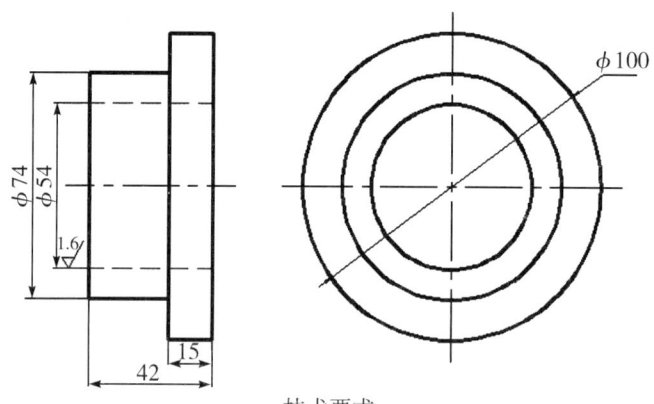

技术要求
1. 铸件不得有气孔、砂眼裂纹等缺陷；
2. 未注铸造圆角R2-R3；
3. 材质铸铝。

图 2-21　端盖铸造毛坯

（1）造型准备。清理工作场地，备好型砂，备好模样、芯盒、所需工具及砂箱。

（2）安放造型用底板、模样和砂箱。

（3）填砂和紧实。填砂时必须将型砂分次加入。先在模样表面撒上一层面砂，将模样盖住，然后加入一层背砂。

（4）翻型。用刮板刮去多余型砂，使砂箱表面和砂箱边缘平齐。如果是上砂型，在砂型上用通气孔针扎出通气孔。将已造好的下砂箱翻转180°后，用刮刀将模样四周砂型表面（分型面）压平，撒上一层分型砂。

（5）放置上砂箱、浇冒口模样并填砂紧实。

（6）修整上砂型型面，开箱，修整分型面。用刮板刮去多余的型砂，用刮刀修光浇冒口处型砂。用通气孔针扎出通气孔，取出浇口棒并在直浇口上部挖一个漏斗型做为外浇口。没有定位销的砂箱要用泥打上泥号，以防合箱时偏箱，泥号应位于砂箱壁上两直角边最远处，以保证X、Y方向均能准确定位。将上型翻转180°放在底板上。扫除分型砂，用水笔沾些水，刷在模样周围的型砂上，以增加这部分型砂的强度，防止起模时损坏砂型。刷水时不要使水停留在某一处，以免浇注时因水多而产生大量水蒸汽，使铸件产生气孔。

（7）起模。起模针位置尽量与模样的重心铅垂线重合。

(8)修型。起模后,型腔如有损坏,可使用各种修型工具将型腔修好。

(9)开设内浇道(口)。内浇道(口)是将浇注的金属液引入型腔的通道。内浇道(口)开得好坏,将影响铸件的质量。

(10)合箱紧固。合箱时应注意使砂箱保持水平下降,并且应对准合箱线,防止错箱。浇注时如果金属液浮力将上箱顶起会造成跑火,因此要进行上下型箱紧固。

端盖铸造毛坯如图2-22所示。元宝铸造模型如图2-23所示。

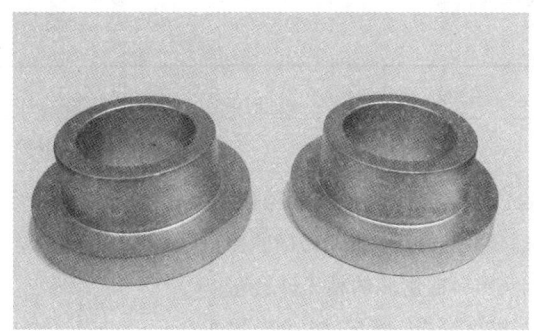

图2-22 端盖

图2-23 元宝

第五节　评分标准

铸造实操考核评分标准

工位号		姓名		学号		总得分	
项目	编号	质量检测内容	配分	评分标准		实测结果	得分
操作过程质量监控	1	铸造用粘土砂的混制	10	粘土砂的配比、混砂机的操作、加料顺序的控制、混制时间的控制及出料混制后的粘土砂含水量、粘度等指标情况；按要求，错一处扣2分，扣完为止			
	2	造型、造芯过程操作	20	按正确的操作顺序进行操作，保证砂型、砂芯紧实度、表面强度和外观质量等指标；在操作过程中，出现操作失误一处扣5分，扣完为止			
	3	修型、下芯及合箱	20	满足尺寸精度、型腔清洁度、合箱精度、排气情况等指标情况；出现一项扣5分，扣完为止			
铸件质量	1	铸件质量高，无明显缺陷	40	铸件表面无飞边、毛刺、粘砂；铸件表面无气孔、缩孔、裂纹；铸件无错箱、变形、砂眼等；铸件表面粗糙度能满足图纸和工艺要求。根据铸件质量酌情扣分			
安全文明		根据安全生产和文明生产的规定进行操作	10	未按安全生产条例执行扣5分；未按文明生产条例执行扣5分			
其他							
	现场记录：						

思考题

1. 什么是铸造？铸造包括哪些主要工序？
2. 手工造型方法有哪些？各自的适用范围如何？
3. 如图2-24所示，为零件的铸造毛坯（4-Φ13和2-Φ12孔不铸出），在单件生产宜采用什么造型方法？并在图上画出它的分型面和浇注位置。

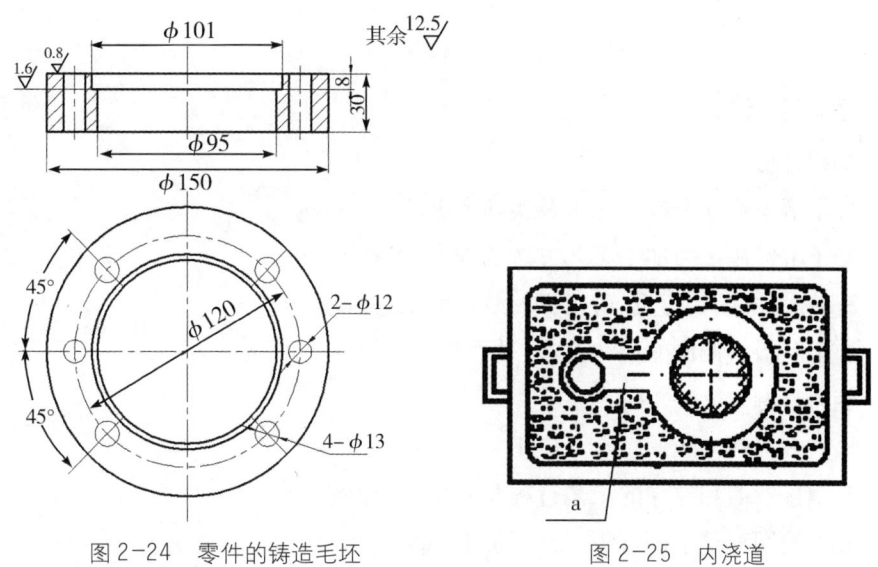

图2-24 零件的铸造毛坯　　　图2-25 内浇道

4. 如图2-25所示中的内浇道a的开设是否合理，若不合理，请在图中修改。
5. 通过挖砂造型说明为什么要设置分型面？

第三章 锻 造

【教学目标】

知识目标

1. 了解锻造安全操作守则及实训要求。
2. 了解常用压力加工工艺方法的种类、特点及应用。
3. 熟悉冲床、折弯机、剪板机的结构和工作原理。
4. 了解板料冲压的工艺方法、过程及应用特点。

能力目标

1. 掌握板料冲压的特点及应用。
2. 掌握弯曲和拉深的工艺过程及质量控制方法。
3. 能按图样要求进行板料冲压加工。

第一节 概述

一、锻造安全操作守则

（1）操作者必须穿好工作服,戴好防护用品。不得穿凉鞋、拖鞋、高跟鞋、背心、裙子和戴围巾进入车间。

（2）严禁在车间内追逐、打闹、喧哗,阅读与实习无关的书刊,接打手机等。

（3）应在指定的机床、工具上进行实习。未经允许,其他机床、工具或电器开关等均不得乱动。

（4）使用压力机、剪板机、折弯机前必须在老师的现场指导下,按照机床的操作规程进行操作。

（5）随时检查锤柄是否松动,锤头、砧子及其他工具是否有裂纹或其他损坏现象。

(6)锻打前必须正确选用夹持工具,钳口必须与锻件毛坯的形状和尺寸相符合,否则在锤击时,因夹持不紧容易造成毛坯飞出。切断料头时,在飞出方向不应站人。

(7)手工自由锻时,打锤工要听从辅导师傅指挥,互相配合,以免伤人。

(8)取出加热的工件时,要注意观察周围人员情况,避免工件烫伤他人。不可直接用手或脚去接触金属料,以防烫伤。严禁用烧红的工件与他人开玩笑,避免造成人身伤害事故。

(9)当天实习结束后,应切断机床电源或总电源,必须清理工具和设备,打扫工作现场的卫生。

二、锻造的定义及应用

锻造是指在加压设备及工(模)具的作用下,使坯料或铸锭产生局部或全部的塑性变形,以便获得一定几何尺寸、形状和质量的锻件的加工方法,也称压力加工。锻件则是指金属材料经锻造变形而得到的工件毛坯。锻造从本质上讲就是利用固态金属的塑性变形能力实现成形加工的。

锻造在金属工业、国防工业、民用工业中都占有重要的地位。如航空、汽车、拖拉机、电器仪表工业中均被广泛采用。在飞机制造业中锻压件占85%;汽车、拖拉机中锻压件占重量的60~70%;日用品中达90~95%。所以在机器制造业中受力大、机械性能要求高的零件,如汽轮机主轴、飞机的螺旋桨、内燃机的曲轴连杆、重要的齿轮、枪管、炮筒等都是采用压力加工方法制造的。

三、锻造的分类和特点

(一)锻造分类

根据成形方式不同分为六种,即轧制、拉丝、挤压、自由锻造、模型锻造、板料冲压,如图3-1所示。

冶炼后的金属铸锭,除一部分用于大型锻件的锻造外,大部分要通过轧制、拉丝、挤压等方法制成型材、板材、管材。所以前三类主要是生产金属的原材料,后三类是用来生产各种另外的毛坯或成品。以下主要介绍后三类的加工方法与特点。

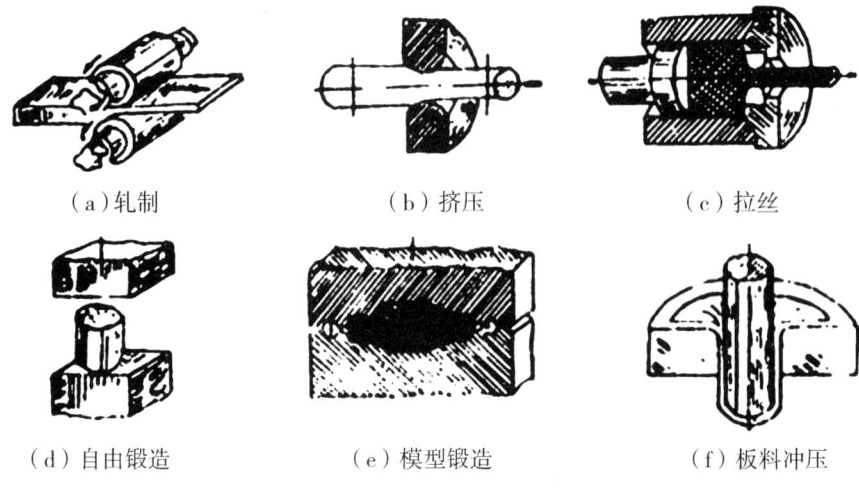

(a) 轧制　　　(b) 挤压　　　(c) 拉丝

(d) 自由锻造　　　(e) 模型锻造　　　(f) 板料冲压

图 3-1　锻造的主要方法

1. 自由锻

自由锻是指利用冲击力或压力使高温金属坯料在上、下两个铁砧之间受力向各个方向自由流动产生变形,从而得到所需要的形状、尺寸锻件的一种工艺方法。

按工件所受作用力来源不同又分为手工自由锻和机器自由锻。手工自由锻应用铁砧、手锤等简易工具手工锻造,效率低,劳动强度大。机器自由锻是应用锻造设备气锤等进行自由锻造,效率高,劳动强度改善。机器自由锻是自由锻的主要生产方法。

自由锻的锻件精度不高,形状简单,主要锻造杆类零件毛坯和盘饼类零件毛坯。对于大型及特大型锻件,自由锻也是唯一有效的方法。因为模锻有一定局限性。可以说:在锻造工艺中,自由锻是应用最多和最普遍的锻造方法。

2. 模型锻(模锻)

模锻是使金属坯料在锻模模膛内一次或多次承受冲击力或压力的作用,而被迫流动成形的锻造方法。由于模膛对金属坯料的流动限制,最终被锻成与模膛形状相符的锻件。

按使用锻造设备不同又分为胎膜锻和模锻。胎膜锻使用自由锻设备进行锻造,模具不与设备装在一起,只在使用时才将模具放在设备的下砧上。模锻则使用专门的模锻设备进行锻造(如模锻空气锤、螺旋压力机、平锻机、模锻液压机等),模具是分别装在锤头和砧座上。胎模锻所使用的坯料必须先经自由锻制成粗坯,再在模锻中终锻成形。由于胎模可以移动,一台自由锻设备可用各种不同形状的胎模锻造各种不同形状尺寸的模锻件。因此,胎模锻既具有自由锻简单、灵活的特点又具有模锻能锻造形状复杂、尺寸准确的锻件的优点。

3. 板料冲压

板料冲压是利用剪床、冲床及折弯机等设备,使金属板料变形或分离,从而获得毛坯或零件的加工方法。

板料冲压用的板料厚度一般在1~3mm,冲压前无需加热。冲压常用的材料是低碳钢、铜、铝及奥氏体不锈钢等强度低而韧性好的金属。

(二)锻造的特点

(1)锻件的组织性能好。通过锻造可以改善金属的内部组织,经锻造的金属其内部结晶组织晶粒更加细密,提高金属的力学性能。

(2)成形困难且适应性差。这是由于锻造时金属的塑性流动类似于铸造时熔融金属的流动,但固态金属的塑性流动必须在施加外力的条件下,采取加热等工艺措施才能实现。因此,塑性差的金属材料(如灰铸铁)是不能进行锻造的,而且形状较复杂的锻件也难以锻造成形。特别是不能锻造内部形状复杂的锻件。

(3)成本较高。由于锻造的成形相对铸造来说困难得多,锻件毛坯与零件的形状相差较大,材料利用率较低,而且锻造设备投资成本较高,故锻件的成本通常比铸件要高。

四、锻造温度范围

金属加热时允许的最高温度称始锻温度,如低碳钢的始锻温度约为1250℃。金属不宜再锻(受变形拉力和塑性的限制)的温度称终锻温度,如低碳钢的终锻温度为800℃。常用材料的锻造温度见表3-1。但薄板冲压则无需加热,即冷冲压。

表3-1 锻造温度范围

金属种类		始锻温度(℃)	终锻温度(℃)
碳素钢	含碳0.3%以下	1200~1250	800~850
	含碳0.3~0.5%	1150~1200	800~850
	含碳0.5~0.9%	1100~1150	800~850
	含碳0.9~1.5%	1050~1100	800~850
合金钢	低合金钢	1100	825~850
	中合金钢	1100~1150	850~870
	高合金钢	1150	870~900
硬铝		470	350
59硅黄铜		750	600

第二节　锻造所用的设备与工具

一、自由锻设备

（一）空气锤

空气锤是以压缩空气为工作介质,驱动锤头上下运动打击锻件,使其获得塑性变形的锻锤。空气锤由机架、传动机构、工作缸、压缩缸、落下部分、配气机构及砧座等组成,如图3-2所示。

(1)机架是空气锤的主体,在机架上面安装有电动机、传动装置、工作机构和操纵机构,这些机构在机架上紧凑组合成一个整体。

(2)传动机构包括减速器、曲轴、连杆系统。它把电动机的旋转运动转变成压缩活塞的上下往复运动。

(3)压缩缸和工作缸的上下部和上下旋阀连通,通过压缩活塞的上下运动产生压缩空气驱动工作活塞上下运动。

(4)落下部分由工作活塞、锤杆和上砧等组成,锤杆和工作活塞为一整体,为使其重量符合技术规格,可制作成空心件,锤杆与锤头的连接是用燕尾槽和楔铁连接。

(5)配气机构由上气道中上旋阀,下气道中的下旋阀,操作手柄或脚踏杠杆组成,通过配气机构来控制各种动作的实现。

(6)砧座上面安装着砧垫和下砧,为了满足锻造的稳定性,砧座的质量要求是落下部分质量的12~15倍,它安装在坚固的钢筋水泥基础上,其间垫有垫木,可消除锤击时产生的震动。

空气锤的吨位以落下部分的质量表示。常用的吨位有:0.15~0.75t小气锤和1~5t的大气锤。空气锤工作原理:电动机通过减速机构和曲柄连杆带动压缩气缸的压缩活塞上下运动,产生压缩空气。当压缩缸的上下气道与大气相通时,压缩空气不进入工作缸,电机空转,锤头不工作,通过手柄或脚踏杆操纵上下旋阀,使压缩空气进入工作气缸的上部或下部,推动工作活塞上下运动,从而带动锤头及上砧铁的上升或下降,完成各种打击动作。旋阀与两个气缸之间有四种连通方式,可以产生提锤、连打、下压、空转四种动作。

第三章 锻造

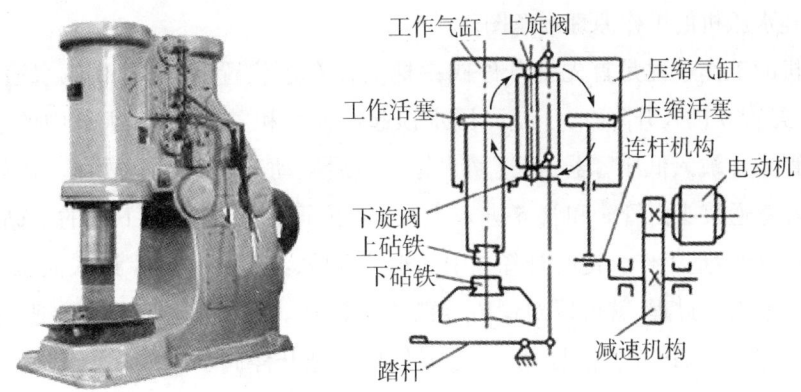

图 3-2 空气锤的结构及工作原理图

(二) 自由锻常用的工具

自由锻常用的工具如图 3-3 所示,主要有铁砧子、手锤、夹钳、压肩摔子、摔子、剁刀等。铁砧子、手锤、夹钳属于手工自由锻的工具,也可作为机器自由锻的辅助工具使用。

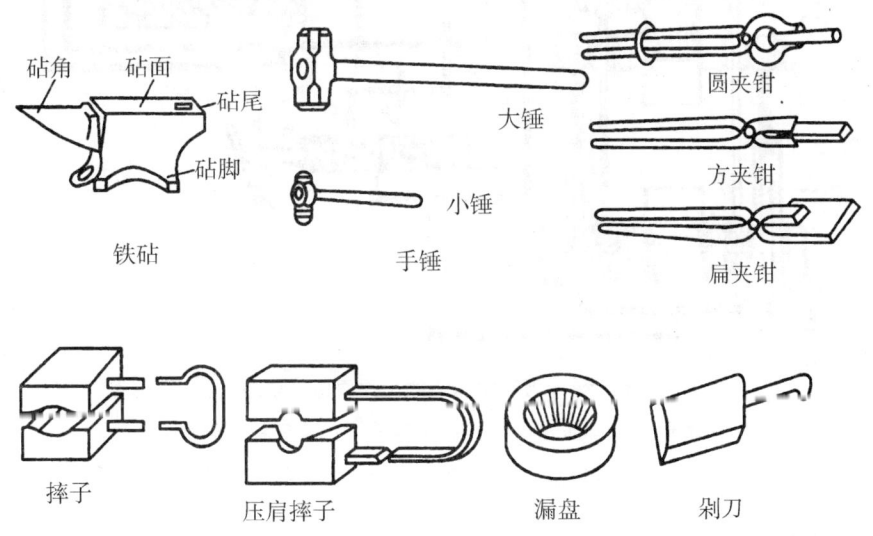

图 3-3 自由锻常用的工具

二、模型锻的设备

(一) 液压机

液压机的工作介质为液体,它具有可变最大工作行程、能产生很大锻造力、工作平稳、适宜加工大型零件的特点。根据工作液介质的不同,通常分为油压机和水压机。水压机是以水作为工作介质传递能量的机器。工作时以静压力作用在锻件上,使其发生变形。水压机吨位是以上砧块的最大工作压力来表示,常用吨位有 500~12000t。如图 3-4

所示是万吨水压机的工作原理示意图。

水压机的工作过程是首先把开停阀手柄放在右边位置上,这时高压水通过三通接头,由管a经管b进入升降缸,于是高压水顶起动横梁和主缸柱塞,主缸中的水被推挤,经管c和管d、d′流入低压容器,再返回水箱。然后搬动开停阀手柄放在左边位置上,这时高压水经三通接头由管a和管c进入主缸,向下压柱塞,当柱塞下端的上砧接触锻件时,水压机开始锻造工作。这时升降缸中的水被推挤,经管b和管d′进入低压容器,再返回水箱。重复以上过程,就可以对锻件连续进行锻造。完成锻造任务后,把开停阀手柄再搬到"右"端位置,顶起主缸柱塞,运走锻件后再把开停阀手柄放在"停"的位置,这就封闭了高压容器流动管,使水压机停止工作,于是完成了一个完整工作过程。

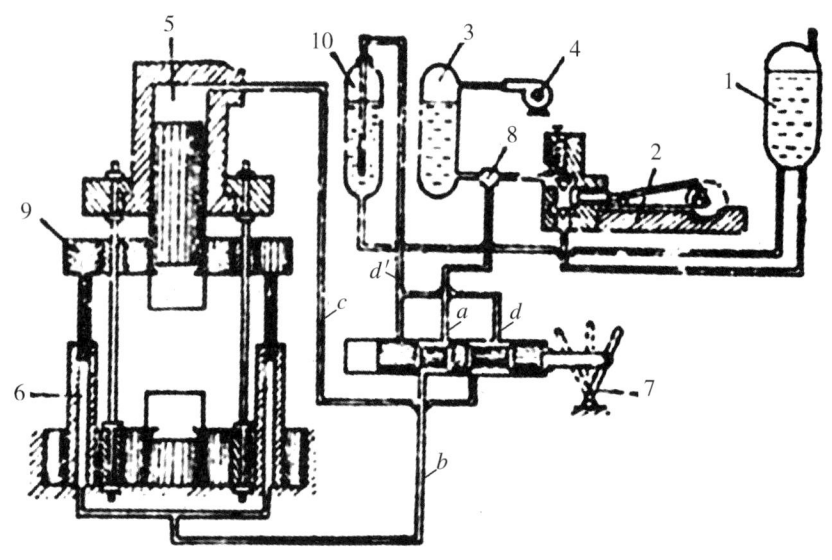

图3-4 万吨水压机的工作原理示意图

1-水箱 2-高压水泵 3-高压容器 4-空压机 5-主缸
6-升降缸 7-开停阀 8-三通接头 9-动横梁 10-低压容器

(二)平锻机

平锻机是水平方向镦锻长棒料和管料的锻压机械,如图3-5所示。它的特点是:①凸模(冲头):在水平方向作往复运动,一般可设置4~6个模膛,是用于积聚、镦头、冲孔、翻边等镦锻工序的成形机构,也是主要施力机构;②活动凹模:能上、下向或横向开合,用以夹持长棒料,并承受端部镦锻力;③切断机构:用以将锻件从长棒料上分离。平锻机都采用曲柄滑块机构传动,由于加工工件大,镦锻力和夹紧力大,机器需要有足够的刚度,以保证平锻件的精度。根据凹模的分模面位置,平锻机可分为垂直分模和水平分模两类。常用的平锻机为垂直分模。水平分模的平锻机操作条件较好,易于实现自动化,但结构较复杂。

图 3-5 平锻机(垂直分模)

三、冲压设备

(一)冲床

冲床就是一台冲压式压力机。冲压生产主要是针对板材的,通过模具,能做出落料、冲孔、成型、拉深、修整、精冲、整形、铆接及挤压件等,广泛应用于各个领域。如我们用的杯子、碗柜、碟子、电脑机箱,汽车车身、飞机等非常多的配件都可以用冲床通过模具生产出来。

冲床的工作原理是将圆周运动转换成普通冲床滑块的直线运动,如图 3-6 所示,电动机带动带轮,经离合器带动曲轴(或偏心齿轮)、连杆等运转,连杆带动滑块在导轨内作往复直线运动,从而实现了将主电动机的圆周运动转变成了滑块的直线运动。

滑块驱动力可分为机械式与液压式两种,故冲床依其使用的驱动力不同分为:

(1)机械式冲床(Mechanical Power Press)。

(2)液压式冲床(Hydraulic Press)。

普通板金冲压加工,大部份使用机械式冲床,如图 3-7 所示的是一台 J23-63T 型机械式冲床。液压式冲床依其使用液体不同,有油压式冲床与水压式冲床,使用油压式冲床占多数,水压式冲床则多用于巨型机械或特殊机械。

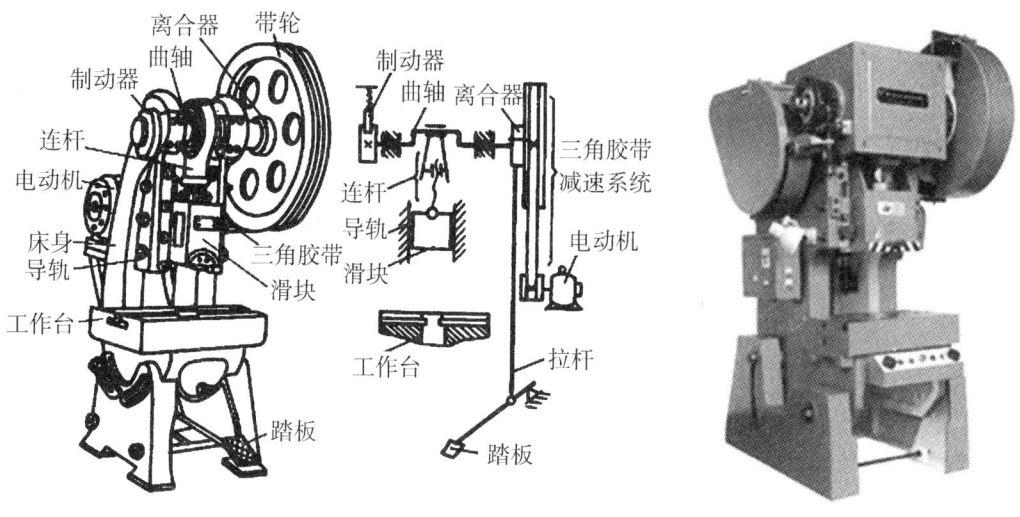

图 3-6　冲床工作原理　　　　　图 3-7　J23-63T 型冲床

(二)剪板机

剪板机是用一个刀片相对另一刀片作往复直线运动剪切板材的机器,如图 3-8 所示。是借于运动的上刀片和固定的下刀片,采用合理的刀片间隙,对各种厚度的金属板材施加剪切力,使板材按所需要的尺寸断裂分离。剪板机属于锻压机械中的一种,广泛适用于航空、轻工、冶金、化工、建筑、船舶、汽车、电力、电器、装潢等行业的薄板剪切。

工作原理:剪板机的上刀片固定在刀架上,下刀片固定在工作台上。工作台上安装有托料球架,以便于板料在上面滑动时不被划伤。后挡料器用于板料定位,位置由电机进行调节。压料缸用于压紧板料,以防止板料在剪切时移动。护栏是安全装置,以防止发生工伤事故。

剪板机适用于剪切材料厚度为机床额定值的各种钢板、铜板、铝板,而且必须是无硬痕、焊渣、夹渣、焊缝的材料,不允许超厚度。

剪板机的使用方法:(1)按照被剪材料的厚度,调整刀片的间隙;(2)根据被剪材料的宽度调整靠模或夹具;(3)剪板机操作前先作 1~3 次空行程,正常后才可实施剪切工作。

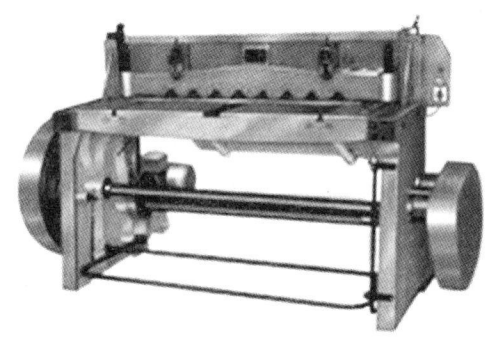

图 3-8　剪板机

(三)折弯机

折弯机是一种能够对薄板进行折弯的机器,如图3-9所示。其结构主要包括支架、工作台和夹紧板,工作台置于支架上,工作台由底座和压板构成,底座通过铰链与夹紧板相连,底座由座壳、线圈和盖板组成,线圈置于座壳的凹陷内,凹陷顶部覆有盖板。使用时由导线对线圈通电,通电后对压板产生引力,从而实现对压板和底座之间薄板的夹持。折弯机可以通过更换折弯机模具,从而满足各种工件的需求。折弯机分为手动折弯机、液压折弯机和数控折弯机。

图3-9 折弯机

折弯机使用方法:以普通的液压折弯机加工Q235板料为例,(1)首先是接通电源,在控制面板上打开钥匙开关,再按油泵启动;(2)行程调节,折弯机使用时必须要注意调节行程,在折弯前一定要试车。折弯机上模下行至最底部时必须保证有一个板厚的间隙,否则会对模具和机器造成损坏。行程的调节有电动快速调整和手动微调;(3)折弯槽口选择,一般要选择板厚的8倍宽度的槽口。如折弯4mm的板料,需选择32左右的槽口;(4)后挡料调整一般都有电动快速调整和手动微调,方法同剪板机;(5)踩下脚踏开关开始折弯,折弯机与剪板机不同,可以随时松开,松开脚折弯机便停下,再踩继续下行。

第三节 锻造基本工艺过程

一、自由锻工序

自由锻工序可分为基本工序、辅助工序和精整工序三大类。

(一)基本工序包括镦粗、拔长、冲孔、切割等

1. 镦粗和局部镦粗

使毛坯高度减小,横断面积增大的锻造工序称为镦粗,如图3-10所示。镦粗一般用

来制造齿轮毛坯或盘饼类毛坯。为防止坯料镦粗时产生轴弯曲,镦粗部分的高度应不大于坯料直径的 2.5~3 倍。在坯料上某一部分进行的镦粗叫局部镦粗。局部镦粗只需加热需镦粗的部分,然后利用垫环锻压镦粗部分。

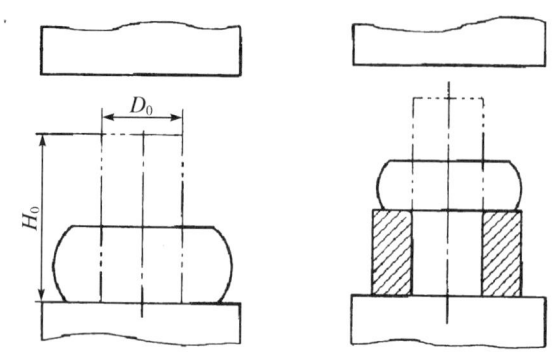

图 3-10 镦粗

2. 拔长、芯棒拔长和扩孔

使毛坯横断面积减小、长度增加的锻造工序为拔长,如图 3-11 所示。减小空心毛坯壁厚,而增加其内外径的锻造工序为扩孔,如图 3-12 所示。拔长主要用于锻造杆轴类零件或空心轴类零件的拔长,扩孔则用于空心类零件的孔径扩大。

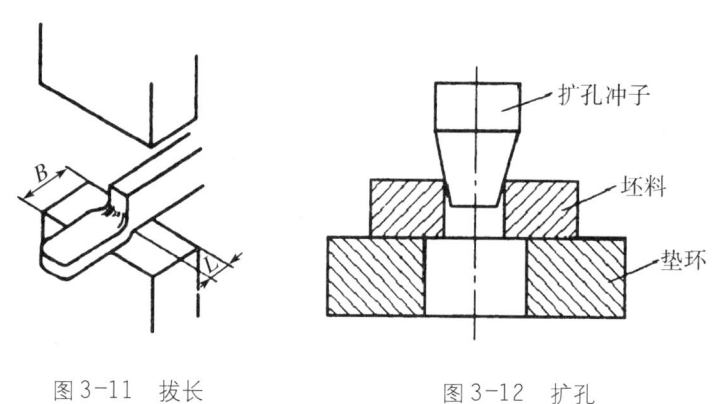

图 3-11 拔长　　　　　图 3-12 扩孔

3. 冲孔

在坯料上冲出透孔或不透孔的锻造工序称为冲孔,常用于锻造环套类零件和齿轮坯件的轴孔冲制。单面冲孔如图 3-13 所示,双面冲孔如图 3-14 所示。

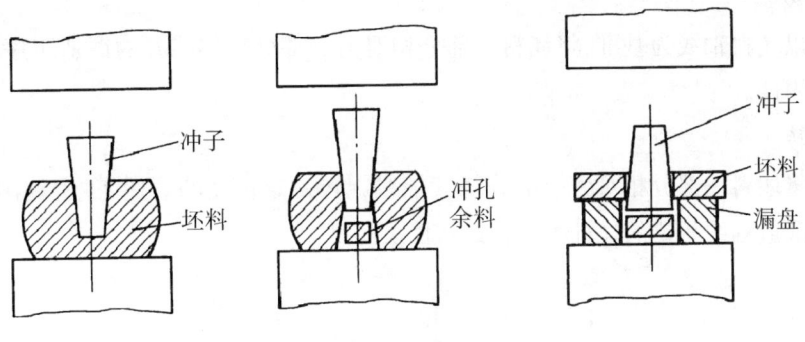

图 3-13　单面冲孔　　　　图 3-14　双面冲孔

4. 弯形

采用一定的工具、模具，将锻件弯制成所需形状的变形工序称为弯形或弯曲，如图 3-15 所示。弯形适应于锻造吊钩、弯板、角尺等零件。

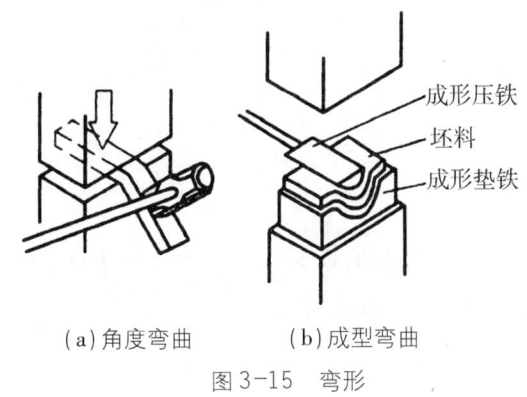

(a) 角度弯曲　　(b) 成型弯曲

图 3-15　弯形

5. 切割

利用剁子将坯料切断或部分割开的锻造工序称为切割，如图 3-16 所示。切割常用于切除锻件的料头、分段、劈缝或切割成所需形状等。

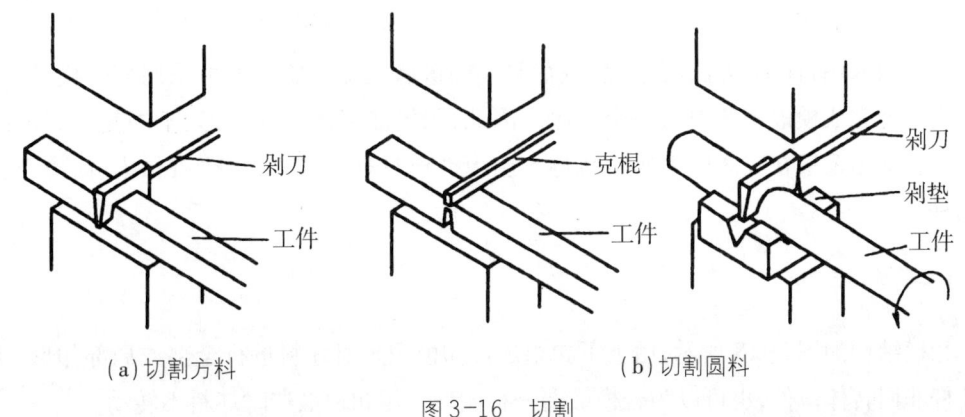

(a) 切割方料　　　　　　　(b) 切割圆料

图 3-16　切割

6. 错移

错移以坯料轴线为基准，将坯料一部分相对另一部分平移错开的锻造工序。用于锻造曲轴类零件。

7. 扭转

扭转将坯料一部分相对另一部分绕其轴线旋转一定角度的锻造工序，如图3-17所示。用于锻造轴线相错的连杆类零件或扭曲类零件。

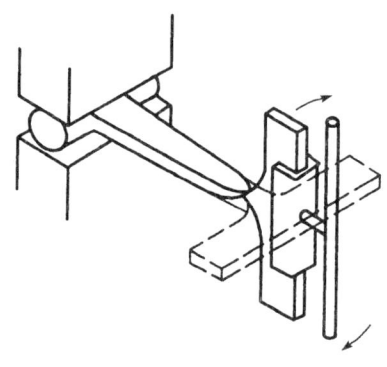

图3-17　扭转

（二）辅助工序

辅助工序是指协助基本工序操作时所采用的一些工序方法，如压钳口（锻造时由助手压制钳口位置避免打偏）、压肩、钢锭倒棱等。

（三）精整工序

精整工序是以减少锻件表面缺陷而进行的工序，例如用整形模对锻件校正整形等。

二、模锻工序

模锻必须使用胎膜，每锻造一个锻件，胎膜的各组件要往砧座上搬上和搬下一次。胎模锻一般采用自由锻方法制坯，然后在胎模中最后成形。胎模锻可采用多个模具，每个模具都能完成模锻工艺中的一个工序。因此，胎模能锻出不同外形、不同复杂程度的锻件。目前胎模锻在我国应用非常普遍。胎膜锻模具种类较多，主要有扣模、筒模及合模三种。

（一）扣模

扣模结构如图3-18所示，由上下扣组成。扣模用来对坯料进行全部或局部扣形，生产长杆非回转体锻件，也可以为合模锻造进行制坯。用扣模锻造时坯料不转动。

（二）筒模

筒模结构如图3-19所示，锻模呈圆筒形，主要用于锻造齿轮、法兰盘等回转体盘类锻件。对于形状简单的锻件，只用一个筒模就可进行生产。根据具体条件，可制成整体模、镶块模或带垫模的筒模。对于形状复杂的胎模锻件，则需在筒模内再加两个半模（即增加一个分模面）制成组合筒模。坯料在由两个半模组成的模腔内成形，锻后先取出两个半模，再取锻件。

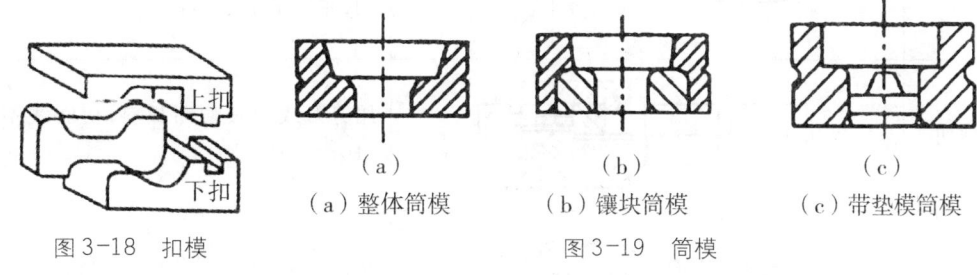

图3-18 扣模

（a）整体筒模　（b）镶块筒模　（c）带垫模筒模

图3-19 筒模

（三）合模

合模的结构如图3-20所示，通常由上模和下模两部分组成。为了使上下模吻合及不使锻件产生错移，经常用导柱和导销定位。合模多用于生产形状较复杂的非回转体锻件。如连杆、叉形件等锻件。

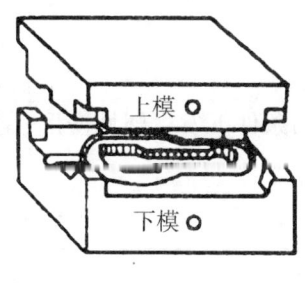

图3-20 合模

三、冲压工序

冲压主要是按工艺分类，可分为分离工序和成形工序两大类。在实际生产中，常常是多种工序综合应用于一个工件。冲裁、弯曲、剪切、拉深、胀形、翻边是几种主要的冲压工艺。

（一）分离工序

分离工序也称冲裁，其目的是使冲压件沿一定轮廓线从板料上分离，同时保证分离断面的质量要求，冲压常见分离工序见表3-2。

表 3-2　冲压常见分离工序

工序	图例	工序内容
落料	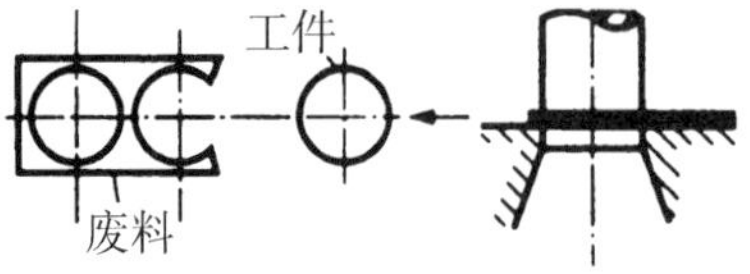	将板料沿封闭轮廓曲线冲裁,冲下的部分是零件
冲孔	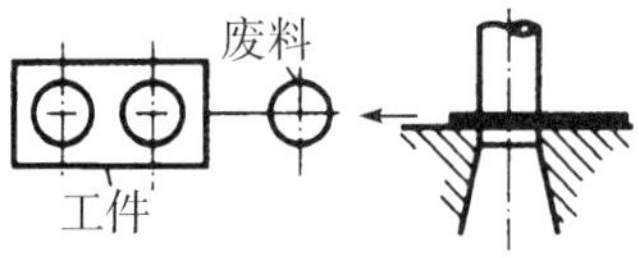	用冲孔模将板料沿封闭轮廓曲线冲切,冲下部分是废料
剪切	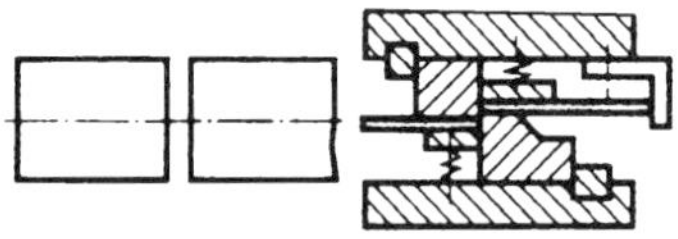	用剪刀或模具切断板料,切断线不封闭
修边	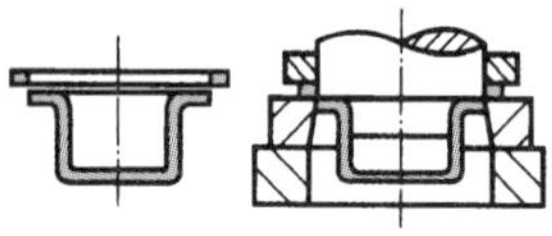	将拉伸或成形后的半成品边缘部分的多余材料切掉
切舌	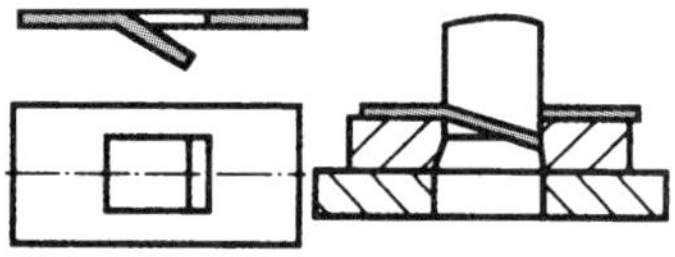	在板料上将板材 U 型切开,切口部分发生弯曲

（二）成形工序

成形工序是在板料不分离的条件下发生塑性变形,制成所需形状和尺寸的工件,冲压常见成形工序见表 3-3。

表 3-3　冲压常见成形工序

工序	图例	工序内容
弯曲	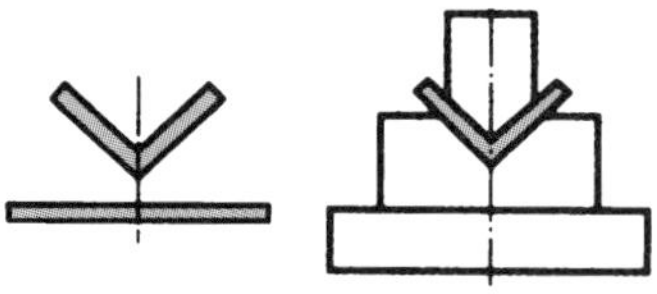	将板材、管件和型材弯成一定角度、曲率和形状的塑性成形方法
拉伸	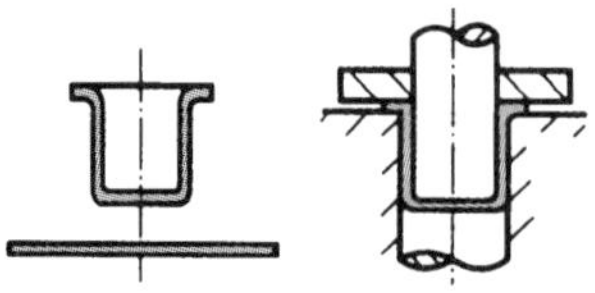	也称拉延或压延,是利用模具使冲裁后得到的平板坯料变成开口的空心零件的冲压加工方法

工序	图例	工序内容
胀形	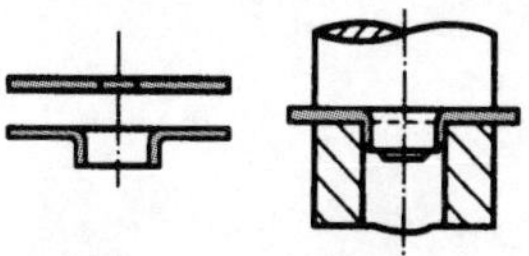	胀形是通过形模对板料施加压力，使板料与形模贴合面完全贴合，从而在板料上压出筋条、花纹或文字等
翻边	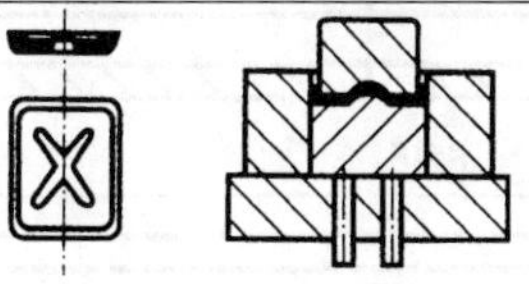	将板料上的孔或外缘翻成竖立边沿

第四节　工件制作

一、自由锻工件制作

一个杆状零件需要锻造，其切削加工件尺寸为20×26×100。基本要求如下：

锻件尺寸:24×30×104（宽、厚各放余量4mm）。

材料:45钢,落料尺寸Φ40×135,重量0.588kg。

制作步骤：

(1)计算:锻打前根据图纸要求,计算材料,考虑加工余量、公差、敷料、火耗及锻造比。

(2)加热:查45钢的锻造温度:始锻温度1200℃,终锻温度800℃。与加热温度有关的常见锻件缺陷有氧化、脱碳、过热、过烧和裂纹等。锻造必须防止过热和过烧,其中过烧是无法挽救的缺陷,而低于终锻温度进行锻打既会使材料加工硬化,产生裂纹,也会带来安全隐患。

(3)延伸(拔长):延伸是使坯料横截面面积减小,长度增加的锻造工序。延伸的方法一般是通过边90°反复翻转或者螺旋形翻转,边锻打进行的。延伸时,锻件的宽度与厚度之比应小于等于2.5,否则锻件会产生失稳而弯曲变形。经过多次加热和多次锻打,将一端锻打至尺寸要求,用卡尺量具测量无误；然后掉一头用同样的方法把另一端锻造、修整后测量无误。

(4)检验锻件尺寸:四面平整,棱角垂直光滑,达到尺寸公差要求。

二、板料冲压成型

如图3-21所示是一个挂钩产品的零件图,采用2mm08号钢板制成,生产批量较大。由于设计及使用上的要求,该零件需弯曲成两个角度,同时,零件大部分边缘需翻成高度为 3mm 的边,图中两处 Φ6.5 为 M6 螺栓联接用孔。根据上述零件的分析,可制定出如下工艺方案。

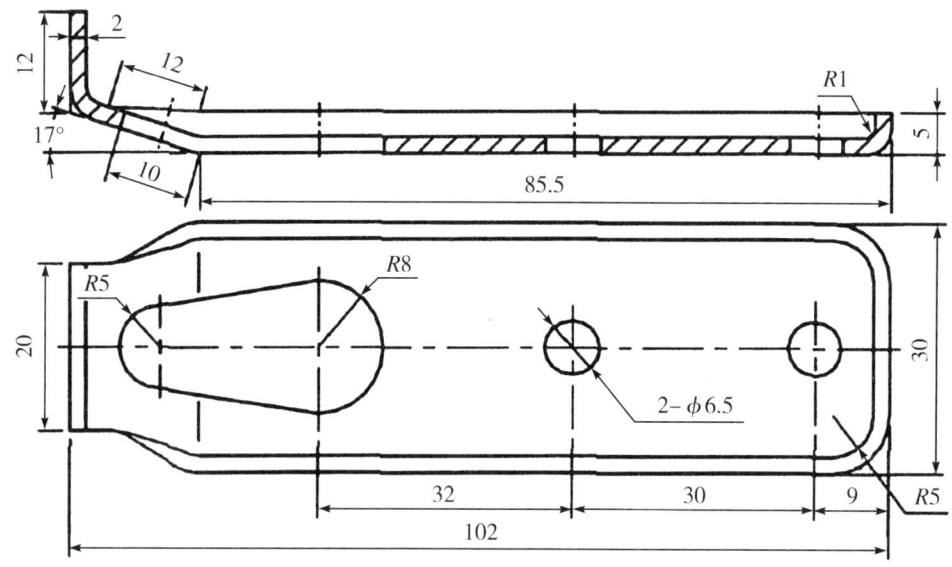

图 3-21 挂钩零件结构图

制作步骤：

(1)工艺分析与工艺方案确定:该零件属浅拉深翻边件,工艺方案是:钢板落料(在压力机上用模具冲头得到零件的展开形状)—冲孔(冲出腰型孔和 2-Φ6.5 孔)—翻边成型并弯曲。

(2)计算毛坯尺寸(即绘出展开图)。

(3)落料(下料)。

(4)冲孔。

(5)翻边并弯曲。

(6)检验。

第五节　评分标准

一、自由锻实操考核评分标准

工位号			姓名		学号		总得分	
项目	编号	质量检测内容		配分	评分标准		实测结果	得分
操作过程质量监控	1	设备操作使用		20	加热操作、温度掌控正确			
	2	工具使用		20	钳子、锤子、砧子使用符合规范			
	3	量具使用		10	量具使用得当			
锻件质量	1	锻件质量高，无明显缺陷		40	锻件无氧化、脱碳、裂纹、夹层，尺寸满足图纸要求			
安全文明		根据安全生产和文明生产的规定进行操作		10	未按安全生产条例执行扣5分 未按文明生产条例执行扣5分			
其他								
现场记录：								

二、板料冲压实操考核评分标准

工位号		姓名		学号		总得分	
项目	编号	质量检测内容	配分	评分标准		实测结果	得分
操作过程质量监控	1	设备操作使用	30	剪板机、冲床操作规范			
	2	工具使用	20	工具使用符合规范			
	3	量具使用	10	量具使用得当			
工件质量	1	工件质量高,无明显缺陷	40	外观、形状尺寸公差满足图纸要求。			
安全文明		根据安全生产和文明生产的规定进行操作	10	未按安全生产条例执行扣5分 未按文明生产条例执行扣5分			
其他							

现场记录:

思考题

1. 什么是锻造？锻造有哪些形式？
2. 什么是自由锻？其特点和应用范围如何？
3. 板料冲压有何特点？应用范围如何？
4. 冲压都有哪些基本工序？每道工序的工艺特点是什么？

第四章 焊 接

【教学目标】

知识目标

1. 了解焊接生产工艺过程、特点和应用。
2. 熟悉手弧焊机的种类、结构、性能及使用。
3. 熟悉电焊条的组成及作用,酸性焊条和碱性焊条的性能特点。
4. 熟悉结构钢焊条的牌号及其含义。
5. 了解常用焊接接头型式和坡口型式。
6. 了解其他常用焊接方法(气体保护焊、电阻焊、点焊等)的特点和应用。
7. 能正确选择焊接电流及调整火焰,独立完成手弧焊、气焊的平焊操作。

能力目标

1. 能够进行焊条的选择及电弧焊机焊接参数的调整及操作。
2. 独立完成平接对焊的焊接练习。

第一节 焊接概述

一、电焊安全操作规程

(1)进入实习场地需穿工作服,上衣袖口和下摆的纽扣一定要系紧;穿运动鞋或皮鞋,不能穿布鞋、拖鞋和凉鞋;女生及长发男生必须将头发固定好,戴上帽子。

(2)进行焊接操作时需穿戴好工作服、绝缘鞋、绝缘手套等安全劳保用品。操作者应站在绝缘橡胶板上进行操作以防触电。

(3)焊接操作前必须按照正确方法认真检查焊接设备,发现有安全隐患时,及时向指导教师汇报情况,隐患排除前严禁进行焊接操作。

(4)认真检查施焊现场是否有易燃易爆、有毒有害的物品;是否有良好的自然通风,或良好的通风设备;是否有良好的照明,当确认都符合安全要求时才能工作。

(5)开动电焊机时,先闭合电源闸刀,然后启动电焊机按钮。停机时先关电焊机,再拉下电源闸刀。

(6)正在焊接时不要切断电源或调节电流,电源接通后不要随意移动电焊机。禁止用铜丝代替熔丝。

(7)电焊钳手柄的绝缘性一定要可靠,若有损坏应事先修理或更换,电焊钳应轻取轻放,不得将焊钳放在焊台上,以防短接起弧。

(8)电焊时必须戴上保护面罩,严禁用眼睛直视电弧,以防强烈的弧光灼伤眼睛。如有眼睛疼痛、发热流泪、皮肤发痒等感觉,可用湿毛巾敷在眼睛上,不能用肥皂水清洗。

(9)焊接时,手不能同时接触两个电极,以免触电。操作时不能随意挥动焊条,若焊机及焊钳发热,可休息一下再工作。焊后的工件和焊条头不能乱扔,工件不能用手触摸。

(10)用清渣锤敲除焊渣时,不得朝向面部,以防飞出的焊渣烫伤眼睛和面部。应从侧面轻击,并用戴绝缘手套的左手遮挡飞溅的焊渣。

二、焊接的定义及分类

焊接是通过加热或加压(或两者并用)并且用(或不用)填充材料使焊接件达到原子(或分子)间结合的一种连接加工方法。焊接可以实现的连接是不可拆卸的永久性连接,它是现代工业生产中广泛应用的一种金属连接方法。广泛应用于机械、汽车、船舶、石油化工、电力、建筑、核能、海洋工程、航空航天工程等工业部门。

(一)分类

焊接的方法种类很多,按焊接过程的特点可分为三大类:熔化焊、压力焊和钎焊。如图4-1所示。熔化焊是将焊接接头加热至熔化状态而不加压力的焊接方法。如电弧焊(手工电弧焊、埋弧自动焊等)、气焊、气体保护焊(氩弧焊、CO_2气体保护焊等)、电渣焊和激光焊等。压力焊是对焊件施加压力,加热或不加热的焊接方法,如电阻焊(点焊、缝焊、对焊)、摩擦焊和爆炸焊等。钎焊是把比被焊金属熔点低的钎料金属熔化至液态,然后使其渗透到被焊金属接缝的间隙中而达到结合的方法,如烙铁钎焊、火焰钎焊、电阻钎焊等。

(二)焊接的特点

(1)焊接工作方便、灵活、牢固。

(2)可采用拼焊结构,使大型复杂工件以小拼大,化繁为简。

(3)焊接工艺一般不需要大型贵重的设备,投资少、投产快、更换产品方便。

(4)焊接的缺点:焊后零件不可拆,更换修理不方便,容易产生变形,增加应力集中,产生裂纹,引起脆断等。

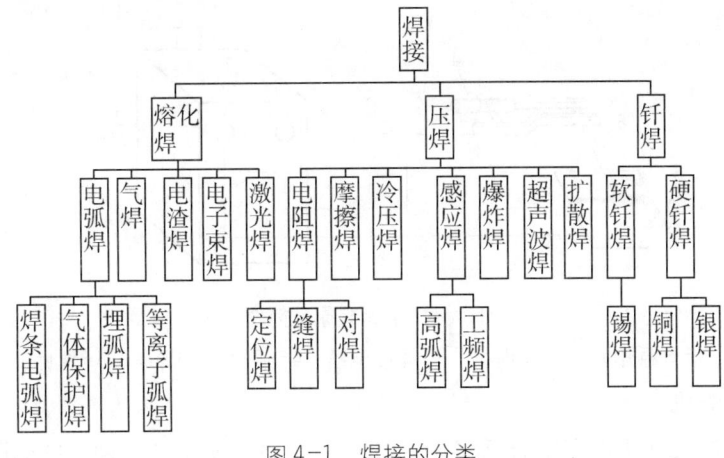

图 4-1 焊接的分类

第二节 焊接相关设备及工具

一、焊接设备

工厂常用的焊接设备有手弧焊机、CO_2 气体保护焊设备、点焊设备和气割设备等。

(一)手工电弧焊机

手弧焊的主要设备是弧焊机,简称为电焊机,电焊机原理如图 4-2 所示。电焊机是焊接电弧的电源。电焊机按所提供的焊接电流种类不同可分为交流电焊机和直流电焊机两类。

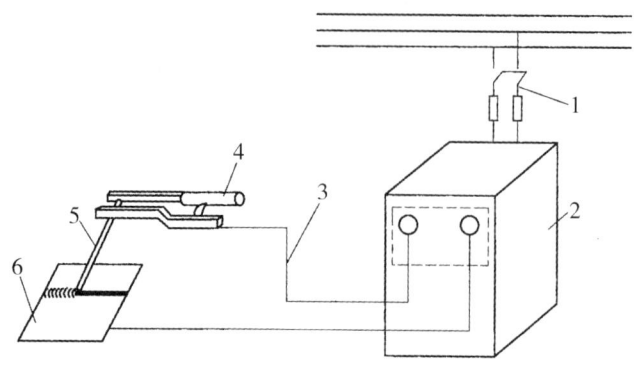

图 4-2 电弧焊原理简图
1—电源开关 2—电焊机 3—焊接电缆 4—焊钳 5—焊条 6—焊件

1. 交流电焊机

交流电焊机又称弧焊变压器,如图 4-3 所示的(a)图所示是一种特殊的降压变压器,它是由降压变压器、阻抗调节器、手柄和焊接电弧等组成。常用的交流电焊机型号有:BX3-300、BX1-315、BX1-330、BX1-400、BX3-500 等,下面以 BX1-315-3 型为例说明,型号含义如下:

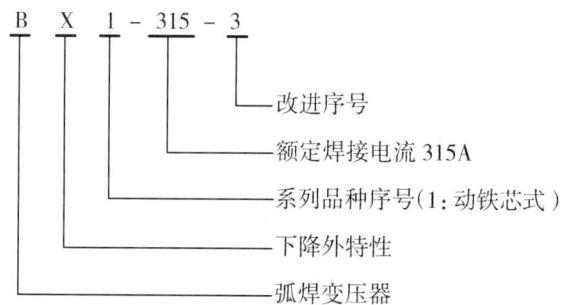

交流电焊机的特点:交流电焊机结构简单,价格便宜,噪音小,使用可靠维修方便,在我国交流电焊机使用非常广泛,缺点就是电弧稳定性较差。

2. 直流电焊机

直流电焊机有两种:一种是整流式直流电焊机,如图 4-3 所示的(b)图所示,又称弧焊整流器或整流焊机;另一种是逆变式直流弧焊机。整流弧焊机是由交流变压器、整流器、磁饱和电抗器、输出电抗器以及控制系统等组成,其中整流器是由大功率硅整流元件构成。它是将电流由交流变为直流供焊接使用。磁饱和电抗器相当于一个很大的电感,使电源获得下降特性。焊接电流的调节是通过电流控制器来改变磁饱和电抗器控制绕组中直流电的大小。整流弧焊机的输入端电压一般为单相 220V 或三相 380V,空载电压一般为 60~90V,工作电压一般为 25~36V。常用的整流弧焊机型号有 ZXG-300、ZX7-400、ZXG-500 等,下面以 ZX7-400 型为例说明,型号含义如下:

第四章　焊接

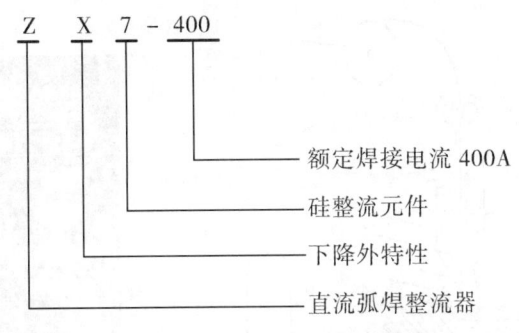

```
Z  X  7 - 400
            └── 额定焊接电流 400A
         └───── 硅整流元件
      └──────── 下降外特性
   └─────────── 直流弧焊整流器
```

（a）交流电焊机

（b）直流电焊机

图 4-3　两种常用的手工弧焊机

（二）CO_2 气体保护焊

利用二氧化碳（CO_2）气体对电弧及熔池进行保护的焊接方法称为 CO_2 气体保护焊，简称 CO_2 焊。CO_2 焊是使用焊丝来代替焊条，经过丝轮通过送丝软管送到焊枪，经导电咀导电，在 CO_2 气氛中与母材之间产生电弧，靠电弧热量进行焊接。CO_2 气体在工作时通过焊枪喷嘴，沿焊丝周围喷射出来，完全覆盖电弧及熔池，在电弧周围造成局部的气体保护层，使溶滴和熔池与空气机械地隔离开来，从而保护焊接过程稳定持续地进行，并获得优质的焊缝。如图 4-4 所示是 CO_2 气体保护焊接示意图。CO_2 焊进行方式有自动和半自动，应用较多的是半自动 CO_2 气体保护焊。

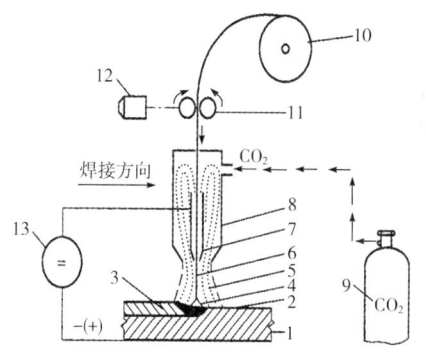

1—母材　2—熔池　3—焊缝　4—电弧　5—CO_2 保护区
6—焊丝　7—导电嘴　8—喷嘴　9—CO_2 气瓶　10—焊丝盘
11—送丝滚轮　12—送丝电动机　13—直流电源

图 4-4　CO_2 气体保护焊接示意图与实物图

1. CO_2 焊主要参数

（1）焊接电流：根据焊接条件（板厚、焊接位置、焊接速度、材质等参数）选定相应的焊接电流。CO_2 焊机调电流实际上是在调整送丝速度。因此 CO_2 焊机的焊接电流必须与焊接电压相匹配，既一定要保证送丝速度与焊接电压对焊丝的熔化能力一致，以保证电弧长度的稳定。

（2）焊接电压：焊接电压既电弧电压，提供焊接能量。电弧电压越高，焊接能量越大，焊丝熔化速度就越快，焊接电流也就越大。电弧电压等于焊机输出电压减去焊接回路的损耗电压，用公式表示为：

U 电弧 = U 输出 − U 损

如果焊机安装符合安装要求，则损耗电压主要指电缆加长所带来的电压损失，如果焊接电缆需要加长，调节焊机输出电压时可参考表 4-1。

表 4-1　焊机输出电压的选择

电缆长度 \ 焊接电流	100A	200A	300A	400A	500A
10m	1V	1.5V	1V	1.5V	2V
15m	1V	2.5V	2V	2.5V	3V
20m	1.5V	3V	2.5V	3V	4V
25m	2V	4V	3V	4V	5V

根据焊接条件选定相应板厚的焊接电流，然后根据下列公式计算焊接电压：

<300A 时：焊接电压 =（0.04 倍焊接电流 + 16±1.5）伏
>300A 时：焊接电压 =（0.04 倍焊接电流 + 20±2）伏

焊接电压不合适对焊接效果会有影响：电压偏高时，弧长变长，飞溅颗粒变大，容易产生气孔，焊道变宽，熔深和余高变小。电压偏低时即焊丝插向母材，飞溅增加，焊道变窄，熔深和余高大。所以必须按规范步骤调节，即先按照参考公式进行焊前预制，接着试焊确定电流，再根据手感、声音和电弧稳定判断电压高或者低了，最后微调电压完成调节过程。

（3）焊接速度：在焊接电压和焊接电流一定的情况下，焊接速度的选择应该保证单位时间内给焊缝足够的热量。焊接热量三要素：

热量 = I^2Rt

I^2：焊接电流的平方。

R：电弧及干伸长度的等效电阻。

t：焊接速度。半自动焊：焊接速度为 30 ~ 60cm/min；自动焊：焊接速度可高达 250cm/min 以上。注意：焊接速度过快时会出现焊道变窄，熔深和余高变小。

（4）干伸长度：干伸长度是指焊丝从导电嘴到工件的距离。

<300A 时：L =（10 ~ 15）倍焊丝直径

>300A 时：L =（10 ~ 15）倍焊丝直径 + 5mm

举例：直径 1.2mm 焊丝可用电流 120 ~ 350A，电流小时乘 10 倍的焊丝直径，电流大时乘 15 倍的焊丝直径。

焊接过程中，保持焊丝干伸长度不变是保证焊接过程稳定性的重要因素之一。过长时气体保护效果不好，易产生气孔，引弧性能差，电弧不稳，飞溅加大，熔深变浅，成形变坏。过短时看不清电弧，喷嘴易被飞溅堵塞，飞溅大，熔深变深，焊丝易与导电嘴粘连。焊接电流一定时，干伸长度的增加，会使焊丝熔化速度增加，但电弧电压下降，电流降低，电弧热量减少。

（5）焊丝：采用含有 Si、Mn 等脱氧元素的焊丝。CO_2 焊使用的焊丝既是填充金属又是电极，所以焊丝既要保证一定的化学性能和机械性能，又要保证具有良好的导电性能和工艺性能。CO_2 焊丝分为实芯焊丝和药芯焊丝两种。

（6）CO_2 气体：CO_2 气体的作用是隔离空气并作为电弧的介质。纯度要求大于 99.5%，含水量小于 0.05%。瓶装液态，每瓶内可装入（25 ~ 30）Kg 液态 CO_2。

（7）极性：反极性具有电弧稳定、焊接过程平稳、飞溅小的特点。正极性具有熔深较浅，余高较大飞溅很大，成形不好，焊丝熔化速度快（约为反极性的 1.6 倍）的特点，只在堆焊时才采用。CO_2 焊一般都采用直流反极性。

2. CO_2 气体保护焊的特点

优点：

（1）焊接成本低。其成本只有埋弧焊、焊条电弧焊的 40 ~ 50%。

（2）生产效率高。其生产率是焊条电弧焊的 1 ~ 4 倍。

(3)操作简便。明弧,对工件厚度不限,可进行全位置焊接而且可以向下焊接。

(4)焊缝抗裂性能高。焊缝低氢且含氮量也较少。

(5)焊后变形较小。角变形为千分之五,不平度只有千分之三。

(6)焊接飞溅小。当采用超低碳合金焊丝或药芯焊丝,或在 CO_2 中加入 Ar,都可以降低焊接飞溅。

缺点:

(1)焊接飞溅较大,焊缝表面成形较差。

(2)不能焊接容易氧化的有色金属。

(3)抗风能力差,给室外作业带来一定困难。

(4)很难用交流电源进行焊接,焊接设备比较复杂。

CO_2 气体保护焊主要用于焊接低碳钢和低合金钢,广泛用于汽车、机车及车辆、船舶、锅炉和管道等焊接。对于规则的曲线焊缝和较长的直线焊缝,可采用自动焊,对于较短的或不规则的焊缝,则采用半自动焊。

(三)点焊

点焊是把焊件在接头处接触面上的个别点焊接起来的方法,它是一种高速、经济的连接方法。它适于制造可以采用搭接、接头不要求气密,厚度小于 3mm 的冲压、轧制的薄板构件。点焊要求金属要有较好的塑性,主要用在不封闭的薄板搭接结构和金属网、交叉钢筋等构件的焊接。

机械加压式点焊机的结构如图 4-5 所示,主要由机架、焊接变压器、电极、电极臂、加压机构、脚踏开关和冷却水系统组成。点焊电极由四部分组成:端部、主体、尾部、冷却水孔。点焊电极是保证点焊质量的重要零件,它的主要功能有:(1)向工件传导电流;(2)向工件传递压力;(3)迅速导散焊接区的热量。

1. 点焊的焊接过程

点焊在焊前必须进行工件表面清理,以保证接头质量稳定。清理方法分机械清理和化学清理两种。常用的机械清理方法有喷砂、喷丸、抛光以及用纱布或钢丝刷等。

点焊过程由加压、通电、断电和退压四个基本程序组成焊接循环。点焊的焊接过程如图 4-6 所示。

第四章　焊接

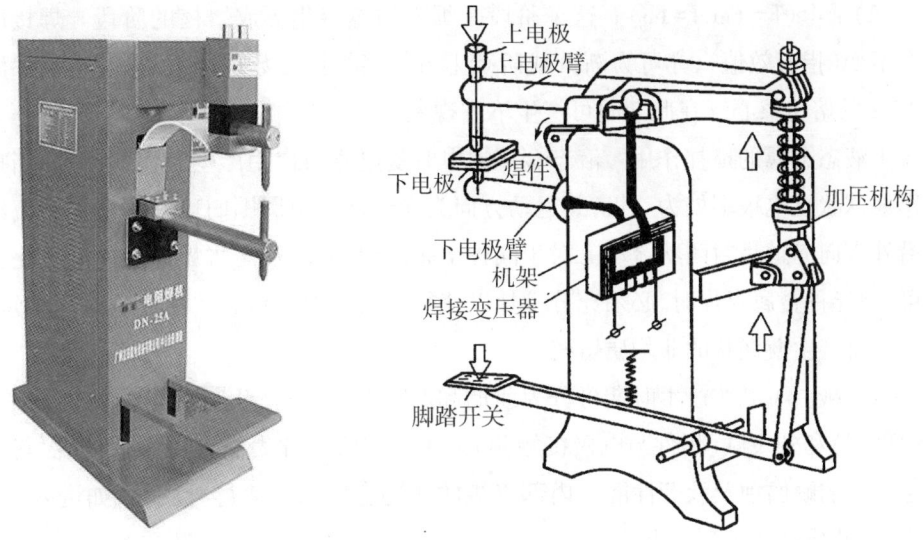

图 4-5　机械加压式点焊机外形示意图

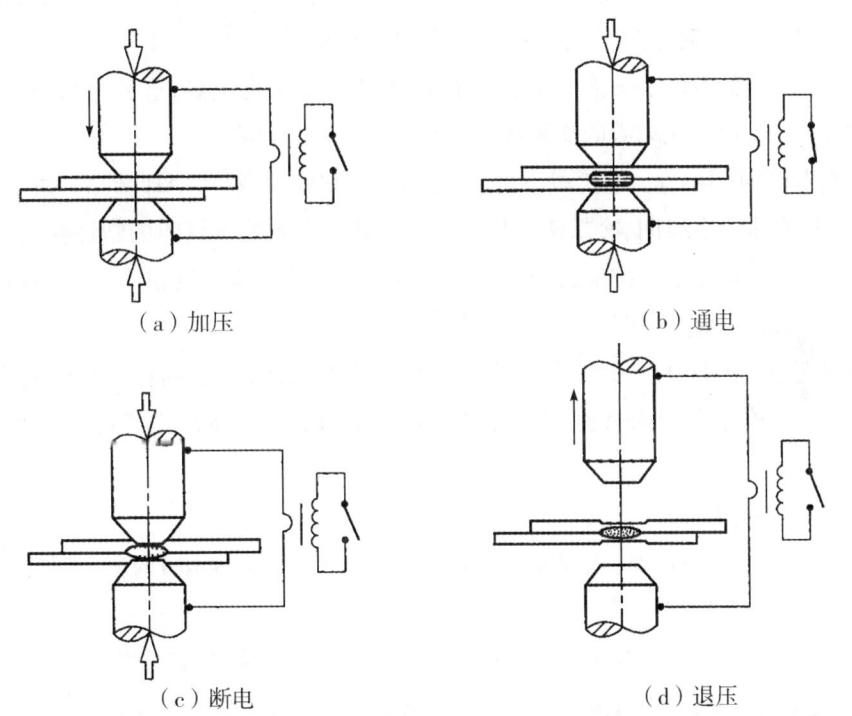

图 4-6　点焊的焊接过程

(1)加压($F>0, I=0$)。这个阶段包括电极压力的上升和恒定两部分。为保证在通电时电极压力恒定,预压时间必须保证,尤其当需连续点焊时,须充分考虑焊机运动机构动作所需时间,不能无限缩短。加压的目的是建立稳定的电流通道,以保证焊接过程获得重复性好的电流密度。对厚板或刚度大的冲压零件,有条件时可在此期间先加大预压力,而后再回复到焊接时的电极力,使接触电阻恒定而又不太小,以提高热效率。

(2) 通电（$F=F_\omega, I=I_\omega$）。这个阶段是焊件加热熔化形成熔核的阶段。焊接电流可基本不变（指有效值），亦可为渐升或阶跃上升。当焊接参数适当时，可获得尺寸波动小于15%的熔化核心。在此期间可产生下列现象：

①液态金属的搅拌作用。液态金属通电时受电磁力作用产生漩涡状流动，当把熔核视作地球状且电极端处为二极，其运动方向为赤道部分由周围向球心流动而后流经两极再沿外表向赤道呈封闭状流动。对于同种金属点焊，搅拌仅需将焊件表面的氧化膜搅碎即可，但异种金属点焊时，必须充分搅拌以获得均质的熔化核心。如通电时间太短，搅拌不充分将产生漩涡状的非均质熔核。

②飞溅。飞溅按产生时期可分为前期和后期两种；按产生部位可分为内飞溅（处于两焊件间）和外飞溅（焊件与电极接触侧）两种。飞溅在外表面首先影响外观，其次产生的疤痕影响耐腐蚀及疲劳性能。内部飞溅的残迹有可能在运行时脱落，如进入管路（如油管）将造成堵塞等严重事故。

③胡须。在加热到半熔化温度的熔核边缘，当某些材料（如高温合金）中低熔点夹杂物较多聚集在晶界处时，这部分杂质首先熔化并在电极压力的作用下被挤出呈空隙。在随后的过程中，空间有时可能被液态金属充填满，但亦可能未充填满，这种组织形貌在金相试样上称为胡须，而未充填满的胡须犹如裂纹是一种危险缺陷。

(3) 断电（$F>0, I=0$）。此阶段不再输入热量，熔核快速散热、冷却结晶。由于熔核体积小，且夹持在水冷电极间，冷却速度甚高。由于液态金属处于封闭的塑性壳内，如无外力，冷却收缩时将产生三维拉应力，极易产生缩孔、裂纹等缺陷，故在冷却时必须保持足够的电极压力来压缩熔核体积，补偿收缩。

(4) 退压（$F=0, I=0$）。此阶段仅在焊接淬硬钢时采用，一般插在维持时间内，当焊接电流结束，熔核完全凝固且冷却到完成马氏体转变之后再插入，其目的是改善金相组织。

2. 点焊的焊接参数

当采用工频交流电源时，点焊参数主要有焊接电流、焊接（通电）时间、电极压力和电极尺寸。

(1) 焊接电流 I。析出热量与电流的平方成正比，所以焊接电流对焊点性能影响最敏感。在其他参数不变时，当电流小于某值熔核不能形成，超过此值后，随电流增加熔核快速增大，焊点强度上升，而后因散热量的增大而熔核增长速度减缓，焊点强度增加缓慢，如进一步提高电流则导致产生飞溅，焊点强度反而下降。所以一般建议选用对熔核直径变化不敏感的适中电流来焊接。

在实际生产中，焊接电流的波动有时很大，其原因有：①电网电压本身波动或多台焊机同时通电；②铁磁体焊件伸入焊接回路的变化；③前点对后点的分流等。除选择对焊接电流变化较不敏感的参数外，解决上述问题的方法是反馈控制。目前最常用的有网压补偿法、恒流法与群控法。网压补偿法可用于所有各种情况,恒流法主要用于第②种情况,不能用于第③种情况,群控法仅用于第①种情况。

(2)焊接时间 t。通电时间的长短直接影响输入热量的大小,在目前广为采用的同期控制点焊机上,通电时间是周(我国一周为 20ms)的整倍数。在其他参数固定的情况下,只有通电时间超过某最小值时才开始出现熔核,而后随通电时间的增长,熔核先快速增大,拉剪力亦提高。当选用的电流适中时,进一步增加通电时间熔核增长变慢,渐趋恒定。当选用的电流较大时,则熔核长大到一定极限后会产生飞溅。

(3)电极压力 F。电极压力的大小一方面影响电阻的数值,从而影响析热量的多少,另一方面影响焊件向电极的散热情况。过小的电极压力将导致电阻增大、析热量过多且散热较差,引起前期飞溅;过大的电极压力将导致电阻减小、析热量少、散热良好、熔核尺寸缩小,尤其是焊透率显著下降。因此从节能角度来考虑,应选择不产生飞溅的最小电极压力。

(4)电极工作面尺寸。目前点焊时主要采用锥台形和球面形两种电极。锥台形的端面直径 d 或球面形的端部圆弧半径 R 的大小,决定了电极与焊件接触面积的多少,在同等电流时,它决定了电流密度大小和电极压强分布范围。一般应选用比期望获得熔核直径大 20% 左右的工作面直径所需的端部尺寸。

点焊时各参数是相互影响的,对大多数场合均可选取多种各参数的组合。

(四)焊条与接头、焊缝

焊条由焊芯和药皮两部分组成,如图 4-7 所示。

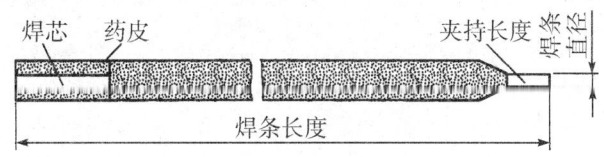

图 4-7 焊条的结构

(1)焊芯。作用为传导焊接电流,填充金属焊缝,直径为 2.0~5.8mm。

(2)药皮。作用为稳定电弧,提高电弧燃烧的稳定性,引弧造渣,保护焊缝不被氧化、氮化,使焊缝冷却变慢,并向焊缝金属过渡合金元素;增塑,促进电离。它由矿石粉、铁合金粉和粘结剂等原料按一定比例配置而成。

用焊接方法连接的接头称为焊接接头,它由焊缝和热影响区组成如图 4-8 所示。被连接的焊材称为母材金属(或基本金属)。焊接过程中局部受热熔化的金属形成熔池,熔池金属冷却凝固形成焊缝。焊缝两边的母材受焊接加热的影响(未熔化),引起金属内部组织和力学性能变化的区域称为焊接热影响区。焊缝和热影响区的分界线称为熔合线。

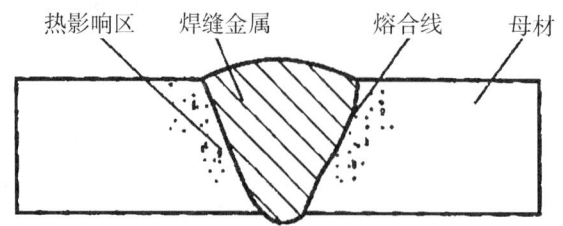

图 4-8　熔焊焊接接头

焊缝表面上的鱼鳞状波纹称为焊波,焊缝表面与母材的交界处称为焊趾。超出母材表面焊趾连线上面的那部分焊缝金属的高度称为余高。单道焊缝横截面中,两焊趾之间的距离称为焊缝宽度,又称为熔宽。在焊接接头横截面上,母材熔化的深度称为熔深,如图 4-9 所示。

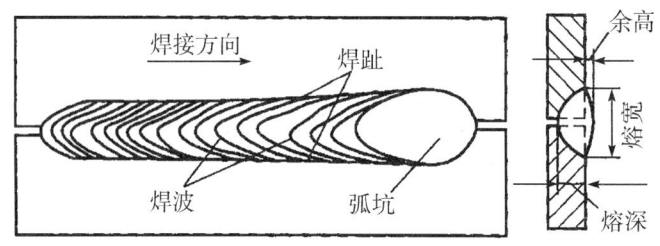

图 4-9　焊缝各部分名称

二、焊接工具

焊接工具主要为焊钳、面罩以及焊接电缆、导电钳、敲渣锤、钢丝刷等,如图 4-10 所示。

(1)焊钳。夹持焊条并传导焊接电流的操作工具。

(2)面罩。保护电焊工的眼睛和面部不受电弧光的辐射和灼伤。

(3)焊接电缆。常采用多股细铜线电缆,在焊钳与电焊机之间用一根电缆(火线)连接,在电焊机与工件之间用另一根电缆(地线)连接。焊钳外部用绝缘材料制成,具有绝缘和绝热的作用。

(4)导电钳。夹持导电体或焊材导入电流的工具。

(5)敲渣锤。敲击焊材表面的凝固焊渣,检验焊接处是否连接。

(6)钢丝刷。清理工作台和焊材上面的焊渣、灰尘和锈斑。

第四章 焊接

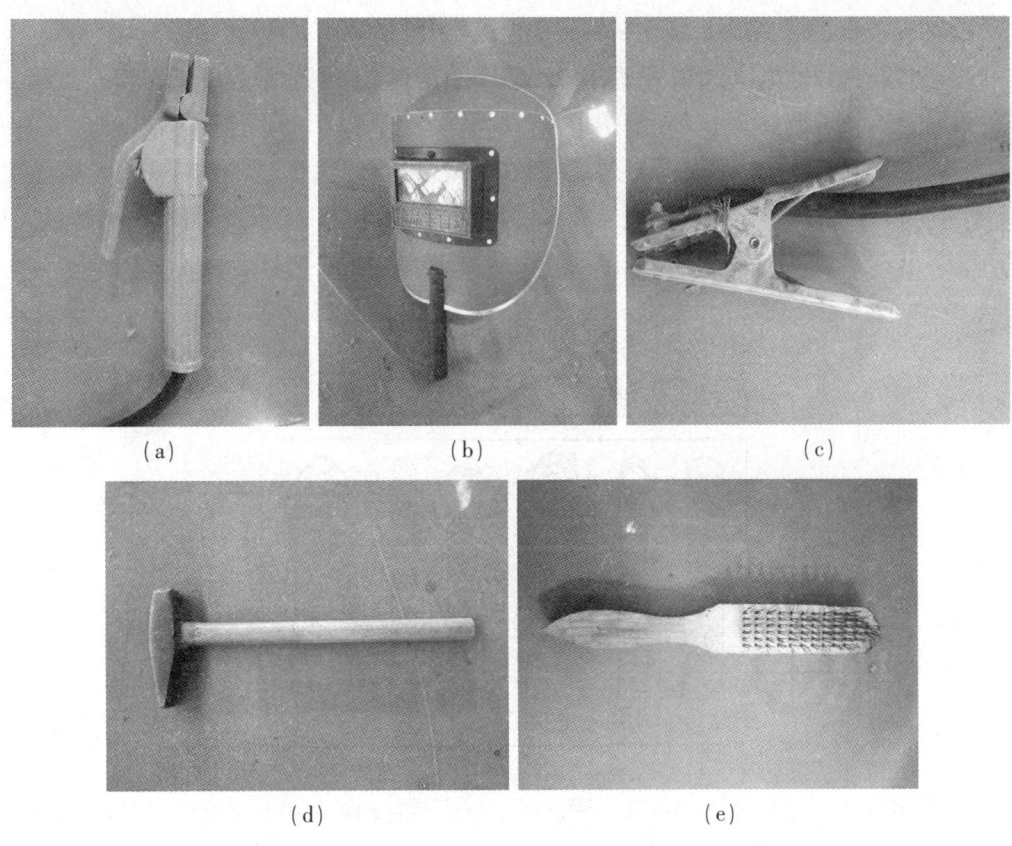

(a)焊钳 (b)面罩 (c)导电钳 (d)敲渣锤 (e)钢丝刷
图4-10 常用焊接工具

第二节 手弧交直流焊电流的选择与调节

一、手弧交直流焊电流的选择

（1）手弧焊工艺参数的选择一般是先根据工件厚度选择焊条直径，然后根据焊条直径选择焊接电流。焊接电流的选择一般参考下列经验公式：

$I=(30\text{-}50)d$

式中 I：焊接电流（安培）；d：焊条直径（毫米）

（2）按此式选择的焊接电流只是一个大概的数量，实际工作时还要根据工件厚度、接头型式、焊接位置、焊接种类、焊工技术等因素，通过试焊调整和确定。还可以考虑如下因素来决定电流的大小：

①焊件传热快时，使用电流要小；回路电阻高时，使用电流要大。

②如焊条直径不变,厚钢板比薄钢钣的电流要大。
③立焊与仰焊的电流,要比平焊小 15~20%；角焊电流要比平焊电流大。
④快速焊接电流要大于一般焊接电流。

(3)在焊接过程中也可根据下列情况粗略判断电流的大小：若电弧声很大,弧光很强,焊条有较大的爆裂声,熔化金属飞溅多,焊条熔化很快并且过于发热发红、熔池过大,药皮成块状脱落、焊缝下陷甚至烧穿等,都说明电流过大如图 4-11 所示。

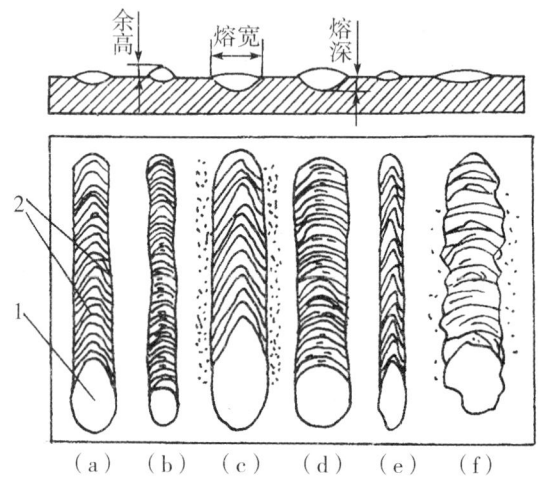

(a)电流、焊速合适　(b)电流太小　(c)电流太大　(d)焊速太慢　(e)焊速太快　(f)电弧太长

图 4-11　电流、焊速、弧长对焊缝形状的影响

1-弧坑　2-焊波

(4)在焊接低碳钢时,工件厚度与焊条直径,焊条直径与焊接电流的对应值可参考表 4-2 和表 4-3 选择。所用焊接工艺参数是否正确,不但影响焊缝成形,而且影响焊接质量。

表 4-2　手弧交直流焊条直径的选择

工件厚度	≤4	4~7	8~12	>12
焊条直径 d	≤工件厚度	3.2~4.0	4.0~5.0	5.0~5.8

表 4-3　手弧交直流焊焊接电流的选择：I=K*d(平焊位置比其他位置小 10% -20%)

D 焊条直径 mm	1.6	2.0~2.5	3.2	4.0~5.8
K 经验系数	20~25	25~30	30~40	40~50

二、手弧交直流焊电流的调节

手弧交直流焊电流的调节一般分为两级：一级是粗调,常用改变输出线头的接法(Ⅰ位置连接或Ⅱ位置连接),从而改变内部线圈的圈数来实现电流大范围的调节；另一级是细调,常用改变电焊机内"可动铁芯"或"可动线圈"的位置来达到所需电流值,细调节的操作是通过旋转手柄来实现的。

第四节　手弧焊实习基本操作与工艺

一、手工电弧焊的基本操作

手工电弧焊最基本的操作是引弧、运条和收尾。

（一）引弧

引弧即产生电弧。焊条电弧焊是采用低电压、大电流放电产生电弧,依靠焊条瞬时接触工件来实现。引弧时必须将焊条末端与焊件表面接触形成短路,然后迅速将焊条向上提起2~4mm的距离,此时电弧即引燃。如图4-12所示,引弧的方法有两种:碰击法和擦划法。

1. 碰击法

碰击法,也称点接触法或敲击法。碰击法是将焊条与工件保持一定距离,然后垂直落下,使之轻轻敲击工件,发生短路,再迅速将焊条提起,产生电弧的引弧方法。此种方法适用于各种位置的焊接。

2. 擦划法

擦划法,也称线接触法或摩擦法。擦划法是将焊条在坡口上滑动,成一条线,当端部接触时,发生短路,因接触面很小,温度急剧上升,在未熔化前,将焊条提起,产生电弧的引弧方法。此种方法易于掌握,但容易玷污坡口,影响焊接质量。

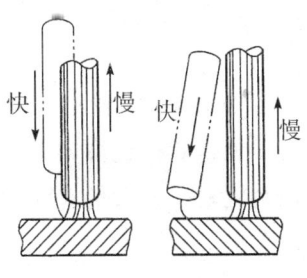

(a)碰击法　　(b)擦划法

图4-12　引弧方法

上述两种引弧方法应根据具体情况灵活应用。擦划法引弧虽比较容易,但若这种方法使用不当,会擦伤焊件表面。为尽量减少焊件表面的损伤,应在焊接坡口处擦划,擦划长度以20~25mm为宜。在狭窄的地方焊接或焊件表面不允许有划伤时,应采用碰击法引弧。碰击法引弧较难掌握,焊条的提起动作太快并且焊条提得过高时,电弧易熄灭;动作太慢,会使焊条粘在工件上。当焊条一旦粘在工件上,应迅速将焊条左右摆动,使之与焊件分离;若仍不能分离,应立即松开焊钳切断电源,以免短路时间过长而损坏电焊机。

(二)运条

电弧引燃后,就开始正常的焊接过程。为获得良好的焊缝,焊条需要不断地运动。焊条的运动称为运条。运条是电焊工操作技术水平的具体表现。焊缝质量的优劣、焊缝成形的好坏,主要由运条来决定。

如图4-13所示,运条由三个基本运动合成,分别是焊条的送进运动、焊条的横向摆动运动和焊条的沿焊缝移动运动。

1. 焊条的送进运动

送进运动主要是用来维持所要求的电弧长度,由于电弧的热量熔化了焊条端部,电弧逐渐变长,有熄弧的倾向。要保持电弧继续燃烧,必须将焊条向熔池送进,直至整根焊条焊完。为保证一定的电弧长度,焊条的送进速度应与焊条的熔化速度相等,否则会引起电弧长度的变化,影响焊缝的熔宽和熔深。

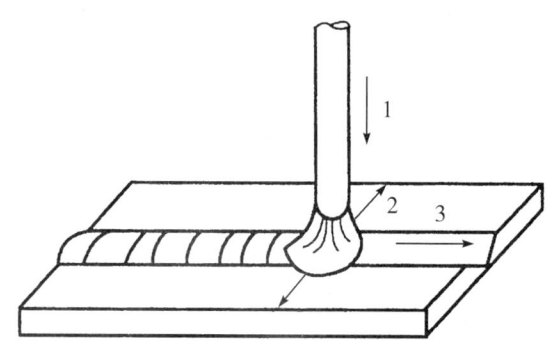

图4-13 焊条的三个基本运动
1—焊条送进 2—焊条横向摆动 3—沿焊缝移动

2. 焊条的摆动和沿焊缝移动

这两个动作是紧密相连的,而且变化较多、较难掌握。通过两者的联合动作可获得一定宽度、高度和一定熔深的焊缝。所谓焊接速度即单位时间内完成的焊缝长度。焊接速度太慢,会形成宽而局部隆起的焊缝;太快,会形成断续细长的焊缝;焊接速度适中时,才能焊出表面平整、焊波细致而均匀的焊缝。

(三)收尾

电弧中断和焊接结束时,应把收尾处的弧坑填满。若收尾时立即拉断电弧,则会形成比焊件表面低的弧坑。在弧坑处常出现疏松、裂纹、气孔、夹渣等现象,因此焊缝完成时的收尾动作不仅是熄灭电弧,而且要填满弧坑。收尾动作有以下几种:

1. 划圈收尾法

焊条移至焊缝终点时,作圆圈运动,直到填满弧坑再拉断电弧。主要适用于厚板焊接的收尾。

2. 反复断弧收尾法

收尾时,焊条在弧坑处反复熄弧、引弧数次,直到填满弧坑。此法一般适用于薄板和大电流焊接,但碱性焊条不宜采用,因其容易产生气孔。

3. 回焊收尾法

焊条移至焊缝收尾处立即停止,并改变焊条角度回焊一小段。此法适用于碱性焊条。

当更换焊条或临时停弧时,应将电弧逐渐引向坡口的斜前方,同时慢慢抬高焊条,使熔池逐渐缩小。当液体金属凝固后,一般不会出现缺陷。

二、手工电弧焊的工艺

（一）焊接接头与坡口型式

1. 焊接接头

焊接接头是指用焊接方法把两部分金属连接起来的连接部分,它包括焊缝、熔合区和热影响区。焊缝是焊接接头的一部分,焊缝的形式是由焊接接头的形式来决定的。根据焊件厚度、结构形状和使用条件的不同,最基本的焊接接头形式有四种:(1)对接接头简称对接;(2)搭接接头简称搭接;(3)角接接头简称角接;(4)T型接头简称丁字接。对接接头受力比较均匀,使用最多,重要的受力焊接应尽量选用如图4-14所示的接头形式。

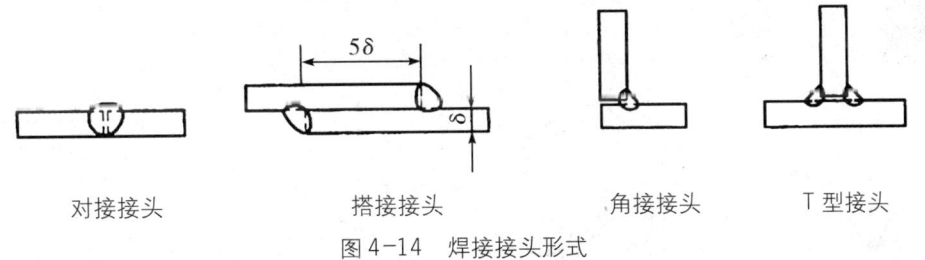

图4-14　焊接接头形式

2. 坡口型式

焊接前把两焊件间的待焊处加工成所需的几何形状称为坡口,俗称开坡口。坡口的作用是为了保证电弧能深入焊缝根部,使根部能焊接,以便清除熔渣,以获得较好的焊缝成形和保证焊缝质量。常用的坡口型式有:I型、U型、V型、K型和X型等。当焊接薄工件时在接头处留出一定间隙,即能保证焊透,此为正边坡口。对于大于6mm的较厚工件,则需开出坡口,搭接接头则不需开坡口,如图4-15所示。

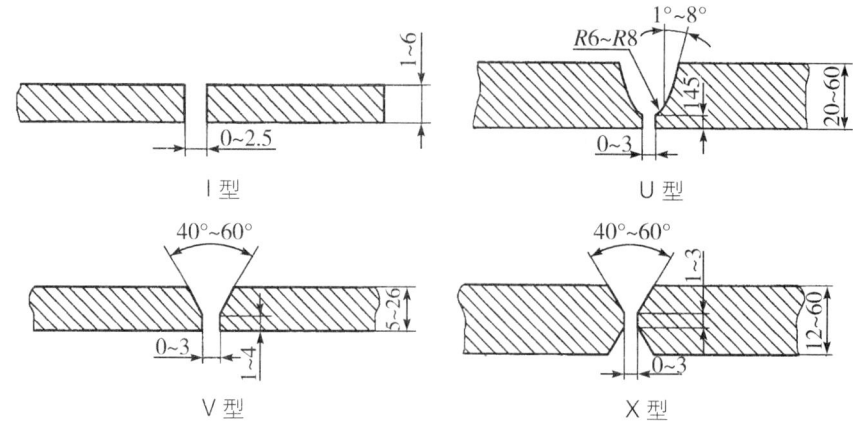

图 4-15 焊接坡口型式

（二）焊接的空间位置

一般把焊缝按空间位置的不同分为四类：平焊、立焊、横焊和仰焊，如图 4-16 所示。其中平焊操作方便，劳动强度小，流体金属不会流散，易于保证质量，是最理想的操作空间位置，应尽可能地采用。

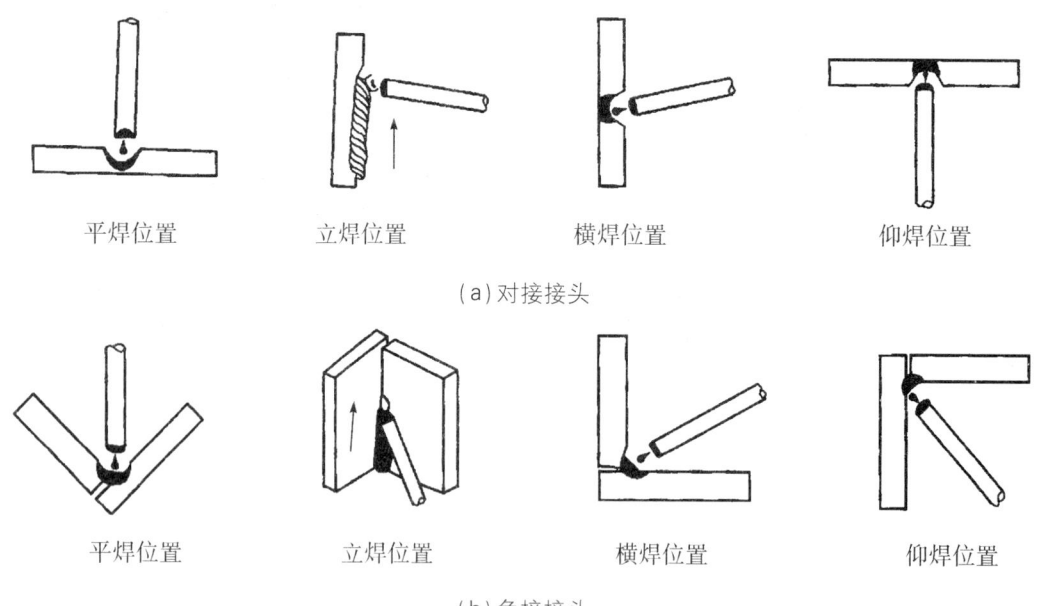

图 4-16 焊接的空间位置

（三）焊接变形与焊接缺陷

1. 焊接变形

焊接一般是局部在加热，在加热和冷却过程中，焊件上各处温度分布不均匀，冷却速度不同，热胀冷缩也不一致，互相牵制约束致使焊件不可避免地产生焊接应力并进而导致焊接变形。如图 4-17 所示是焊接变形的基本形式。焊接变形降低了焊件的尺寸精度,可能使焊件在承受工作载荷时产生附加应力,有的甚至因为变形严重,无法矫正而报废。焊后消除焊接应力或矫正焊接变形都要增加生产工时和产品成本。所以在设计焊接结构和制定焊接工艺时,必须采取适当措施控制和减小焊接应力和变形。

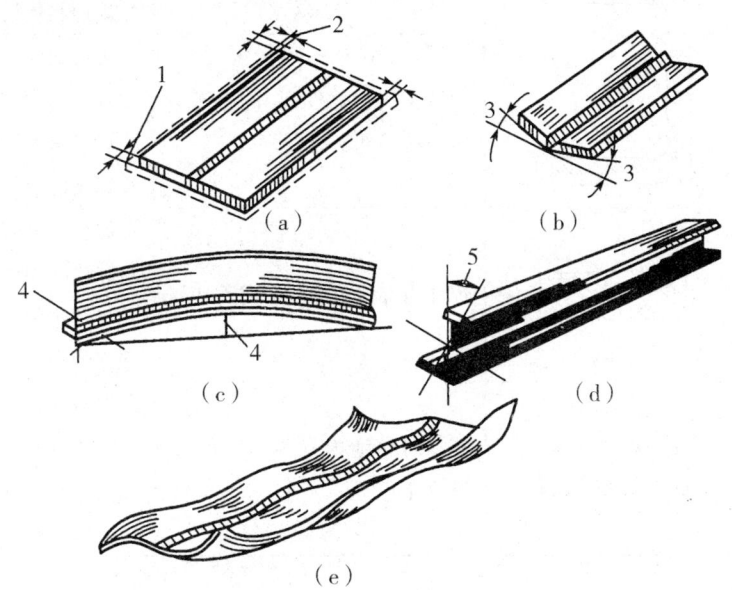

(a)收缩变形　(b)角变形　(c)弯曲变形　(d)波浪变形　(e)扭曲变形

图 4-17　焊接变形的基本形式

1-纵向收缩变形　2-横向收缩变形　3-角变形　4-弯曲变形　5-扭曲变形

2. 常见焊接缺陷

焊接接头的不完整性称为焊接缺陷,主要有焊接裂纹、未焊透、夹渣、气孔和焊缝外观缺陷等。这些缺陷减少焊缝截面积降低承载能力,产生应力集中引起裂纹,同时降低疲劳强度,易引起焊件破裂而导致脆断。其中危害最大的是焊接裂纹和气孔。表 4-4 所示是焊接缺陷及分析表。

表 4-4　焊接缺陷及分析表

缺陷名称	图例	特征	产生原因
焊缝外形和尺寸不合要求		焊缝余高过高或过低,熔宽过大或过小,或宽窄不均,角焊缝单边下限量过大	1. 焊接电流过大或过小 2. 焊接速度不当 3. 焊接坡口不当或装配间隙不均匀
焊瘤		熔化金属流淌到焊缝之外的未熔化的母材上所形成的金属瘤	1. 焊接速度过小或过慢 2. 电弧过长和运条不正确

缺陷名称	图例	特征	产生原因
裂纹		焊缝及热影响区内部或表面产生的缝隙	1. 母材含磷、硫量高 2. 焊缝冷却过快 3. 焊接顺序不合理 4. 焊件结构设计不合理
未焊透		焊缝金属与焊件间,含焊缝金属间的局部未熔合	1. 焊接设备和装配不当,如钝边厚、坡口小 2. 焊接速度过快 3. 焊接电流偏小
夹渣		焊缝内部残留的非金属类杂物	1. 焊接速度慢 2. 焊缝凝固偏快 3. 焊件边缘及焊层之间清理不干净
气孔		凝固时熔池内气体未离除而形成孔洞	1. 焊条受潮 2. 电弧过长 3. 接头有油、锈等 4. 熔池金属冷却过快

(四)焊接前后现场的清理

1. 碳素钢焊接前的准备

由于碱性焊条对铁锈、油污、水分和电弧拉长都较敏感,容易产生气孔,因此除了焊前要严格烘干焊条,焊接坡口应按规定形状、尺寸进行加工。而且要仔细清理焊件坡口外,在施焊时,始终应保持短弧操作。焊接清理主要去除焊材上的锈、油、水等,目的是防止在焊接过程中产生气体,造成焊缝气孔。如果是低碳钢焊丝焊接,其中的 Si、Mn 元素是能脱氧的,能一定程度上耐锈,但如果锈蚀太多,降低了焊缝中 Si、Mn 元素,造成焊缝力学性能不佳。

2. 焊接后工作场地的清理

现场焊接施工一般会用到手工电弧焊机、角磨机、切割机、气焊气割等。由于现场施工接电都是临时线,所以现场较为凌乱,焊接及切割会产生烟尘及废物废料等,清理工作可按照以下步骤:

(1)关闭电源,将所有用电设备电源切断。

(2)收捡焊线,焊机的焊把线、地线和氧气、乙炔气管等及时盘好收起。

(3)拾捡焊条头,将焊接剩余的焊条头、焊丝头等捡拾干净并集中收存。

(4)打扫现场卫生,清理焊接的焊渣、药皮等。

(5)检查工作场地及周边有无烟火。

第五节　典型工件的焊接

一、I型坡口平接对焊件图

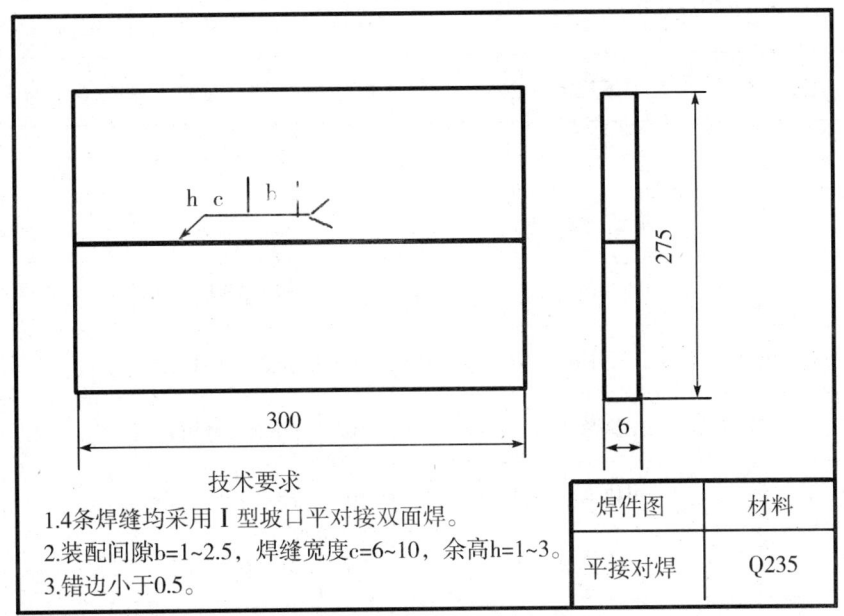

二、操作过程

（1）装配定位。

（2）用直径2.5mm的焊条,采用直线进行对于第一层焊道填满弧坑,清理溶渣后,用5mm直径焊条,电流稍调大些采用直线运条并稍作搅动,进行表层焊。

（3）把焊件翻过来,清理焊根用直径2.5mm或3.2mm焊条,直线运条。

（4）焊后清除熔渣及飞溅物并矫正焊件。

三、注意事项

（1）装配定位焊时,考虑到焊接变形,应采用反变形。

（2）运条时速度要均匀,不能过快。

（3）定位焊后要将熔渣清理干净。

（4）焊脚在两板间应分别对称且过渡圆滑。

第六节 评分标准

平板平接对焊评分标准

工位号		学号		姓名		总得分	
项目		质量检测内容	配分	评分标准	实测结果	得分
成绩评定	1	装焊条	5	超差酌情扣分		
	2	开始、结束方式	5	超差酌情扣分		
	3	连电起火花	5	超差酌情扣分		
	4	引电弧	10	超差酌情扣分		
	5	运弧方式	10	超差酌情扣分		
	6	焊接形状尺寸	10	超差酌情扣分		
	7	连接效果	10	超差酌情扣分		
	8	裂纹、气孔	10	超差酌情扣分		
	9	夹渣、焊瘤	10	超差酌情扣分		
	10	现场清理	5	超差酌情扣分		
		安全文明生产	20	违者不得分		
现场记录：						

思考题：

1. 焊接有什么特点？
2. 焊条电弧焊的设备有哪几种？各有什么特点？
3. 焊条电弧焊引弧后焊条应做哪三个基本运动？

第五章 热处理

> 【教学目标】
>
> **知识目标**
>
> 1. 了解热处理的基本原理和热处理工艺基本知识。
> 2. 了解金属材料性能的改善途径和处理工艺。
> 3. 学会利用箱式电阻炉进行碳钢的热处理,并用硬度计检测硬度,分析硬度与热处理工艺的关联性。
>
> **能力目标**
>
> 1. 掌握热处理的基本原理和热处理工艺基本知识。
> 2. 熟练使用热处理相关仪器设备。

第一节 概述

一、热处理实习注意事项

(1)实习操作前应了解热处理设备的名称、作用、结构、特点和使用方法,并在实习老师的指导下正确使用热处理设备。不得随意开启炉门和触摸电器设备。

(2)热处理实习操作时,工件进炉、出炉应先切断电源,然后送工件,以防触电。

(3)工件进入油槽要迅速。淬火油槽周围禁止堆放易燃易爆物品。

(4)经热处理出炉的工件,应尽快放入介质中,或置于远离易燃物的空地上。严禁用手摸或随意乱扔。

(5)各种废液、废料应分类存放统一回收和处理,禁止随意倾入下水道或垃圾箱,防止污染环境。

(6)实习完毕,要及时关掉电源,收好实习用品。

二、热处理概念

热处理是指将钢在固态下加热、保温和冷却,以改变钢的组织结构,从而获得所需要性能的一种工艺。热处理工艺方法较多但其过程都是由加热、保温和冷却三个阶段组成。热处理工艺曲线如图 5-1 所示。

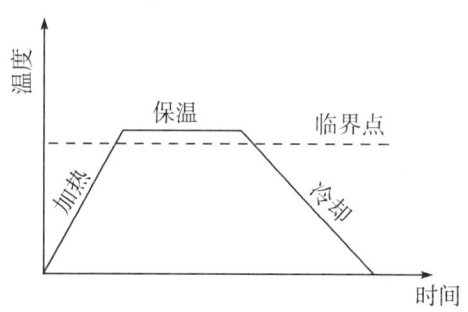

图 5-1 热处理工艺曲线示意图

热处理是一种重要的加工工艺,在机械制造业被广泛应用。热处理区别于其他加工工艺如铸造、压力加工等的特点是只通过改变工件的组织来改变性能,而不改变其形状。热处理只适用于固态下发生相变的材料,不发生固态相变的材料不能用热处理来强化。

钢的热处理具备以下三个特点:

(1) 只改变机械零件的内部组织及其性能,而不改变其外形和尺寸,是改善钢材性能的重要措施。

(2) 热处理能充分发挥钢材的性能潜力,显著提高零件的使用寿命,节省金属材料,节约能源。

(3) 机械零件毛坯通过热处理可以改善其加工性能。零件通过最终热处理,可以获得所需的实用性能。

根据加热、冷却方式及钢组织性能变化特点不同,将热处理工艺分类如下:

(1) 普通热处理:退火、正火、淬火和回火。

(2) 表面热处理:表面淬火、化学热处理。

(3) 其他热处理:真空热处理、形变热处理、控制气氛热处理、激光热处理等。

根据在零件生产过程中所处的位置和作用不同,又可将热处理分为预备热处理与最终热处理。预备热处理是指为随后的加工(冷拔、冲压、切削)或进一步热处理做准备的热处理。而最终热处理是指赋予工件所要求的使用性能的热处理。

机械零件的一般加工工艺路线为:毛坯(铸、锻)→预备热处理→机加工→最终热处理。退火与正火工艺主要用于预备热处理,只有当工件性能要求不高时才作为最终热处理。

三、热处理工艺参数

热处理的主要工艺要素有:加热温度、保温时间和冷却速度。

加热是热处理的重要步骤之一。金属加热时,工件暴露在空气中,常常发生氧化、脱碳(即钢铁零件表面碳含量降低),这对于热处理后零件的表面性能有很不利的影响。因而金属通常应在可控气氛或保护气氛中、熔融盐中和真空中加热,也可用涂料或包装方法进行保护加热。

加热温度是热处理工艺的重要工艺参数之一,选择和控制加热温度,是保证热处理质量的主要问题。加热温度根据被处理的金属材料和热处理的目的不同而异,但一般都是加热到相变温度以上,以获得需要的组织。另外,转变需要一定的时间,因此当金属工件表面达到要求的加热温度时,还须在此温度保持一定时间,使内外温度一致,使显微组织转变完全,这段时间称为保温时间。采用高能密度加热和表面热处理时,加热速度极快,一般就没有保温时间或保温时间很短,而化学热处理的保温时间往往较长。

冷却也是热处理工艺过程中不可缺少的步骤,冷却方法因工艺不同而不同,主要是控制冷却速度。一般退火的冷却速度最慢,正火的冷却速度较快,淬火的冷却速度更快。但还因钢种不同而有不同的要求。

常用热处理的工艺过程如图 5-2 所示,图中显示可以通过控制加热温度、保温时间、冷却速度等工艺参数,来调整热处理后的金属材料内部组织的结构力学性能,改善材料的切削性能。

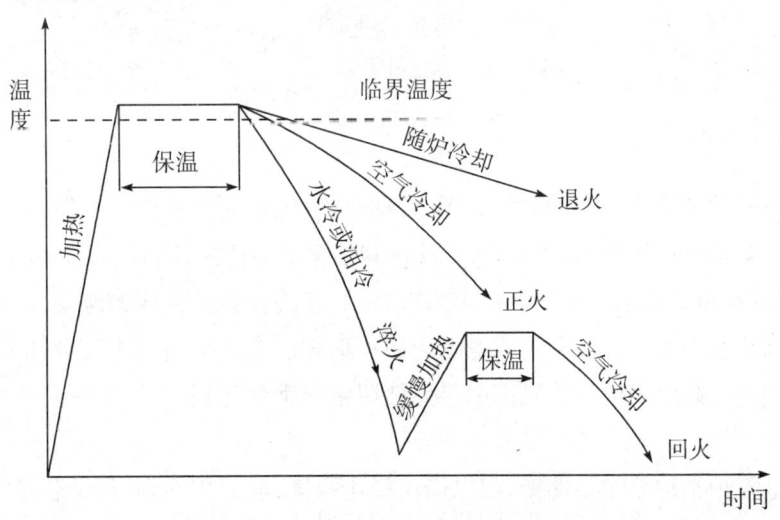

图 5-2　常用热处理方法的工艺过程

第二节 热处理设备

一、热处理设备

在热处理生产过程中,各种不同的工艺目的是通过相应的工艺设备实现的。根据在生产过程中所完成的任务,热处理生产设备可分为主要设备和辅助设备两大类。主要设备是用来完成热处理的加热和冷却工序;辅助设备则是完成各种辅助工序、生产操作、动力供应、安全生产等项任务。

热处理电阻炉应用最广,结构、类型最多。按作业方式可分为间歇式和连续式两类。

按使用温度可分为高温、中温、低温三类。常用的炉型有箱式电阻炉、井式电阻炉、台车式电阻炉、罩式电阻炉等,如图5-3、4、5所示。

图5-3 箱式电阻炉

图5-4 井式电阻炉

图5-5 台车式电阻炉

(一)箱式电阻炉

箱式电阻炉主要由炉壳、炉衬、炉门、传动机构、电热元件及电气控制装置组成,如图5-6所示。炉壳由钢板及型钢焊接而成,炉衬一般由轻质高铝砖、轻质黏土砖、耐火纤维、保温砖以及填料组成。电热元件多为铁铬铝、镍铬合金丝绕成的螺旋体,分别安装在炉膛侧壁搁砖和炉底上。大型箱式电阻炉还在炉膛后壁和炉门上安装电热元件,使炉膛温度保持均匀。高中温电阻炉底部电热元件用耐热钢炉底板覆盖,工件置于炉底板上进行加热。

箱式电阻炉其炉温均匀性差,难以避免氧化脱碳,但通用性强,目前仍应用广泛。可用于碳钢、合金钢件的退火、正火、淬火和回火及固体渗碳等工艺。

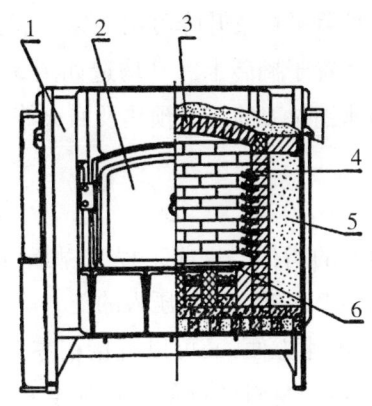

图 5-6 箱式电阻炉结构图

1-炉壳　2-炉门　3-炉衬　4-电热元件　5-绝热填料　6-护底板

箱式电阻炉在使用中应注意：

(1) 潮湿工件不许直接装入热炉。

(2) 装、出炉前应切断电源,以保安全操作。

(3) 700℃以上不准空炉打开炉门降温。

(4) 炉内氧化铁屑应经常清除,以免造成电热元件短路烧断事故。

(5) 炉温不能超过最高使用温度,也不能在最高使用温度下长期运行。

(二) 井式电阻炉

井式电阻炉适用于需垂直悬挂加热的长工件。此类设备密封性较好,热损失小,工件进出炉方便,所以应用极为广泛。常用的井式电阻炉有高温井式电阻炉、中温井式电阻炉、低温井式电阻炉和井式气体渗碳炉四种。

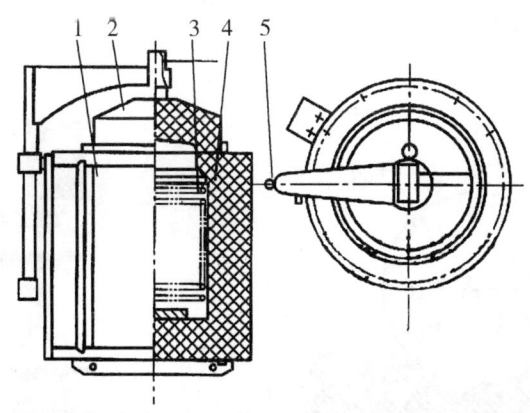

图 5-7 井式电阻炉结构图

1-炉壳　2-炉盖　3-电热元件　4-炉衬　5-炉盖升降支撑架

中温井式电阻炉截面有圆形和方形两种,深度不等,国产最高加热温度为950℃。有几个加热区,分段控温,在整个高度上保持温度均匀。一般中小型炉子采用杠杆升降机构,大型炉子为对开式机构,炉盖平移及升降可用油压、气动或电动方法。炉衬用轻质黏土砖砌筑。电热元件为螺旋状置于搁砖上。其构造如图5-7所示。主要用于轴类工件的退火、正火和淬火加热,高速钢拉刀的淬火预热及回火等。

二、硬度值的测量

硬度是衡量材料软硬程度的指标。目前工程上,测定硬度最常用的方法是压入法,该方法所表示的硬度是指材料表面抵抗硬物压入的能力。

硬度测试设备简单,操作迅速方便,又可以直接在零件或工具上进行试验而不破坏工件,并且还可以根据硬度值估计材料的近似抗拉强度和耐磨性。此外,硬度与材料的冷成型性、切削加工性、可焊性等工艺性能间也存在着一定的联系,可作为选择加工工艺时的参考。由于以上原因,所以硬度试验在实际生产中成为产品质量检查,制定合理加工工艺的最常用的重要试验方法。在产品设计图样的技术条件中,硬度也是一项主要技术指标。

测定硬度的方法很多,生产中应用较多的有布氏硬度、洛氏硬度和维氏硬度等试验方法。

(一)布氏硬度

布氏硬度试验通常是以一定的压力F,将直径为D的淬火钢球或硬质合金球压入被测材料的表层,经过规定的保持载荷时间后,卸除载荷,即得到一直径为d的压痕,如图5-8所示。载荷除以压痕表面积所得之值即为布氏硬度,以HB表示,单位为MPa,但习惯上不标出。用钢球为压头所测出的硬度值以HBS表示;以硬质合金球为压头所测得的硬度值以HBW表示,HBS和HBW前面的数字代表其硬度值。HBS适用于测量退火、正火、调质钢及铸铁、有色合金等硬度小于450HB的较软金属;HBW适用于测量硬度值在650HB以下的材料。布氏硬度计如图5-9所示。

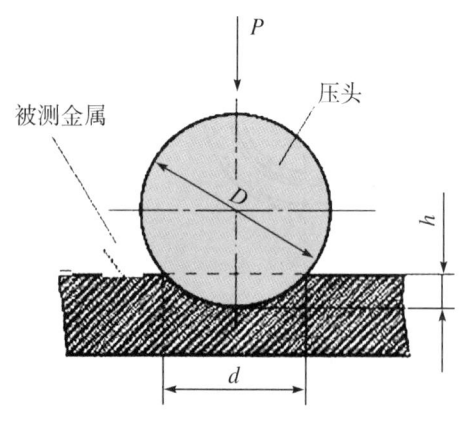

图5-8 布氏硬度测量原理图

图5-9 布氏硬度计

布氏硬度试验的优点是测定结果较准确,不足之处是压痕大,不适合成品检验。

（二）洛氏硬度

洛氏硬度试验是以一定的压力将一特定形态的压头压入被测材料的表面,如图 5-10 所示。根据压痕的深度来测量材料的软硬,压痕愈深,硬度愈低,反之硬度愈高。被测材料的硬度可直接在硬度计刻度盘上读出。洛氏硬度计如图 5-11 所示。

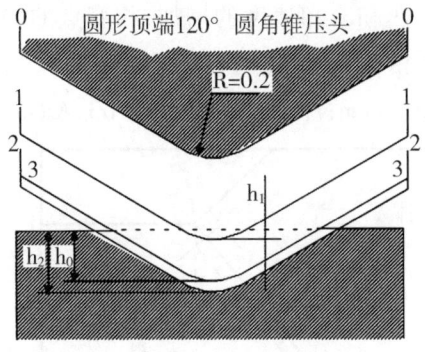 

图 5-10　洛氏硬度测量原理图　　　图 5-11　洛氏硬度计

按压头和载荷不同,洛氏硬度分为 HRA、HRB 和 HRC 三种类型,见表 5-1。

表 5-1　常用洛氏硬度的试验条件和应用

硬度符号	压头类型	总载荷/kg	测量范围	应用举例
HRA	120°金刚石圆锥	60	70HRA 以上	硬质合金、表面淬火钢
HRB	Ø1/16inch 淬火钢球	100	25～100HRB	软钢、退火钢、铜合金
HRC	120°金刚石圆锥	150	20～67HRC	淬火钢件

洛氏硬度测量简单易行,压痕小,既可以测量成品和零件的硬度,也可以检测较薄工件或表面较薄硬化层的硬度。三种洛氏硬度中,以 HRC 应用最多。

第三节　热处理基本工艺过程

一、铁碳合金相图

大多数零件的热处理都是先加热到临界点上某一温度区间,使其全部或部分得到均匀奥氏体组织,然后采用适当的冷却方法,获得所需要的组织结构。

金属或合金在加热或冷却过程中,发生相变的温度称为相变点或临界点。在 Fe-Fe3C 相图中,A1、A3、Acm 是不同成分的钢在平衡条件下的临界点组成的线,如图 5-12 所示。PSK 这条线又叫做共析线,习惯用 A1 表示,当奥氏体冷却到 PSK 线时,同时析出铁素体和渗碳体的机械混合物,这就是共析反应,反应的产物为珠光体;GS 线习惯用 A3 来表示,奥氏体冷却到 GS 线时,开始析出铁素体;ES 线习惯用 Acm 来表示,奥氏体冷却到 ES 线时,开始析出渗碳体;EF 线是生铁的固相线,又叫共晶线。Fe-Fe3C 相图中的临界点是在极其缓慢的加热和冷却条件下测得的,而实际生产中的加热和冷却并非极其缓慢,所以实际发生组织转变的温度与 Fe-Fe3C 相图所示的理论临界点 A1、A3、Acm 之间有一定的偏离,如图 5-12 所示。随着加热和冷却速度的增加,相变点的偏离将逐渐增大。为了区别钢在实际加热和冷却时的相变点,加热时在"A"后加注"c",冷却时加注"r"。因此加热时的临界点标为 Ac1、Ac3、Accm;冷却时标为 Ar1、Ar3、Arcm。

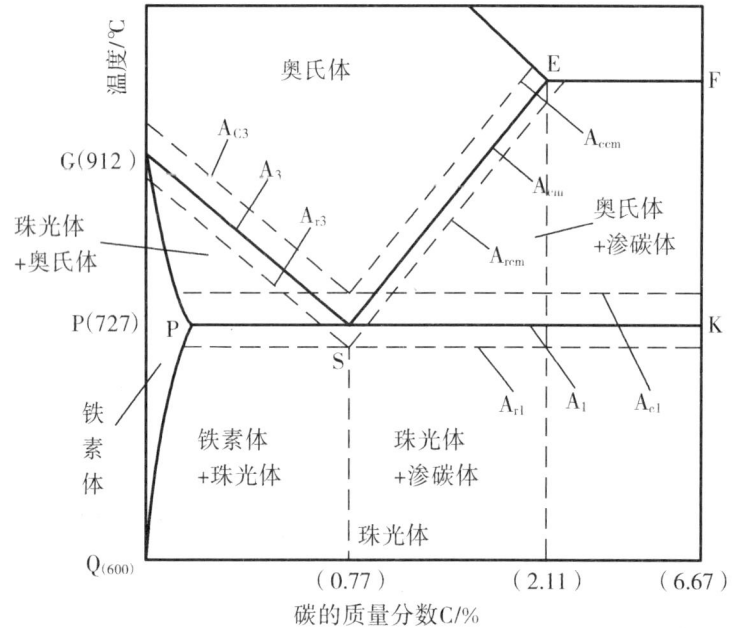

图 5-12　实际加热(冷却)时,Fe-Fe3C 相图上各相变点的位置

二、钢的热处理基本工艺

(一)退火

退火是将工件加热到临界点以上即:亚共析钢加热至 Ac3 以上(20℃~30℃)(完全退火);共析钢,过共析钢加热至 Ac1 以上(20℃~30℃)(球化退火),保温一段时间,以缓慢的冷却速度(一般随炉温冷却)进行冷却的热处理工艺。其目的是消除钢的内应力、降低硬度、提高塑性、细化组织及均匀化学成分,以利于后续加工,并为最终热处理做好组织准备。

有时为了消除内应力,防止材料变形和开裂,可将工件加热到 600℃~650℃,保温一段时间后缓慢冷却,这种工艺称之为去应力退火(低温退火)。

通常情况下,退火时的冷却速度十分缓慢,所需时间很长,故生产效率很低。

（二）正火

正火是将工件加热到临界点以上即：亚共析钢加热至 Ac3 以上（30℃～50℃）；过共析钢加热至 Accm 以上（30℃～50℃），保温一段时间，然后从炉中取出置于干燥空气中冷却的热处理工艺。正火的目的是细化晶粒，消除网状渗碳体，并为淬火、切削加工等后续工序做组织准备。

在实际生产中，材料正火的目的和退火相似，但正火时的冷却速度较快，不仅生产效率较高而且正火组织比退火组织的硬度和强度稍高，对于普通要求的机械零件，有时也可以将正火作为最终热处理工艺。

（三）淬火

淬火是将工件加热到临界点以上即：亚共析钢加热至 Ac3 以上（30℃～50℃）；共析钢和过共析钢加热至 Ac1 以上（30℃～50℃），保温一段时间，然后投入水中或油中急速冷却的热处理工艺。淬火可以提高工件的强度、硬度和耐磨性，因此，重要的结构件，特别是承受运动载荷和剧烈摩擦作用的零件都需要进行淬火。

淬火时常用的冷却介质为水和矿物油。水是最便宜而且冷却能力很强的一种冷却介质，主要用于一般碳钢零件的淬火。在水中加入盐，则其冷却能力可以进一步提高，所以工业生产中常用盐水进行淬火。油的冷却能力比水低，工件在油中淬火使得冷却速度较慢，因此可避免淬火开裂缺陷，适宜于合金钢零件淬火使用。

（四）回火

将淬火后的工件再次加热到临界温度以下的某一温度，保温一段时间，然后缓慢冷却至室温，称为回火。根据回火时加热温度的不同，可分为三种：

1. 低温回火

加热温度150℃～250℃，目的是得到回火马氏体。部分降低淬火应力，减少脆性并保持淬火碳素钢的高硬度。用于切削工具、冷作模具、滚动轴承等。

2. 中温回火

加热温度350℃～500℃，目的是得到回火托氏体，较多地降低淬火应力，有高的韧性和弹性极限。用于弹簧钢等热处理。

3. 高温回火

加热温度500℃～650℃，目的是得到回火索氏体，消除淬火应力。强度、硬度、冲击韧度较好。淬火加上高温回火又称调质，用于重要零件，如主轴，齿轮等。

三、表面热处理

有些机器零件（如齿轮、凸轮、主轴等）要求表面具有高硬度和耐磨性，而心部仍具有一定的强度和韧性,这时需要对零件进行表面热处理。机械制造中广泛应用的表面热处理方法有表面淬火和化学热处理两种。

(一)表面淬火

表面淬火是将工件的表面层淬透到一定的深度,而心部分仍保持未淬火状态的一种局部淬火的方法。表面淬火时通过快速加热,使工件表面很快到淬火的温度,在热量来不及穿到工件心部就立即冷却,实现局部淬火。

表面淬火采用的快速加热方法有多种,如电感应、火焰、电接触、激光等,目前应用最广的是电感应加热法。

(二)化学热处理

化学热处理是将工件置于适当的活性介质中加热、保温,使一种或几种元素渗入其表层,以改变其化学成分、组织和性能的热处理工艺。这种热处理与表面淬火相比,其特点是表层不仅有组织的变化,而且还有化学成分的变化。

第四节 实训工件的热处理及硬度测量

一、试样的热处理及硬度测试

取 20、45、T10、40Cr 四种金属材料的试样若干,按要求设计实习热处理方案并完成实际操作,然后测定试样的最终硬度,填写表 5-2,并给出实习的结论。

表 5-2 试样的热处理及硬度测试

试样材料	20	45	T10	40Cr
原始硬度(HRC)				
加热温度(℃)				
淬火介质				
淬火后(HRC)				
回火温度(℃)				
回火时间				
最终硬度(HRC)				

步骤:

(1)切割、打磨、打标识,准备淬火试样。检查试样,确保试样端面要磨平,测原始硬度并记录。

(2)将试样放入箱式炉内加热,按"实习方案"预定的加热温度加热和保温操作。

(3)取出试样,迅速投入淬火介质中急冷。

(4)用砂纸砂光试样,在洛氏硬度计上检测淬火处理后的试样硬度,了解其状态,记下硬度值。

(5)对比分析淬火前后硬度值。

(6)将淬火后的试样再次放入回火炉内,定好温度,加热到适当温度,保温足够时间,然后出炉空冷,进行回火操作。

(7)用砂纸砂光试样,在洛氏硬度计上检测回火处理后的试样硬度,记下硬度值。

(8)对比分析回火前后硬度值。

(9)分析不同冷却方式即冷却介质对硬度的影响,写出实习结论。

二、钳工手锤的淬火及硬度检测

根据锤头技术要求,进行整体淬火 HRC45~55,对锤头进行淬火操作并进行硬度检测。

步骤:

(1)打标识,准备淬火前工作。

(2)将锤头放入箱式炉内加热,根据锤头材质预设合适的加热温度进行加热和保温操作。

(3)取出锤头,迅速投入淬火介质水中急冷。

(4)用砂纸砂光锤头,在洛氏硬度计上检测淬火处理后的试样硬度,记下硬度值。

(5)检测锤头淬火硬度是否合格。

第五节 评分标准

热处理实操考核评分标准

工位号		姓名		学号		总得分	
项目	编号	质量检测内容	配分	评分标准		实测结果	得分
热处理操作	1	能读懂热处理工艺文件,准确执行工艺操作	20	正确执行工件的装炉方法,选择淬火、回火加热方法、加热参数的选择及设置。错一处扣5分,扣完为止			
	2	正确的操作设备,按照工艺进行淬火、回火的操作	30	正确的使用箱式电阻炉、井式回火炉的操作,按照工艺进行淬火、回火的操作。出现操作失误,出现一项扣5分,扣完为止			
检测工件、误差分析	1	硬度检测	30	正确使用洛氏硬度计、布氏硬度计检测工件淬火、回火硬度。操作不规范一处扣5分,扣完为止			
	2	误差分析	10	检查零件热处理后的氧化、硬度不均、裂纹等表面缺陷,分析原因并探寻补救方法。漏检一项扣5分,扣完为止			
安全文明		根据安全生产和文明生产的规定进行操作	10	未按安全生产条例执行扣5分;未按文明生产条例执行扣5分			
其他		每超过1分钟扣5分,超过10分钟为不及格					
		现场记录:					

思考题

1. 什么是热处理,常用的热处理方法有哪些?
2. 正火和退火有何异同?
3. 淬火的目的是什么?
4. 回火的目的是什么? 工件淬火后为什么要进行及时回火?
5. 用中碳钢制造齿轮,为了得到表面具有高的硬度和耐磨性,心部具有一定强度和韧性,应采用何种热处理工艺?

第六章　钳工

【教学目标】

知识目标

1. 了解钳工工作在机械制造及维修中的作用。
2. 掌握划线、锯削、锉削的基本操作方法和应用。
3. 熟悉各种工具、量具的使用和测量方法。
4. 了解钻孔、螺纹加工、扩孔和铰孔等操作方法。
5. 了解机器装配的基本知识。
6. 熟悉并严格遵守钳工安全操作规程。

能力目标

1. 掌握常用工具、量具的使用方法。
2. 会使用常用的划线工具,掌握平面划线和立体划线方法、步骤,能进行简单零件的划线及检测。
3. 熟练掌握锯削和锉削基本操作。
4. 初步具备独立进行"创新设计与制作"的技能。
5. 独立完成"双燕尾锉配"工件的制作并达到形位公差要求。

第一节　概述

一、钳工安全操作守则

(1) 实习时,要按规定穿好工作服,不准穿拖鞋、高跟鞋,长发同学要戴工作帽。

(2) 不准擅自使用不熟悉的机器和工具。设备使用前要检查,如发现损坏或其他故障时应停止使用并报告指导老师。

(3)加工操作前应检查手锤或锉刀等工具的手柄安装是否牢固。

(4)钻削操作时必须将工件牢固在台钳中或用压板固定在工作台上,严禁手握持工件进行钻削。

(5)清理切屑时,要用刷子清理,不准用手直接清除,更不准用嘴吹,以免割伤手指和屑末飞入眼睛。

(6)使用电器设备时,必须严格遵守操作规程,以防触电。

(7)要做到文明生产(实习),工作场地要保持整洁。使用的工具、量具要分类摆放,工件、毛坯和原材料应堆放整齐。

二、钳工工作范围

钳工是以手持工具对零件进行切削加工、机械装配和修理的工种。因其主要操作在钳工台上进行而得名。钳工是机械制造中最古老的金属加工工种,我国《礼记·典礼》中记载:"天子之六工,曰:土工,金工,石工,木工,兽工,草工,典制六材"其中的金工就是现在钳工的雏形。

钳工主要操作包括划线、锯削、锉削、钻孔、扩孔、铰孔、攻螺纹、套螺纹、刮削、錾削、研磨、铆接和装配等。随着时代的发展,各种机床高度机械化和自动化,机器大量代替了人工,但钳工依然是机械加工里必不可少的工种。主要的原因是:

(1)机器达不到高精度要求,如精密的样板、量具和一些磨具等,仍需要工人来进行加工。

(2)对于一些机器加工不便或不能加工的地方,钳工可以灵活的操作装配,如划线、刮削、研磨和机械装配等。

(3)单件小批生产或缺乏设备的情况下,钳工制造仍是一种经济实用的方法。

钳工的加工范围主要分为四大类,分别是:

(1)加工精密零件,如对样板磨具加工等。

(2)对机械加工的毛坯进行处理,如划线等。

(3)单件小批量生产中一般采用钳工制造。

(4)对一些精密仪器设备装备调整等。

第二节　钳工所用的主要设备与量具

一、钳工工作台

如图6-1所示为钳工工作台,简称钳工台,常用硬质木板或钢材制成,要求坚实、平稳,台面高度约800~900mm,台面上装虎钳和防护网。

二、台虎钳

台虎钳的结构如图6-2所示,它是用来夹持工件,其规格以钳口的宽度来表示,常用的有100、125、150mm三种。使用台虎钳时应注意:

(1)工件尽量夹在钳口中部,以使钳口受力均匀。

(2)夹紧后的工件应稳定可靠,便于加工,不产生变形,对于光滑表面或已加工的表面应垫铜皮以保护工件。

(3)夹紧工件时,一般只允许依靠手的力量来扳动手柄,不能用手锤敲击手柄或随意套上长管子来扳手柄,以免丝杠、螺母或钳身损坏。

(4)不要在活动钳身的光滑表面进行敲击作业,以免降低配合性能。

(5)加工时用力方向最好是朝向固定钳身。

 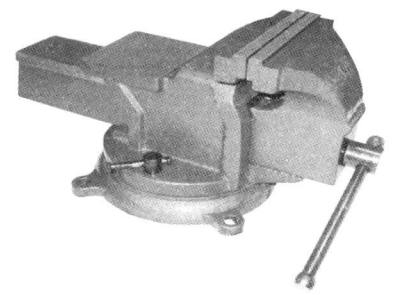

图6-1　钳工工作台　　　　　　图6-2　台虎钳

三、游标卡尺

游标卡尺是精密的长度测量仪器,常见的机械游标卡尺如图6-3所示。由内测量爪、外测量爪、紧固螺钉、主尺、游标尺、深度尺组成。

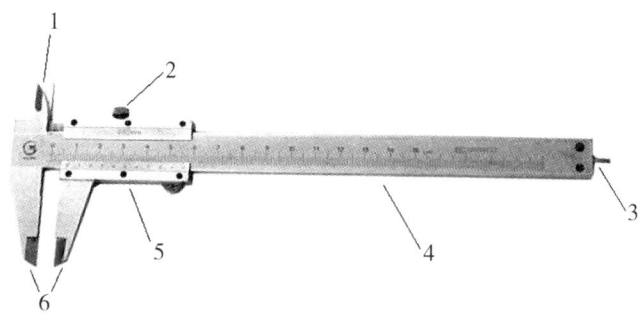

图6-3　游标卡尺

1—内测量爪　2—紧固螺钉　3—深度尺　4—主尺　5—游标尺　6—外测量爪

游标卡尺可以测量工件宽度、工件外径、工件内径、工件深度,使用方法如图6-4

所示。

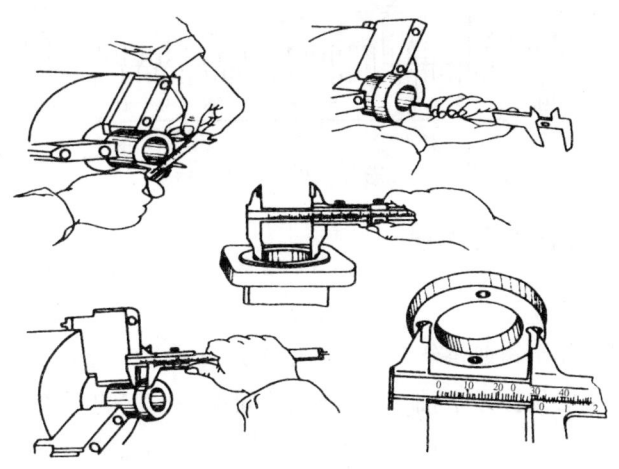

图 6-4　游标卡尺的使用方法

(一)游标卡尺的测量方法(外径)

步骤一:将被测物擦干净,使用时轻拿轻放。

步骤二:松开千分尺的固紧镙钉,校准零位,向后移动外测量爪,使两个外测量爪之间距离略大于被测物体。

步骤三:一只手拿住游标卡尺的尺架,将待测物置于两个外测量爪之间,另一手向前推动活动外测量尺,至活动外测量尺与被测物接触为止。

步骤四:读数。

(二)游标卡尺的读数

游标卡尺的读数主要分为:

(1)看清楚游标卡尺的分度。10 分度的精度是 0.1mm,20 分度的精度是 0.05mm,50 分度的精度是 0.02mm。

(2)为了避免出错,要用毫米而不是厘米做单位。

(3)看游标卡尺的零刻度线与主尺的哪条刻度线对准,或比它稍微偏右一点,以此读出毫米的整数值。

(4)再看与主尺刻度线重合的那条游标刻度线前面的格数 n,则小数部分是 nX 精度,两者相加就是测量值。

(5)游标卡尺不需要估读。

如图 6-5 所示,整数部分为 31mm,小数部分为 21x 分度值(0.02)= 0.42mm,两部分相加即为该物体的测量值即 31.42mm。

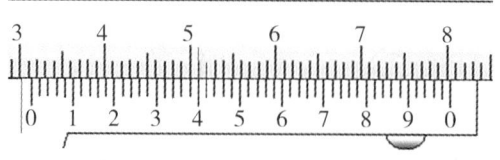

图 6-5 游标卡尺的读数方法

（三）游标卡尺的保养及保管

（1）轻拿轻放。

（2）不要把卡尺当作卡钳或镙丝扳手或其他工具使用。

（3）卡尺使用完毕必须擦净上油，两个外量爪间保持一定的距离，拧紧固定螺钉，放回到卡尺盒内。

（4）不得放在潮湿、湿度变化大的地方。

四、千分尺

如图 6-6 所示，千分尺又称螺旋测微器、螺旋测微仪，是比游标卡尺更精密的测量长度的工具，用它测长度可以准确到 0.01mm。

（一）千分尺的测量方法

（1）先读固定刻度。
（2）再读半刻度，若半刻度线已露出，记作 0.5mm；若半刻度线未露出，记作 0.0mm。
（3）再读可动刻度（注意估读）。记作 n×0.01mm。
（4）最终读数结果为固定刻度+半刻度+可动刻度+估读。由于螺旋测微器的读数结果精确到以毫米为单位的千分位，故螺旋测微器又叫千分尺。

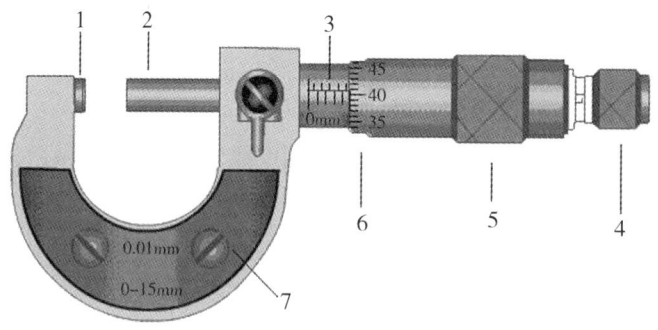

图 6-6 千分尺

1—小砧 2—测微螺杆 3—固定刻度 4—微调旋钮 5—旋钮 6—可动刻度 7—框架

如图 6-6 所示，测微螺杆的活动部分是螺距为 0.5mm 的螺杆，当它转动一周时，螺杆将前进或后退 0.5mm，螺套周边有 50 个分格。大于 0.5mm 的部分由主尺上直接读出，不足 0.5mm 的部分由活动套管周边的刻线去测量。螺旋测微器的尾端有一微调旋钮,拧动微调旋钮可使测杆移动,当测杆和被测物相接后的压力达到某一数值时有咔咔的响声,测微螺杆不再转动也停止前进,这时就可以读数了。

读数也分为两步:(1)从活动套管的前沿在固定套管的位置,读出主尺数(注意0.5mm 的短线是否露出);(2)从固定套管上的横线所对活动套管上的分格数,读出不到一圈的小数,二者相加就是测量值。

如图 6-7 所示,主尺读数为 7mm,小数部分为 0.375(千分位需要估读),即最后读数为 7.375mm。

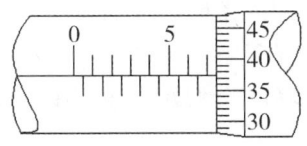

图 6-7　千分尺的读数

(二)千分尺使用注意事项

(1)测量时,注意要在测微螺杆快靠近被测物体时停止使用旋钮,而改用微调旋钮,避免产生过大的压力,既可使测量结果精确,又能保护螺旋测微器。

(2)在读数时,要注意固定刻度尺上表示半毫米的刻线是否已经露出。

(3)读数时,千分位有一位估读数字,不能随便省掉,即使固定刻度的零点正好与可动刻度的某一刻度线对齐,千分位上也应读取为"0"。

(4)当小砧和测微螺杆并拢时,可动刻度的零点与固定刻度的零点不相重合,将出现零误差,应加以修正,即在最后测长度的读数上去掉零误差的数值。

(三)千分尺的保养及保管

(1)测量时需把工件被测量面擦干净。
(2)测量前将测量杆和砧座擦干净。
(3)工件较大时应放在平板上测量。
(4)不要拧松后盖,以免造成零位线改变。
(5)长时间不使用,需要用布擦净上油,放入专用盒内,置于干燥处。

五、百分表

如图 6-8 所示,百分表是利用精密齿条齿轮机构制成的表式通用长度测量工具。主要用于测量制件的尺寸和形状、位置误差等。百分表的圆表盘上印制有 100 个等分刻度,即分度值为 0.01mm。百分表的工作原理,是将被测尺寸引起的测杆微小直线移动,经过齿轮传动放大,变为指针在刻度盘上的转动,从而读出被测尺寸的大小。

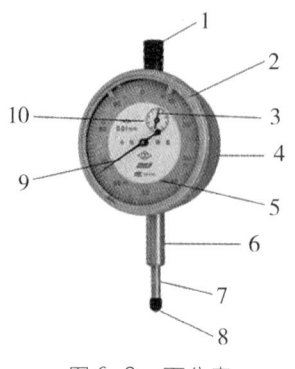

图 6-8 百分表

1—挡帽　2—表圈　3—转数指针　4—表体　5—表盘
6—套筒　7—测量针　8—测量头　9—指针　10—转数指示盘

（一）百分表的读数方法

百分表的读数方法为：先读小指针转过的刻度线（即毫米整数），再读大指针转过的刻度线并估读一位（即小数部分），并乘以 0.01，然后两者相加，即得到所测量的数值。

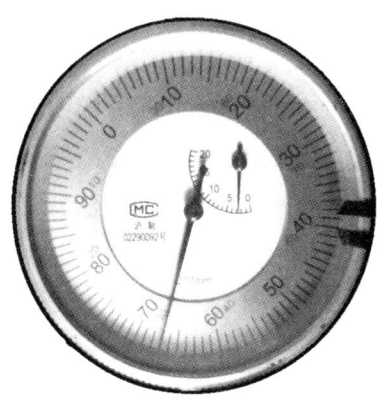

图 6-9 百分表的读数

如图 6-9 所示百分表，小指针（转数指针）为 2，即 2mm，指针为 67，即 0.67mm，则读数为 2.67mm。

（二）百分表使用注意事项

（1）使用前，应检查测量杆活动的灵活性。即轻轻推动测量杆时，测量杆在套筒内的移动要灵活，没有任何卡滞现象，每次手松开后，指针能回到原来的刻度位置。

（2）使用时，必须把百分表固定在可靠的夹持架上。切不可贪图省事，随便夹在不稳固的地方，否则容易造成测量结果不准确，或摔坏百分表。

（3）测量时，不要使测量杆的行程超过它的测量范围，不要使表头突然撞到工件上，也不要用百分表测量表面粗糙度过大或有显著凹凸不平的工件。

(4)测量平面时,百分表的测量杆要与平面垂直,测量圆柱形工件时,测量杆要与工件的中心线垂直,否则,将使测量杆活动不灵或测量结果不准确。

(5)为方便读数,在测量前一般都让大指针指到刻度盘的零位。

(三)百分表的保养及保管

(1)远离液体,使百分表避免与冷却液、切削液、水或油接触。
(2)不使用时要摘下百分表,使表解除其所有负荷,让测量杆处于自由状态。
(3)成套保存于盒内,避免丢失与混用。

第三节 钳工相关工序及操作

一、划线

在毛坯或工件上,用划线工具划出待加工部位的轮廓线或划出作为基准的点和线的操作称为划线。划线的精度可达到 0.25～0.5mm。

(一)划线的作用

划线的作用有:
(1)确定零件加工面的位置与加工余量,确定加工的尺寸界限。
(2)检查毛坯的质量,避免不合格的毛坯流入到生产中,造成损失。
(3)在板料上按划线下料,可做到正确排料,合理使用材料。

(二)划线的分类

划线分为平面划线和立体划线两种,在工件一个平面上的划线称为平面划线,如图6-10所示。在工件的几个相互成不同角度的表面上划线,即在长、宽、高三个方向上划线称为立体划线,如图6-11所示。此外,按加工过程中的作用可以分为找正线、加工线和检验线。

图6-10 平面划线

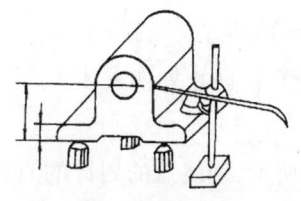
图6-11 立体划线

(三)划线工具及使用

划线工具主要分为基准工具、量具、划线工具和支撑工具四类。

基准工具:基准工具是在划线安放工件时,利用其尺寸精度和形状位置精度较高的表面作为引导划线并控制划线质量的工具。常见的有方箱、划线平台等。

量具:划线中使用的量具主要有钢直尺、直角尺、万能角度、高度游标尺等。其中高度游标尺除用来测量工件外,还可当作半成品工件的划线工具使用,其读数方法和游标卡尺近似,读数精度一般可达 0.02mm。

划线工具:划线工具是直接用来在工件上划线的工具,常用的划线工具有划针、划线盘、划规、高度游标尺、样冲等。

支撑工具:支撑工具又称辅助工具,在划线时起支撑、调整、装夹等作用。常用的有千斤顶、V 形铁等。

1. 划线平板

如图 6-12 所示,划线平板由铸铁制成,其上平面为划线基准面,要求光洁平整。使用时要求:(1)划线台上平面保持水平,划线台要稳固,以便平稳支撑工件;(2)划线平台不允许碰撞或敲击,以免影响划线精度;(3)长期不使用时,应涂防锈油并盖护板保护。

2. 方箱

如图 6-13 所示,方箱是由铸铁制成的空心立方体,各相邻的两个面均互相垂直。方箱多用于夹持、支撑尺寸较小而加工面较多的工件。使用时通过翻转方箱,可在工件的表面上划出互相垂直的线条。

图 6-12 划线平台　　图 6-13 方箱

3. 划针

如图 6-14 所示,划针是在工件表面划线用的工具,常由高速钢或弹簧钢丝制成,通常划针在其尖端部位焊有硬质合金。划线直径 φ3~5mm,尖端为 15°~20°的尖角。使用时:(1)划针针尖应靠近导向面的边缘,并压紧导向工具;(2)划线时,划针上部向外倾斜 15°~20°,向划线移动方向倾斜 45°~75°夹角;(3)长时间不使用时,应将划针针尖套上塑料硬管,摆放整齐,防止划伤人体。

4. 划线盘

如图 6-15 所示,划线盘的划针的直头用于划线,弯头用于对工件安装位置的找正。调节划针直头到所需的高度,并在划线平台上移动划线盘底座,便可划出与划线平台平行的直线。使用时:(1)尽量确保划针处于水平的位置,伸出部分尽量短,并夹紧防止划线时的抖动变形;(2)划较长直线时,应采用分段连接法,方便对划线首尾的检验。

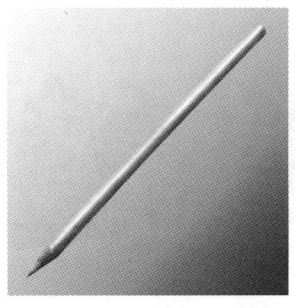
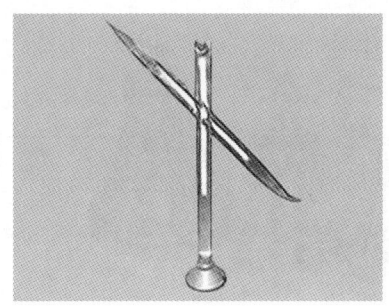

图 6-14　划针　　　　　　图 6-15　划线盘

5. 高度游标尺

如图 6-16 所示,高度游标尺是由高度尺和划线盘组合而成,使用方法和划线盘类似。划线时只能用于半成品划线,不能用作毛坯划线,以免影响高度游标尺的精度,除了当作划线工具外还可作为量具使用。

6. 划规

如图 6-17 所示,划规是划圆或弧线等分线段或量取尺寸的工具,其用法类似于几何画图的圆规。使用时应施较大压力于旋转中心一侧,施较小压力于划规另一脚以便于在工件上划线。

7. 样冲

如图 6-18 所示,样冲用于在工件划线点上打出样冲眼,以加强划线界限标志。在划圆和钻孔前应在其中心打样冲眼,以便定心。使用时,应先将样冲外倾斜使尖端对准目标点,然后再将样冲立直,配合手锤敲击进行冲点。

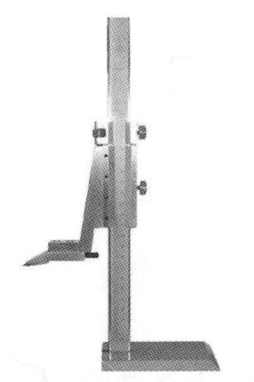
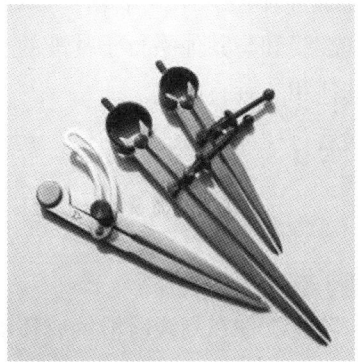
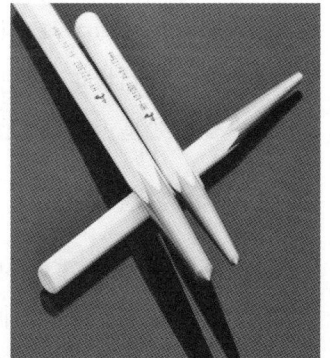

图 6-16　高度游标尺　　　图 6-17　划规　　　　图 6-18　样冲

8. 千斤顶

如图 6-19 所示,千斤顶是在平板上支撑较大及不规则工件时使用,其高度可以调整。通常用三个千斤顶支撑工件。

9. V形铁

如图6-20所示,V形铁用于支承圆柱形工件,使工件轴线与底板平行。

图6-19 千斤顶

图6-20 V形铁

(四)划线基准

划线时应选用重要的中心线、工件已加工过的平面或零件图纸上尺寸标注基准线为划线的基准。选取基准时有三个原则,分别是:

(1)以两个互相垂直的平面(或直线)为基准。

(2)以两条互相垂直的中心线为基准。

(3)以一个平面和一条中心线为基准。

(五)划线步骤

划线时必须先从基准开始,然后再划其他形面位置线和形状线。具体可分为以下几个步骤:

(1)分析工件图纸,检查毛坯料是否合格,选择划线基准。

(2)清理毛刺,在划线表面上涂料,在毛坯孔中装塞块,以便定毛坯孔中心位置。

(3)支撑工件并找正,划出基准线和与其他平行于基准的线。

(4)翻转工件并找正,划出其他相互垂直的线。

(5)检查划线是否有误,无误后打样冲眼。

(六)划线注意事项

(1)看懂图纸,分析零件的加工顺序和加工方法。

(2)工件夹持或支撑要稳固,防止工件在划线时滑倒或移动。

(3)在一次支撑中应将要划出的平行线全部划全,以免重新支撑补划,造成误差。

(4)要正确使用划线工具,划出的线条要准确、清晰。

(5)划线完成后,要反复核对尺寸,最后才能进行机械加工。

二、锯削

用手锯对材料或零件进行切槽或切断的操作叫做锯削。

（一）手锯的构造

手锯由锯弓和锯条两部分构成，锯弓用来加持拉紧锯条，锯弓又可以分为固定式和可调式两种，如图6-21、22所示。固定式锯弓只能安装固定长度的锯条。可调式锯弓可以通过改变锯弓的长度安装几种不同长度的锯条，现在广泛使用的就是可调式锯弓。

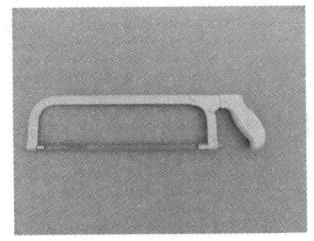
图6-21 固定式锯弓

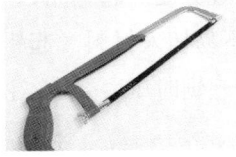
图6-22 可调式锯弓

锯条多为碳素工具钢经热处理后制成，其尺寸一般多为长300mm，宽12mm，厚0.8mm。根据其锯齿齿距不同可分为：粗齿、中齿和细齿三种。(1)粗齿（齿距为1.6mm），粗齿单位长度上锯齿数量较少，比较适合锯削材质较软的金属材料，如铜、铝等；(2)中齿（齿距为1.2mm），比较适合锯削铸铁、低碳钢等中等硬度的材料；(3)细齿（齿距为0.8mm），单位长度内锯齿数量较多，适合锯削材质较硬且较薄的金属材料，如钢板和薄壁管材等。此外，锯齿在锯条上的排列多为波浪形，这称为锯路，如图6-23所示，其主要作用是减少锯口两侧与锯条的摩擦，防止夹锯的发生。

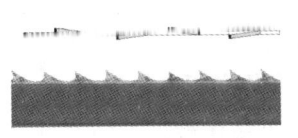
图6-23 锯路

图6-24 安装锯条时锯齿的方向

（二）锯削操作方法

1. 锯条的安装

如图6-24所示，锯条锯齿的方向应该朝前，松紧适当，锯条太紧锯削时易折断，太松锯削时易发生扭曲歪斜。

2. 工件的夹持

工件的夹持要牢固，防止加工时工件移动而使锯条折断。如夹持已加工过的工件，则需要在夹持工件的表面垫铜皮或铝皮。工件尽可能夹持在虎钳的左面，锯线应与钳口垂直，以防锯斜，锯线离钳口不应太远，以防锯削时工件移动。

3. 锯弓的握法

右手满握锯柄,左手轻扶在锯弓前端,如图 6-25 所示。

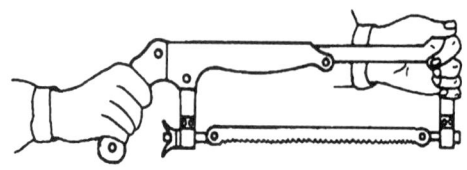

图 6-25　锯弓的握法

4. 起锯方法

起锯的方式有远起锯和近起锯两种,一般情况采用远起锯。因为此时锯齿是逐步切入材料,不易卡锯,比较方便。起锯角以 15°左右为宜,起锯角度太大锯不易平稳且锯齿容易崩裂,角度太小不易切入材料。起锯时候用左手拇指靠住锯条来定位,以保证起锯的位置正确和平稳。起锯时压力要小,往返行程要短,速度要慢,这样可使起锯平稳。

5. 正常锯削方法

锯削时,手握锯弓要自然,右手握住手柄向前施加压力,左手扶正锯弓前端。锯弓推出时为切削行程,右手施加压力,回程时不切削,自然抽回锯弓即可。人体站姿左腿在前微曲,右腿在后蹬直,身体重量均匀分布在两腿上。锯削速度不宜过快,每分钟 30～60 次为宜,并应用锯条全长的三分之二工作,以免锯条中间部分迅速磨钝。推锯时锯弓运动方式有两种:一种是直线运动,适用于锯缝底面要求平直的槽和薄壁工件的锯割;另一种锯弓上下摆动,这样操作自然,两手不易疲劳。锯削到材料快断时,用力要轻,以防碰伤手臂或折断锯条。

(三)锯削操作注意事项

(1)锯削前要检查锯条的装夹方向和松紧程度。

(2)锯削时压力不可过大,速度不宜过快,以免锯条折断伤人。

(3)锯削将完成时,用力不可太大,并需用左手扶住被锯下的部分,以免该部分落下时砸脚。

三、锉削

用锉刀对工件表面进行切削的加工,使它达到零件图纸要求的形状、尺寸和表面粗糙度的方法称为锉削,锉削的最高精度可达 IT7-IT8,表面粗糙度可达 Ra1.6-0.8μm,它广泛运用于零件的加工、修理和装配中。锉削可以加工零件的内外表面、内外曲面、内外角、沟槽和各种复杂形状的表面,即使在现代化工业生产条件下,仍有许多零件需要手工锉削来完成,所以锉削是钳工必须熟练掌握的一项重要的基本操作技术。

(一)锉刀的构造

锉刀常用碳素工具钢 T10、T12 制成,并经热处理淬硬到 HRC62~67。锉刀由锉刀面、锉刀边、锉刀尾、锉柄等部分组成,如图 6-26 所示。锉刀的大小通常以锉刀面的工作长度来表示。

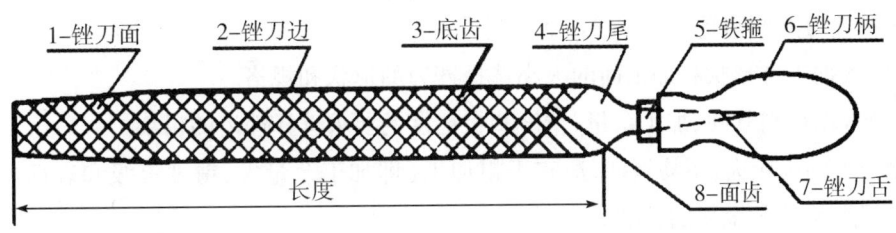

图 6-26 锉刀的构造

(二)锉刀的种类

锉刀按用途不同分为:钳工锉、特种锉(异形锉)和整形锉(什锦锉)三大类,如图 6-27、28、29 所示。

钳工锉按其断面形状的不同又分为平锉(又称板锉)、方锉、三角锉、半圆锉和圆锉 5 种。特种锉用来加工零件的特殊表面,常见的有刀口锉、菱形锉、扁三角锉、椭圆锉、圆度锉等。整形锉也叫什锦锉,主要用于修整零件上的细小部分如孔、槽等。

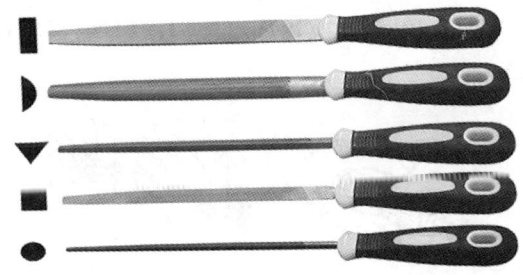

图 6-27 钳工锉

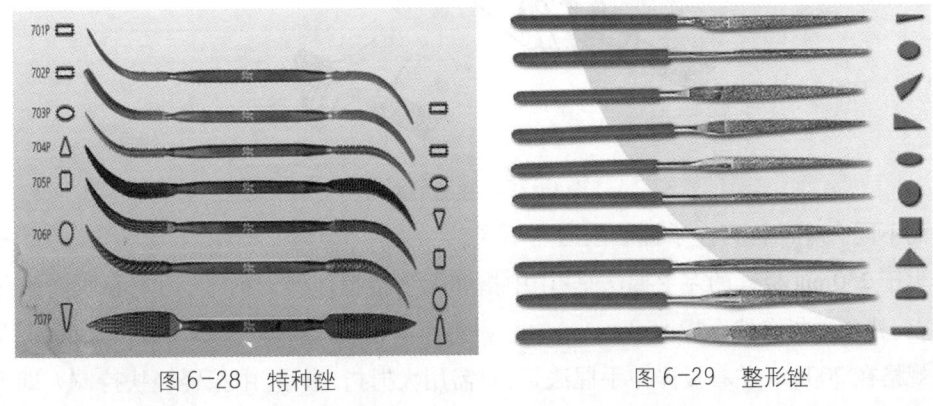

图 6-28 特种锉　　图 6-29 整形锉

锉刀的规格按其长度可分为:100、200、250、300、350 和 400mm 等七种。按锉刀的齿纹可分为：单齿纹、双齿纹（大多用双齿纹）。按锉刀每 10mm 长的齿面上锉齿齿数可分为：粗齿（4～12 齿）、细齿（13～24 齿）和油光锉（30～36 齿）等。

（三）锉刀的选择

合理选用锉刀，对保证加工质量，提高工作效率和延长锉刀使用寿命有很大的影响。一般选择锉刀的原则是：

（1）根据工件形状和加工面的大小选择锉刀的形状和规格。

（2）根据材料软硬、加工余量、精度和粗糙度的要求选择锉齿的粗细。

粗锉刀的齿距大，不易堵塞，适宜于粗加工（即加工余量大、精度等级和表面质量要求低）及铜、铝等软金属的锉削。

细锉刀适宜于钢、铸铁以及表面质量要求高的工件的锉削。

油光锉只用来修光已加工表面，锉出的工件表面光洁，但生产效率较低。

（四）锉削基本操作

1. 工件的夹装

工件必须夹在钳口的中部，并略高于钳口，如果夹持已加工的工件表面，则必须在钳口与夹持工件表面之间垫铜皮。

2. 锉刀的握法

所有锉刀的右手握法大致相同，均为锉柄抵住拇指根部，拇指放在锉柄上，其余手指自然握紧锉柄，如图 6-30 所示。

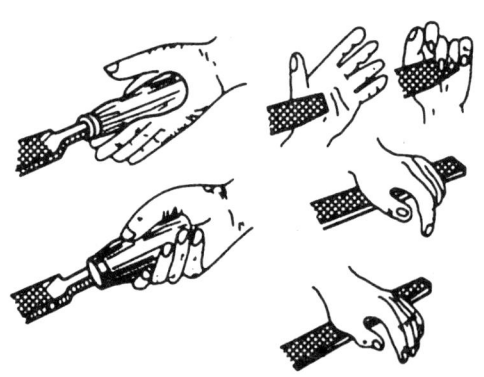

图 6-30　锉刀的握法

而不同大小的锉刀左手握法则迥然不同。

大于 250mm 板锉的左手握法是：用中指和无名指捏住锉刀前端，用掌心肌肉压住锉刀头上，其余手指自然合拢即可。

规格在 200mm 左右板锉左手握法是：只需用大拇指、食指、中指轻轻扶持锉刀即可。

规格在 150mm 左右板锉左手握法是：只需食指、中指轻按在锉刀上面即可，如图 6-

31所示。

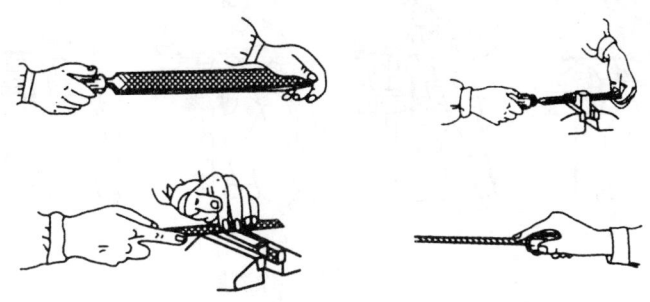

图6-31 150mm～200mm板锉锉刀左手握法

3.站立步位和姿势

锉削时站姿为：左脚中心线与锉刀轴线成30°夹角，右脚中心线与锉刀轴线成75°夹角，身体的正面应与工件轴线成45°夹角，如图6-32所示。

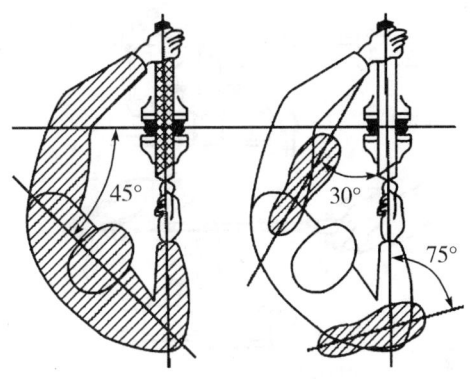

图6-32 锉削站立步位

锉削时动作可大致分为四个过程：

第一个过程：右脚蹬直并稍向前倾（约10°），重心移至左脚，锉刀准备推出。

第二个过程：推进锉刀并前倾身体，当锉刀行至四分之三锉削行程时，身体停止前进而锉刀继续向前。

第三个过程：身体后撤，同时锉刀停止前进。

第四个过程：身体复位，将锉刀快速空行程抽回至最开始位置。

这样就完成了一个完整的锉削过程，如图6-33所示。

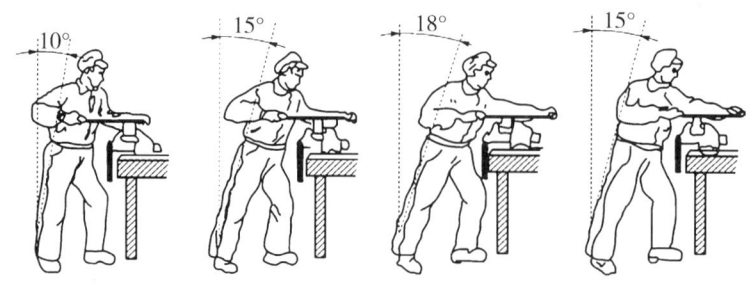

图 6-33　锉削动作姿势

4.锉削的力度和速度

要锉出平直的平面,必须使锉刀保持直线运动,因此,锉削时右手的压力要随着锉刀的推动而逐渐增加,左手的压力要随着锉刀的推动而逐渐减小,回程时不加压力以减少锉齿的磨损,如图6-34所示。

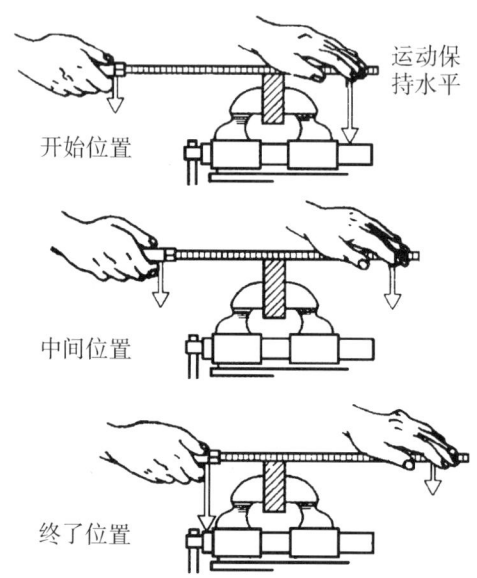

图 6-34　锉削时力度

锉削速度一般应在每分钟40次左右,推出时稍慢些回程时要稍快些,提高锉削效率。

（五）平面锉削方法

锉削平面的方法大致分为顺锉、交叉锉和推锉三种。

1.顺锉

顺锉时锉刀运动方向与工件夹持方向要始终保持一致,为了在加工表面均匀锉削,每次退回锉刀时应在横向做适当的移动。这是锉削最基本的锉法,适用于较小的平面锉削,如图6-35所示。

2. 交叉锉

交叉锉时锉刀运动方向与工件夹持方向约成50°至60°夹角,由于锉刀与工件的接触面大,锉刀容易掌握平稳,同时从锉痕上可以判断出锉削面的高低情况以便于不断修正锉削位置,如图6-36所示。

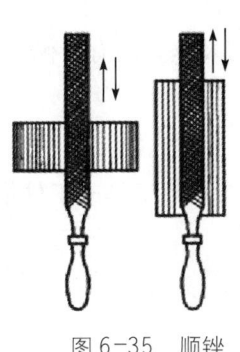

图6-35 顺锉　　　　　　图6-36 交叉锉

3. 推锉

仅用于修光,尤其适用于狭长平面或用顺锉法受阻的时候,推锉时,两手握锉柄、锉刀头,用锉身进行推锉,可得到平整光洁的表面,如图6-37所示。

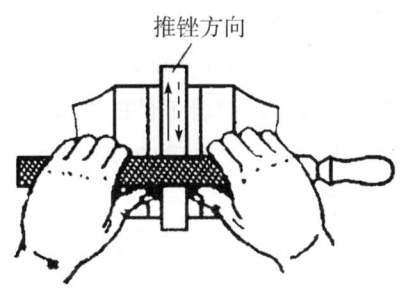

图6-37 推锉

(六)锉削平面的检验

我们一般会通过检查直线度和垂直度来判定锉削的质量。

具体检测直线度的方法为:将直角尺尺身紧贴被检测工件表面,目光平视,观察透光现象,以此来判断工件直线度情况。

检测垂直度具体操作方法为:先将直角尺尺座的测量面紧贴在工件基准面上,然后自上而下轻轻移动,使直角尺测量面与工件被测面接触,目光平视,观察透光情况,以此来判断工件被测面与基准面是否垂直。特别注意检查时直角尺不能斜放,否则会得到不准确的检查结果。

(七)锉削注意事项

(1)新锉刀要先使用一面,用钝后再使用另一面。

(2)粗锉时应充分使用锉刀的有效长度,这样既提高了锉削效率又可以避免锉齿的局部磨损。

(3)锉刀上不能沾油和沾水。

(4)锉屑如嵌入齿缝内必须及时用钢丝刷沿着锉齿的纹路进行清除。

(5)不能用锉刀锉毛坯件的硬外皮和经过淬硬的工件。

(6)铸件表面如有硬皮,应先用砂轮磨去,或用旧锉刀及锉刀的有齿侧边锉去,然后,再进行正常锉削加工。

(7)锉刀使用结束后,必须轻刷干净以免生锈。

(8)无论在使用过程中,还是放入工具箱时,都不能与其他工具或工件堆放在一起,更不能与其他锉刀相互重叠堆放以免损坏锉齿。

四、钻孔、扩孔和铰孔

用钻床在工件上加工出孔的方法称为钻孔。各种零件孔的加工,除去一部分由车、镗、铣等机床完成外,其余大部分是由钳工使用钻床完成的。钳工加工孔的方法一般指钻孔、扩孔和铰孔。

钻孔时钻头应同时完成两个运动:

(1)主运动,即钻头绕轴线的旋转运动(切削运动)。

(2)辅助运动,即钻头沿着轴线方向对着工件的直线运动(进给运动)。

由于钻头在结构上存在的缺点影响加工质量,所以加工精度一般在IT10级以下,表面粗糙度为Ra12.5μm左右,属粗加工。

(一)钻床

常用的钻床有台式钻床、立式钻床和摇臂钻床三种。

1. 台式钻床

如图6-38所示,台式钻床是一种在工作台上使用的小型钻床,其钻孔直径一般在13mm以下。

由于加工的孔径较小,最小可加工小于1mm的孔,故台钻的主轴转速一般较高,最高转速可高达近10000转/分,最低亦在400转/分左右。主轴转速可用改变三角胶带在带轮上的位置来进行调节。台钻的主轴进给是手动的,是通过转动进给手柄实现的。在进行钻孔前,需根据工件高低调整好工作台与主轴架间的距离,并锁紧固定。台钻小巧

灵活,使用方便,结构简单,主要用于加工小型工件上的各种小孔。它在仪表制造、钳工和装配中用得较多。

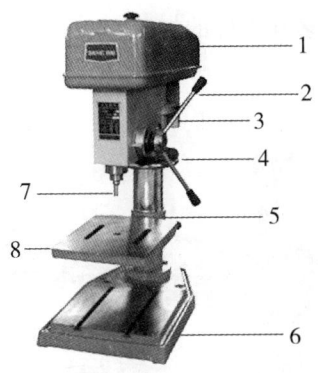

图 6-38 台式钻床

1—带罩 2—进给手柄 3—电机 4—紧定螺钉及保险环 5—锁紧手柄 6—底座 7—钻夹头 8—工作台

2. 立式钻床

如图 6-39 所示,立式钻床简称立钻,这类钻床的规格用最大钻孔直径表示。与台钻相比,立钻刚性好、功率大,因而允许钻削较大的孔,生产率较高,加工精度也较高。由于立钻加工完上一个孔后,再钻下一个孔时,需要移动工件,不方便移动较大的工件,所以立钻适用于单件、小批量生产中加工中、小型零件。

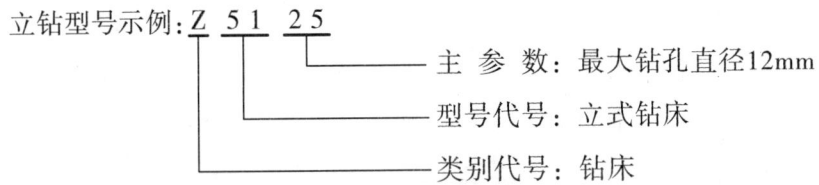

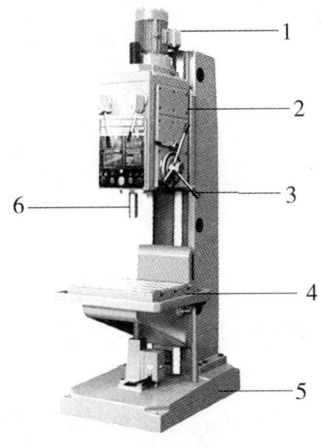

图 6-39 立式钻床

1—电机 2—变速箱 3—进给手柄 4—工作平台 5—底座 6—主轴

3. 摇臂钻床

如图 6-40 所示,摇臂钻床因为有一个绕立柱旋转的摇臂而得名。摇臂钻的摇臂带着主轴箱可沿立柱垂直移动,同时主轴箱还能在摇臂上作横向移动。因此操作时能很方便地调整刀具的位置,以对准被加工孔的中心,而不需移动工件来进行加工。摇臂钻床适用于一些笨重的大工件以及多孔工件的加工。

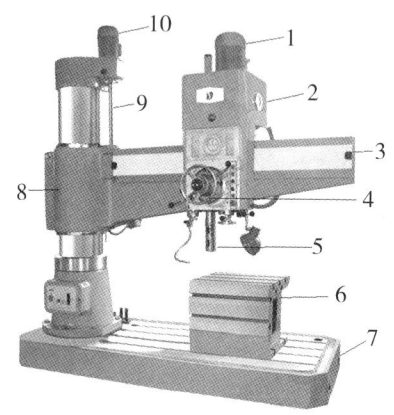

图6-40 摇臂钻床

1—主轴电机 2—主轴箱 3—摇臂 4—主轴移动手柄 5—主轴
6—工作台 7—底座 8—外立柱 9—摇臂升降丝杠 10—摇臂升降电机

(二)钻头

如图6-41所示,钻头是钻孔用的刀削工具,常用高速钢制造,工作部分经热处理淬硬至62~65HRC。一般钻头由柄部、颈部及工作部分组成,如图6-42所示。

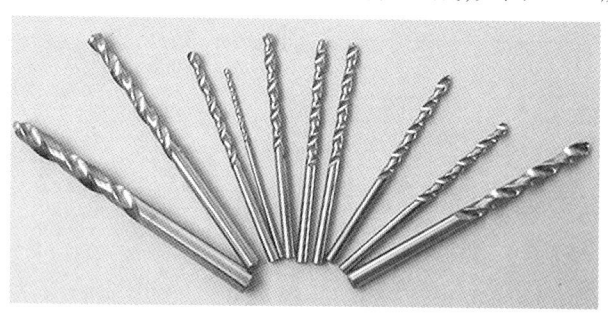

图6-41 钻头

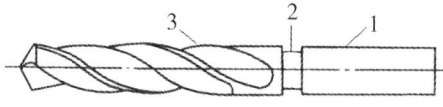

图6-42 钻头各部分名称

1—柄部 2—颈部 3—工作部分

(1)柄部:是钻头的夹持部分,起传递动力的作用,柄部有直柄和锥柄两种,直柄传递扭矩较小,一般用在直径小于12mm的钻头;锥柄可传递较大扭矩(主要是靠柄的扁尾部分),用在直径大于12mm的钻头。

(2)颈部:是砂轮磨削钻头时退刀用的,钻头的直径大小等一般也刻在颈部。

(3)工作部分:它包括导向部分和切削部分。导向部分有两条狭长、螺纹形状的刃带(棱边亦即副切削刃)和螺旋槽。棱边的作用是引导钻头和修光孔壁;两条对称螺旋槽的作用是排除切屑和输送切削液(冷却液)。

(三)钻孔夹具

钻孔用的夹具主要包括钻头夹具和工件夹具两种。

(1)钻头夹具:常用的是钻夹头和钻套,如图6-43、44所示。

①钻夹头:适用于装夹直柄钻头。钻夹头柄部是圆锥面,可与钻床主轴内孔配合安装;头部三个爪可通过紧固扳手转动使其同时张开或合拢。

②钻套:又称过渡套筒,用于装夹锥柄钻头。钻套一端孔安装钻头,另一端外锥面接钻床主轴内锥孔。

图6-43 钻夹头

图6-44 钻套

(2)工件夹具:常用的夹具有平口钳、V形铁等。装夹工件要牢固可靠,但要避免工件夹得过紧而损伤工件,或使工件变形(特别是薄壁工件和小工件)影响钻孔质量。

(四)钻孔操作

(1)钻孔前应先划线,确定孔的中心,在孔中心先用样冲打出较大中心眼。

(2)钻孔时应先钻一个浅坑,以判断是否对中。

(3)在钻孔过程中,特别钻深孔时,要经常退出钻头以排出切屑和进行冷却,否则可能使切屑堵塞或钻头过热磨损甚至折断。

(4)钻通孔时,当孔即将被钻透时,进刀量要减小,避免钻头在钻穿时瞬间抖动,出现"啃刀"现象,影响加工质量,损伤钻头,甚至发生事故。

(5)钻大于Φ30mm的孔应分两次钻,第一次先钻一个直径较小的孔(为加工孔径的0.5~0.7);第二次用钻头将孔扩大到所要求的直径。

(6)钻孔时的冷却液(润滑液)根据工件的材料而定:钻钢件时常用机油或乳化液;钻铝件时常用乳化液或煤油;钻铸铁时则用煤油。

(五)扩孔与铰孔

1. 扩孔

扩孔用于扩大工件上已有的孔(铸出、锻出或钻出的孔),它可以在一定程度上校正孔的轴线偏差,并使其获得正确的几何形状和较小的表面粗糙度,其加工精度一般为IT9~IT10级,表面粗糙度Ra3.2~6.3μm。扩孔的加工余量一般为0.5~4mm。

扩孔时可用钻头扩孔,但当孔精度要求较高时常用扩孔钻,如图6-45所示。扩孔钻的形状与钻头相似,不同是扩孔钻有3~4个切削刃,且没有横刃,螺旋槽较浅。扩孔钻钻芯粗实、刚性强、导向性好,切削平稳。

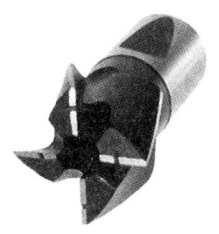

图6-45 扩孔钻

2. 铰孔

用铰刀对孔进行精加工的方式叫做铰孔,铰孔是提高孔的尺寸精度和表面质量的加工方法之一。其加工精度可达IT6~IT7级,表面粗糙度Ra0.4~0.8μm,铰孔的加工余量为0.05~0.25mm。

铰刀是多刃切削刀具,有6~12个切削刃和较小顶角。铰孔时导向性好。铰刀刀齿的齿槽很宽,铰刀的横截面大,因此刚性好。铰孔时因为余量很小,所以铰削过程实际上是修刮过程。特别是手工铰孔时,切削速度很低,不会受到切削热和振动的影响,因此孔的加工质量较高。

铰刀按使用方法分为手用铰刀和机用铰刀两种,如图6-46、47所示。手用铰刀的顶角比机用铰刀小,其柄为直柄(机用铰刀为锥柄)。铰孔时铰刀不能倒转,否则会卡在孔壁和切削刃之间,而使孔壁划伤或切削刃崩裂。铰孔时常用适当的冷却液来降低刀具和工件的温度,防止切屑、切屑细末粘附在铰刀和孔壁上,从而提高加工孔的质量。

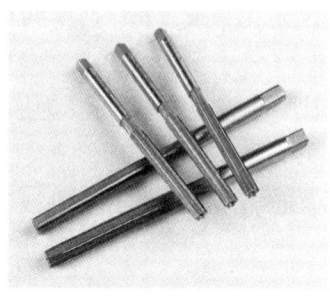 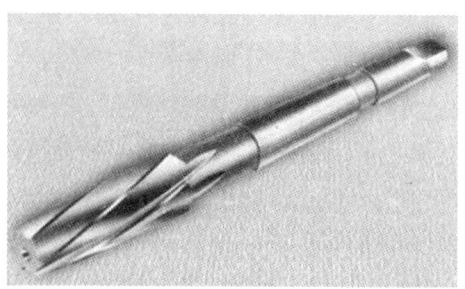

图6-46 手用铰刀　　　图6-47 机用铰刀

五、攻螺纹和套螺纹

用丝锥加工内螺纹的方法称为攻螺纹(或称攻丝),用板牙加工外螺纹的方法称为套螺纹(或称套丝)。

(一)攻螺纹

1. 丝锥

丝锥是专门用来攻螺纹的成形刀具,通常 M6~M24 的丝锥两支一组,称头锥、二锥,如图 6-48 所示,它们主要不同在于切削部分的锥度不同。因为小直径的丝锥刚性较弱,易折断而大直径的丝锥切削量较大,所以将 M6 以下及 M24 以上的丝锥三支一组,即头锥、二锥和三锥,如图 6-49 所示。

每个丝锥都有工作部分和柄部两部分组成,柄部为方头,其作用是与铰杠相配合并传递扭矩,工作部分由切削部分和校准部分组成。切削部分(即不完整的牙齿部分)是切削螺纹的重要部分,常磨成圆锥形,以便使切削负荷分配在几个刀齿上。头锥的锥角小些,有 5~7 个不完整的牙齿;二锥的锥角大些,有 3~4 个不完整的牙齿。校准部分具有完整的牙齿,用于修光螺纹和引导丝锥沿轴向运动。

图 6-48 头锥和二锥

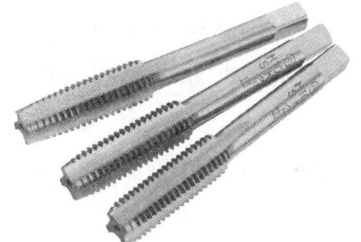
图 6-49 头锥、二锥和三锥

2. 铰杠

铰杠是用来夹持丝锥的工具,常用的是可调式铰杠,如图 6-50 所示。旋转手柄即可调节方孔的大小,以便夹持不同尺寸的丝锥。铰杠长度应根据丝锥尺寸大小来进行选择,以便控制攻螺纹时的扭矩,防止丝锥因施力不当而扭断。

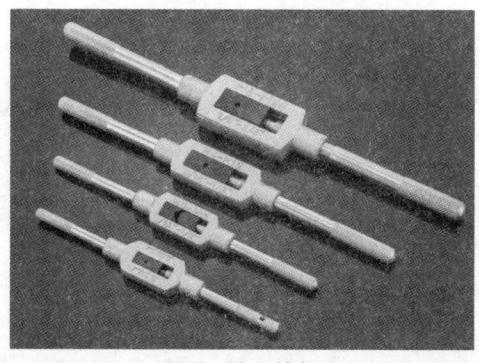
图 6-50 铰杠

3. 攻螺纹方法

(1)底孔直径:丝锥在攻螺纹的过程中,切削刃会挤压金属,造成金属凸起并向牙尖流动的现象,所以攻螺纹前,钻削的孔径(底孔)应大于螺纹内径。底孔的直径可查手册或按下面的经验公式计算:

脆性材料(铸铁、青铜等):钻孔直径=D(螺纹外径)-1.1P(螺距)

韧性材料(钢、紫铜等):钻孔直径=D(螺纹外径)-P(螺距)

(2)钻孔深度:攻盲孔的螺纹时,因丝锥不能攻到孔底,所以孔的深度要大于螺纹的长度,可按下列公式计算:

钻孔深度=所需螺纹的深度+0.7D(螺纹外径)

(3)具体操作步骤:

①攻螺纹前要在钻孔的孔口进行倒角,以利于丝锥的定位和切入,倒角的深度大于螺纹的螺距。

②根据工件上螺纹孔的规格,正确选择丝锥,先头锥后二锥,不可颠倒使用。

③装夹工件使孔中心垂直于钳口,防止螺纹攻歪。

④用头锥攻螺纹,先旋入1~2圈后,检查丝锥是否与孔端面垂直(可目测或直角尺在互相垂直的两个方向检查)并及时纠正丝锥。当切削部分已切入工件3~4圈后,只转动不加压(以免丝锥崩牙),每转1~2圈应反转1/4圈,以便切屑断落。

⑤攻钢件螺纹时应加机油润滑,可使螺纹光洁且省力和延长丝锥使用寿命;攻铸铁上的螺纹时可加煤油;攻铝及铝合金、紫铜上的内螺纹,可加乳化液。

⑥用二锥攻螺纹时,先将丝锥放入孔内,用手旋转几圈,再用铰杠转动(铰杠转动时不加压力)。

(二)套螺纹

1. 板牙

板牙是加工外螺纹的刀具,分为固定式、可调式两种,如图6-51、52所示。板牙由切屑部分、定位部分和排屑孔组成。圆板牙螺孔的两端有40°的锥度部分,是板牙的切削部分。

图6-51 固定式板牙

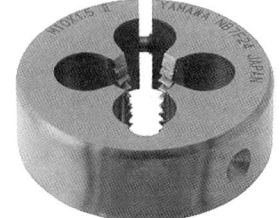
图6-52 可调式板牙

2. 板牙架

板牙架是用来夹持板牙、传递扭矩的工具,如图6-53所示,不同外径的板牙应选用不同的板牙架。

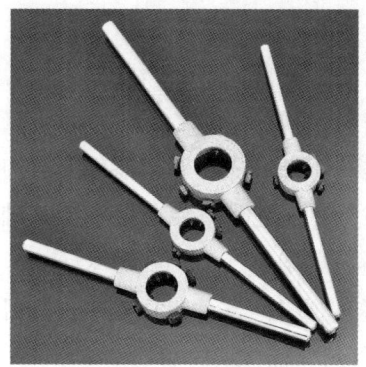

图6-53　板牙架

3. 套螺纹方法

（1）圆杆直径：与攻螺纹相同，套螺纹时也有挤压金属的现象发生，故套螺纹前必须检查圆杆直径。圆杆直径可查表或按如下经验公式计算：

圆杆直径 = D（螺纹外径） - （0.13~0.2）P（螺距）

（2）具体操作步骤：

①套螺纹前圆杆端部应倒角，使板牙容易对准工件中心，同时也容易切入。倒角长度应大于一个螺距，斜角为15°~30°。

②将板牙排屑槽内及螺纹内的切屑清除干净并检查圆杆直径大小。

③夹持工件时应使用硬木制的V型架或垫厚铜板以保护被夹持的工件。工件伸出钳口的长度尽量短，以防止操作过程中出现晃动。

④套螺纹时，操作开始转动板牙时，要稍加压力，用力要均匀，套入3~4牙后只转动而不加压，并时常反转，以便断屑。

⑤在钢制圆杆上套螺纹时要加机油润滑。

六、装配

（一）装配的概念

把合格的零件按规定的技术要求组合成部件或机器设备，并经过调整、试验等成为合格产品的工艺过程称为装配。装配是机器制造中的最后一道工序，因此它是保证机器达到各项技术要求的关键。装配工作的好坏，对产品的质量起着重要的作用。

（二）装配的工艺过程

1. 装配前的准备工作

（1）研究和熟悉装配图的技术条件，了解产品结构和零件作用及相互关系。

（2）确定装配的方法、程序和所需的工具。

(3)领取和清洗零件。零件上毛刺也应及时去除,清洗零件时,可用柴油或煤油去掉零件上的锈蚀。

2. 装配工作

装配又有组件装配、部件装配和总装配之分。

(1)组件装配是将若干零件安装在一个基础零件上而构成组件。

(2)部件装配是将若干个零件、组件安装在另一个基础零件上而构成部件(独立机构)。如车床的床头箱、进给箱、尾架等。

(3)总装配是将若干个零件、组件、部件组合成整台机器的操作过程。例如车床就是把几个箱体等部件、组件、零件组合而成。

零件装配时应按照组件装配、部件装配、总装配的顺序进行。

3. 精度检验、调整和试车

装配精度检验包括尺寸精度检验和形状位置精度检验;调整是指调整零件的或机构的相对位置、配合间隙和结构松紧等;试车是指装配完成后按照设计要求进行运转试验,主要包括运转灵活性、密封性、振动和噪声等。

4. 喷漆、涂油和装箱

(三)装配工作的要求

(1)装配时,应检查零件与装配有关的形状和尺寸精度是否合格,检查有无变形、损坏等,并应注意零件上各种标记,防止错装。

(2)固定连接的零部件,不允许有间隙。活动的零件,能在正常的间隙下,灵活均匀地按规定方向运动,不应有跳动。

(3)各运动部件(或零件)的接触表面,必须保证有足够的润滑,若有油路,必须畅通。

(4)对于管道或密封部件,装配后不得有渗漏现象。

(5)高速运动的机构外表,不得有凸出的螺钉头。

(6)试车前,应检查每个部件连接的可靠性和运动的灵活性,各操纵手柄是否灵活和手柄位置是否在合适的位置。试车前,从低速到高速逐步进行。

(四)装配方法

保证装配精度的装配方法有:

1. 互换装配法

在装配时各个配合零件不经过修配、选择或调整即可达到的装配精度的方法称为互换装配法,通俗讲就是同种零件互换后仍能达到装配精度要求的装配方法,适用于配合精度要求不高时采用。

2. 选择装配法

在大批量生产中,将产品配合副中各零件的公差放大,通常按经济加工精度制造,然后,通过选择配合件后进行装配以保证装配精度的方法。选择装配法可分为三种形式:直接选配法、分组装配法和复合装配法。

3. 调整装配法

在装配时,根据装配实际的需要改变产品中可调整零件的相对位置或选用合适的调整件以达到装配精度的方法称为调整装配法。

4. 修配装配法

在装配时,可根据装配的实际需要,在某一零件上去除少量预留余量达到装配精度的方法称为修配装配法。

（五）典型组件装配方法

1. 螺钉、螺母的装配

螺钉、螺母的装配是用螺纹的连接装配,它在机器制造中广泛使用。装拆、更换方便,易于多次装拆等优点。

螺钉、螺母装配中的注意事项：

(1) 螺纹配合应做到用手能自由旋入,过紧会咬坏螺纹,过松则受力后螺纹会断裂。

(2) 螺母端面应与螺纹轴线垂直,以受力均匀。

(3) 装配成组螺钉、螺母时,为保证零件贴合面受力均匀,应对称旋紧,并且不要一次完全旋紧,应按次序分两次或三次旋紧。

2. 滚动轴承的装配

滚动轴承的装配多数为较小的过盈配合,装配时常用手锤或压力机压装。轴承装配到轴上时,应通过垫套施力于内圈端面上；轴承装配到机体孔内时,则应施力于外圈端面上；若同时压到轴上和机体孔中时,则内外圈端面应同时加压。

如果没有专用垫套时,也可用手锤、铜棒沿着轴承端面四周对称均匀地敲入,用力不能太大。

如果轴承与轴是较大过盈配合时,可将轴承吊放到 80~90℃ 的热油中加热,然后趁热装配。

（六）拆卸工作的要求

(1) 机器拆卸工作,应按其结构的不同,预先考虑操作顺序,以免造成零件的损伤或变形。

(2) 拆卸的顺序,应与装配的顺序相反。

(3) 拆卸时,使用的工具必须保证对合格零件不会发生损伤。

（4）拆卸时，必须辨别清楚零件的旋松方向。

（5）拆下的零部件必须有次序、有规则地放好，并按原来结构套在一起，配合件上做记号，以免搞乱。对丝杠、长轴类零件必须将其吊起，防止变形。

第四节　工件制作

一、双燕尾锉配

如图6-54所示，双燕尾锉配为常见的钳工加工工件，主要为非机械专业钳工实习工件。

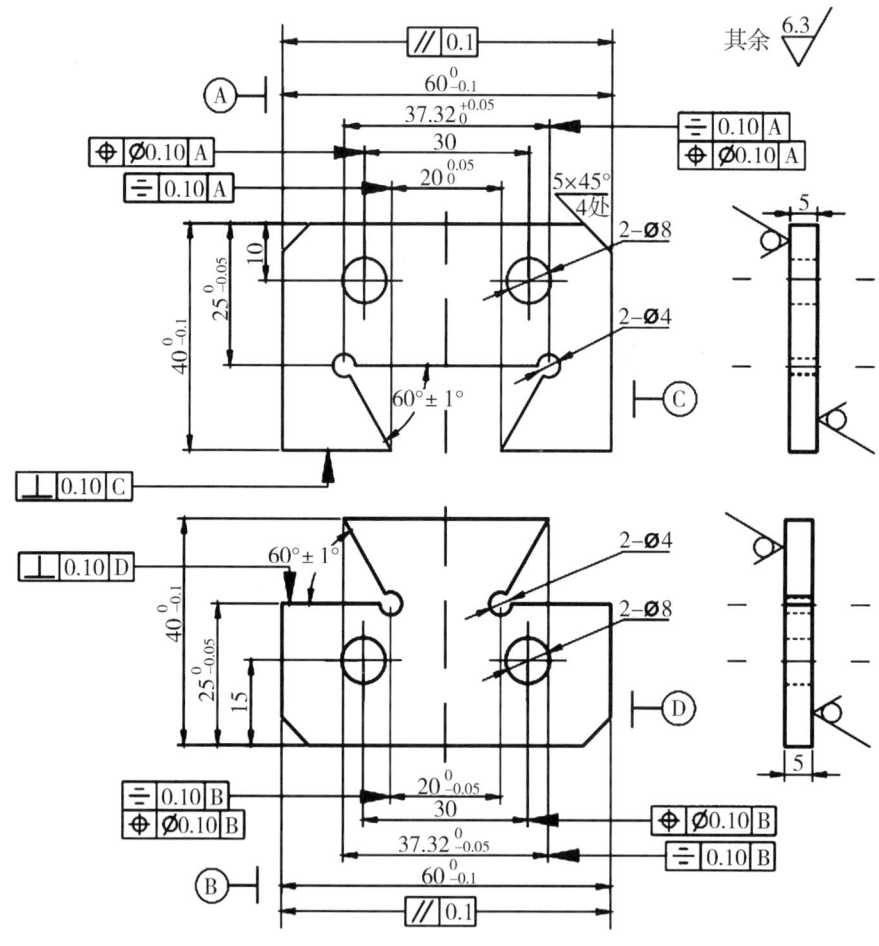

图6-54　双燕尾锉配图纸

(一)具体操作步骤

(1)自制60°和45°角度样板,如图6-55所示。

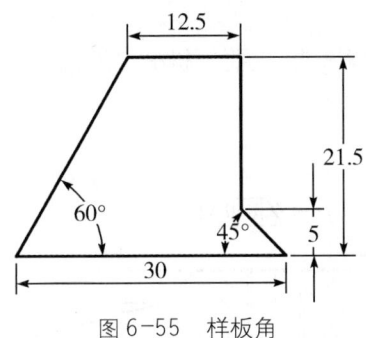

图6-55 样板角

(2)检查原料尺寸,按图样要求划出加工线。钻4个Φ4mm工艺孔。

(3)锯去燕尾凹槽余料(各面留有加工余量0.8~1mm)按加工线锉削面1、面2和面3,并留有0.8~1mm修配余量,如图6-56所示。

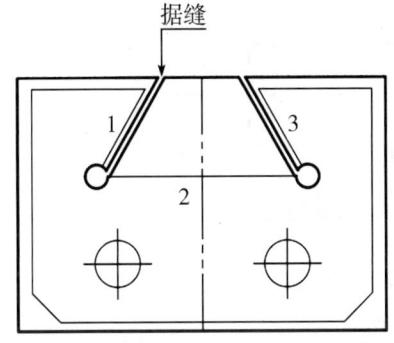 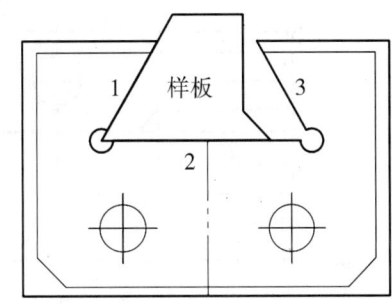

图6-56 双燕尾凹件示意图

(4)用自制60°样板测量控制内60°角,并锉削加工凹燕尾外形,达到尺寸要求。

(5)加工凸件,用自制样板测量控制60°角,锉削各边。

(6)用凸件与凹件配合,调整各边尺寸达到换位要求。

(7)钻Φ8mm孔并倒45°角,用45°样板检验,达到图样要求。

(8)复检各尺寸,去毛刺,抛光打磨,满足粗糙度要求。

(二)注意事项

(1)用钢直尺检查外形尺寸是否有足够的加工余量。

(2)划线时线条清晰,不能重复。

(3)钻床用电要注意,平口钳装夹要紧固,钻速要合适。

(4)工件毛刺要清除好,以免刮伤手。

(5)凸件加工中只能先去掉一端60°角料,待加工至要求后才能去掉另一端60°角料,便于加工时测量控制。

(6)凹凸件锉配时,一般不再加工凸形面,否则失去精度基准。

二、锤头制作

如图6-57所示,此为尖嘴锤头,主要为机械或近机类专业钳工实习工件。

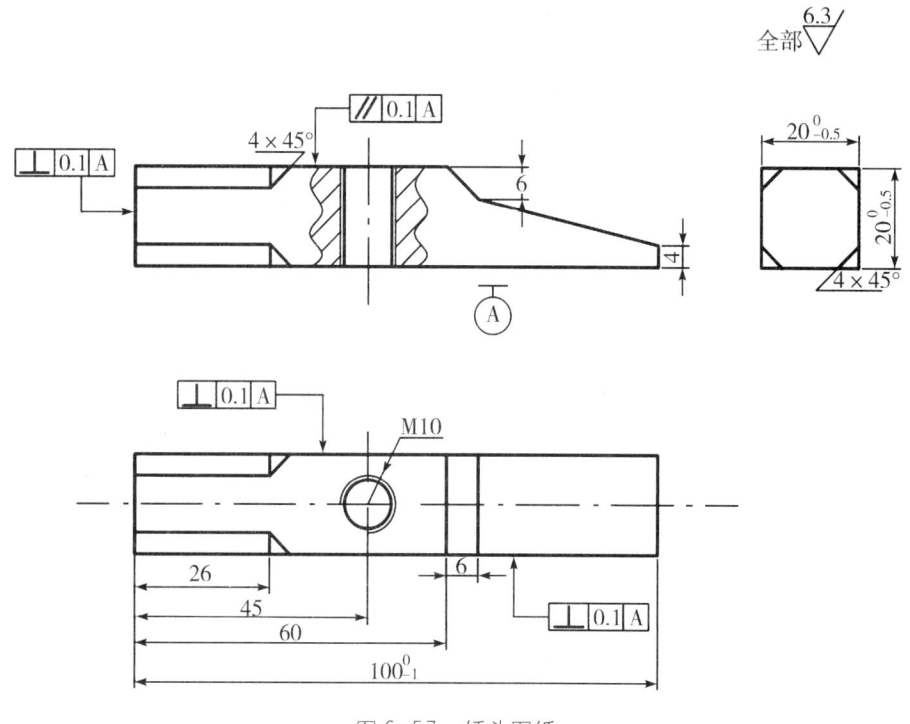

图6-57 锤头图纸

(一)加工步骤

(1)根据图样要求下料并锉出20mm×20mm×100mm的长方体(留出适当加工余量)。

(2)以长面为基准锉一端面,达到基本垂直,表面粗糙度Ra≤6.3μm。

(3)以一长面及端面为基准,划出形体加工线(两面同时划出),按尺寸划出4×45°倒角加工线。

(4)锉削4×45°倒角达到要求。先分别用粗、细锉倒角,然后用推锉法修整。

(5)划线用手锯按加工线去除锤头尖端多余部分(注意留余量)。

(6)用粗细平锉加工锤头尖端斜面并保证工件总长100mm。

(7)锉削4条棱边至图样要求。

(8)按图划出钻孔加工线,用样冲打好中心孔,并用Φ8.5mm钻头钻孔。

(9)用Φ10mm的丝锥攻丝,加工出M10螺纹孔。

(10)用砂布将各加工面打光。

第五节 评分标准

一、双燕尾锉配评分标准

成绩评定	项目	质量检测内容	配分	评分标准	实测结果	得分
	工位号		学号		姓名	总得分
	双燕尾锉配	$40_{-0.1}^{0}$ mm（2处）	10	超差酌情扣分		
		$60_{-0.1}^{0}$ mm（2处）	10	超差酌情扣分		
		$25_{-0.05}^{0}$ mm（2处）	10	超差酌情扣分		
		$25_{0.05}^{0}$（$20^{0.05}$）mm	10	超差酌情扣分		
		表面粗糙度 Ra6.3μm	10	升高一级酌情扣分		
		钻孔操作	10	违规操作不得分		
		配合间隙≤0.5mm	20	超差酌情扣分		
	安全文明生产		20	违者不得分		
	现场记录：					

二、锤头评分标准

成绩评定	工位号		学号		姓名		总得分	
	项目	质量检测内容		配分	评分标准		实测结果	得分
	锤头	100_{-1}^{0} mm(2处)		10	超差酌情扣分			
		60mm		10	超差酌情扣分			
		$20_{-0.5}^{0}$(2处)		10	超差酌情扣分			
		45 $20_{-0.05}^{0}$($20_{0}^{0.05}$) mm		10	超差酌情扣分			
		4×45°倒角		10	超差酌情扣分			
		表面粗糙度 Ra6.3μm		10	升高一级酌情扣分			
		钻孔及攻丝		20	超差酌情扣分			
	安全文明生产			20	违者不得分			
	现场记录:							

思考题

(1) 工件加工前划线的目的是什么？划线的基准怎么选择？

(2) 试述工件立体划线的步骤。

(3) 锯削加工时，锯条如何选择？如何安装锯条？

(4) 锯齿崩落或锯条折断的原因有哪些？

(5) 锉削时怎样才能将工件锉平整？

(6) 交叉锉法的优劣势各是什么？

(7) 钻头直径和设置的钻床转速有何联系？

(8) 试述台式钻床、立式钻床和摇臂钻床的特点是什么？加工范围有何区别？

(9) 攻盲孔螺纹时怎么确定螺纹底孔的深度？

(10) 什么是装配？装配时应注意哪些事项？

第七章 车工

【教学目标】

知识目标

1. 了解车床的安全操作守则及实训要求。
2. 了解金属切削加工的基本知识。
3. 熟悉卧式车床的组成、运动、用途及传动系统。了解通用车床的型号。
4. 熟悉常用车刀的组成和结构,车刀的主要角度及其作用。了解对刀具材料的性能要求。
5. 了解盘套类、轴类零件装夹方法的特点及常用附件的大致结构和用途。
6. 掌握外圆、端面、切槽、切断、锥面、钻孔的加工操作方法,并能按实习件图纸的技术要求正确、合理地选择工、夹、量具及制订简单的车削加工顺序。
7. 了解滚花、内孔加工、螺纹车削的方法。

能力目标

1. 能按图样要求进行端面、外圆、锥面、台阶和钻孔等基本车削加工。
2. 能对机械加工件进行初步的工艺分析。

第一节 概述

一、车工安全操作守则

(1) 正确穿戴好劳动保护用品,车床开动前,按照安全操作的要求,认真仔细检查机床各部件和防护装置是否完好、安全可靠,加油润滑机床,并作低速空载运转2~3分钟,检查机床运转是否正常。

(2) 装卸卡盘和大工件时,要检查周围有无障碍物,垫好木板,以保护床面,并要卡住、顶牢、架好。车偏重物时,要按轻重搞好平衡,工件及工具的装夹要牢固,以防工件或工具从夹具中飞出,卡盘扳手和刀台扳手要及时取下。

（3）机床运转时,严禁戴手套操作;严禁用手触摸机床的旋转部分;严禁在车床运转中,隔着车床传送物件。装卸工件、安装刀具、清洗上油以及打扫切屑,均应停车进行。清除铁屑应用刷子或钩子,禁止用手拉。

（4）机床运转时,不准测量工件,不准用手去刹住转动的卡盘。严禁戴手套进行砂皮操作,不准使用无柄锉刀,不得用正、反车电闸作刹车。

（5）高速切削时,没有装设防护不准切削,工件、工具的固定要牢固。

（6）机床运转时,操作者不能离开机床,发现机床运转不正常时,应立即停车,请指导教师检查修理。当突然停电时,要立即关闭机床或其他启动装置,并将刀具退出工作部位。

（7）工作时必须侧身站在操作位置,禁止身体正面对着转动的卡盘。

（8）工作结束时,应切断机床电源或总电源,将刀具或工件从工作部位退出,清理、摆放好所使用的工、夹、量具,并润滑、擦净机床,做到油漆见本色,金属见光亮。

（9）穿戴的劳保衣服要做到"三紧"——领口紧、袖口紧、下摆紧,戴好防护眼镜。

二、车削加工原理及工作范围

金属切削机床是用切削的方法将金属毛坯加工成机械零件的一种机器。它是制造机器的机器,人们习惯上称为机床。机床按照加工方式的不同又分为车床、刨床、铣床、磨床等。

车削加工是最常用的加工方法,约占机床加工总量的50%以上。

（一）车削加工的原理

车削加工的原理是工件作旋转运动,车刀在水平面内移动（纵向移动、横向移动、斜向移动）,从工件上去除多余的材料,从而获得所需的加工表面。

工件的旋转运动称为主运动。车刀在水平内的移动（纵向移动、横向移动、斜向移动）称为进给运动。

（二）车削加工的工作范围

车削加工主要完成的工作如图7-1所示,主要有:

车内外圆柱面、车内外圆锥面、车内外螺纹、车成形面、车端面、车沟槽和切断、钻中心孔、钻孔、铰孔、镗孔。

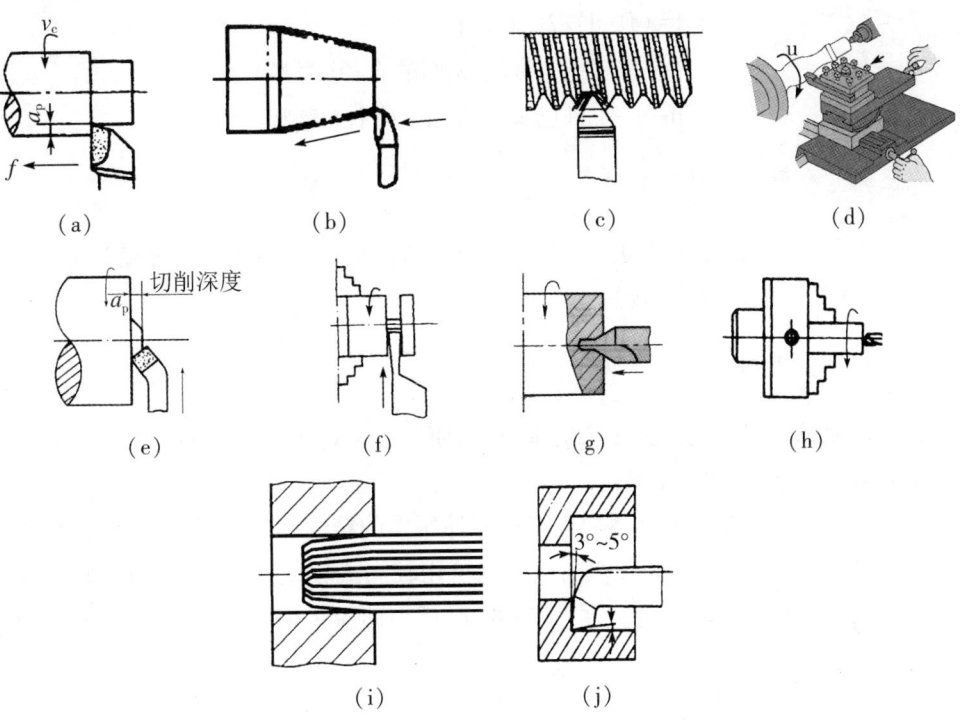

(a)车外圆柱面 (b)车外圆锥面 (c)车外螺纹 (d)车成形面 (e)车端面
(f)车沟槽和切断 (g)钻中心孔 (h)钻孔 (i)铰孔 (j)镗孔

图7-1 车削加工主要完成的工作

三、切削用量三要素与粗车、精车

切削速度、切削深度(吃刀深度)、进给量(走刀量)称为切削用量三要素。

(一)切削速度

工件上待加工表面的圆周速度称切削速度。

$$v = \pi D \cdot n / 1000 (米/分)$$

D——工件待加工表面的直径(毫米)

n——车床主轴每分钟转数(转/分)

车削速度表示切削刃相对于工件待加工表面的运动速度。

在实际生产中,往往需要根据工件的直径来计算确定主轴的转速:

$$n = 1000v / (\pi D)(转/分)$$

(二)切削深度(背吃刀量)

切削深度表示每次走刀时车刀切入工件的深度,是指工件的待加工面与已加工面之间的半径差。

$$t = (D-d)/2 \quad (毫米)$$
D——工件待加工表面的直径(毫米)
d——工件已加工表面的直径(毫米)

(三)进给量(走刀量)

工件每转一周时,车刀沿进给方向(纵向)的移动量。它是表示辅助运动(走刀运动)大小的参数(单位:毫米/转)。

(四)粗车和精车

粗车的目的是尽快地切去多余的金属层,使工件接近于最后的形状和尺寸。粗车后应留下 0.05～1mm 的加工余量。

精车是切去余下少量的金属层以获得零件所求的精度和表面粗糙度,因此背吃刀量较小,每次进刀约 0.1～0.2mm,切削速度则可用较高或较低速,初学者可用较低速。为了提高工件表面粗糙度,用于精车的车刀的前、后刀面应采用油石加机油磨光,有时刀尖磨成一个小圆弧。

第二节 车削所用的设备、刀具与量具

一、车床型号、组成、各部分名称及作用

(一)车床型号

普通卧式车床有各种型号,其结构大致相似,常见的 C6132、C6140、C6150。下面以大连机床集团有限公司生产的 CDE6150A 为例说明机床型号的编制方法。

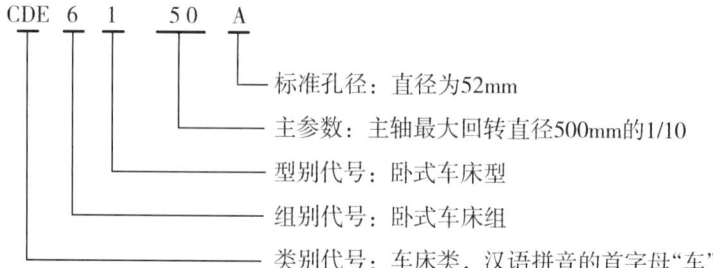

(二)车床的组成

普通车床的组成有主轴箱、进给箱、溜板箱、刀架、尾座、床身等部分。CDE6150A 型

卧式普通车床的外形如图 7-2 所示,其主要组成部分如下:

图 7-2　CD6150A 型车床正面图

1-主轴箱　2-进给箱　3-刀架　4-溜板箱　5-尾座　6-床身

1. 主轴箱(床头箱)

主轴箱内装有由滑移齿轮组成的变速机构。可通过改变手柄的位置来操纵滑移齿轮,从而获得不同的主轴转速。

2. 进给箱(走刀箱)

进给箱内也装有由滑移齿轮组成的变速机构。也通过改变手柄的位置来操纵滑移齿轮,从而获得不同的光杠或丝杠转速,以实现不同的进给速度。

3. 刀架

刀架用来夹持车刀,在水平面内可作纵向移动、横向移动和斜向移动。它主要包括:大拖板(大刀架)、中拖板(横刀架)、转盘、小拖板(小刀架)、方刀架。

4. 溜板箱(拖板箱)

溜板箱是进给运动的操纵机构。溜板箱与床鞍连接在一起,将光杠的旋转转动变为车刀的横向或纵向移动,用以车削端面或外圆,将丝杠的旋转运动变为车刀的纵向移动,用以车削螺纹。溜板箱内设有互锁机构,使光杠、丝杠两者不能同时使用。

5. 尾座

尾座可安装顶尖,用来支撑长轴的加工。也可安装钻头、扩孔钻或铰刀,用来加工孔。

6. 床身

床身是用来支撑车床的基础部分,并连接各主要部件。床身上面有两条互相平行的导轨,以确定刀架和尾座的移动方向。床身由床脚支撑并固定在地基上。

二、车床所用刀具与安装

(一)车刀的种类和用途

由于车削加工的内容不同,必须采用不同种类的车刀。常用车刀的形状和名称如图7-3 所示。

各种车刀的用途如下:
(1)90°车刀:用于车削工件的外圆、台阶和端面。
(2)45°弯头车刀:用于车削工件的外圆、端面和倒角。
(3)切断刀:用于切断工件或在工件上车出沟槽。
(4)螺纹车刀:用于车削螺纹。

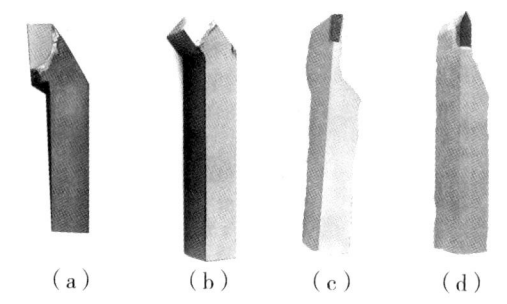

(a) 90°车刀　(b)45°车刀　(c)切槽、切断刀　(d)螺纹刀

图7-3　车刀的种类

(二)车刀的组成

车刀一般是在碳素合金钢的刀体上焊接硬质合金刀片而成。装夹部分称为刀体,切削部分称为刀头。

(三)车刀的切削角度

车刀制造参数评价首先要有三个参考平面,如图7-4所示。
基面:通过主切削刃上某一点,且平行于车刀底面的平面。
切削平面:通过主切削刃上某一点,与主切削刃相切,且垂直于基面的面。
主剖面:通过主切削刃上某一点,同时垂直于基面和切削平面的面。
三个参考平面是两两垂直的,构成三维直角体系。
车刀的切削角度,如图7-4所示,有五个角度,即:
(1)前角 γ:基面与前刀面的夹角。
(2)后角 α:主后刀面与切削平面之间的夹角。
(3)主偏角 k:进给方向与主切削刃之间的夹角。

(4)副偏角 k′：进给运动的反方向与副切削刃之间的夹角。

(5)刃倾角 λ：主切削刃与基面之间的夹角。

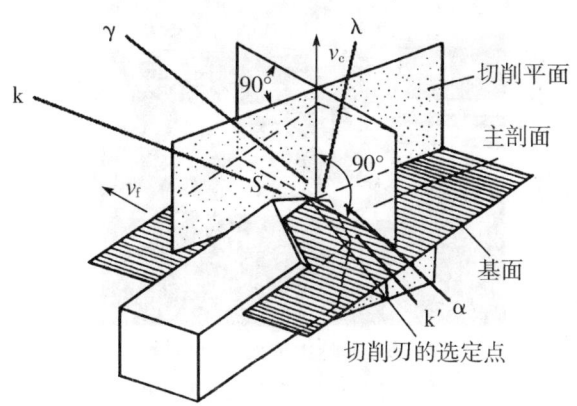

图 7-4　车刀的参考平面与角度

(四)车刀的安装

车刀的正确安装是非常重要的，它直接影响着加工质量和能否进行加工。正确装夹车刀的要点如下：

(1)车刀的刀尖应与车床主轴的回转轴线等高。装夹时可用尾座顶尖的高度来进行校对。也可试车端平面，若端平面中心留有凸台，则说明还需进行调整。

(2)车刀刀柄应与车床主轴的回转轴线垂直。

(3)车刀在刀架上的伸出长度一般不超过刀柄高度的两倍。否则刀具刚性下降，车削时容易产生振动。

(4)垫刀片要平整，并与刀架对齐。垫片数量一般以 2～3 片为宜，太多会降低刀柄与刀架接触刚度。

(5)车刀位置放好后，应交替拧紧刀架螺丝。最后还应检查车刀在工件的加工极限位置时是否会产生运动干涉或碰撞。

三、车削所用的量具

(一)刻度盘及刻盘手柄的使用

车削时，为了正确和迅速掌握切深，必须熟练地使用中拖板和小拖板上的刻度盘，如图 7-5 所示。

图7-5 车床上的大中小拖板
1-小拖板 2-中拖板 3-大拖板

1. 小拖板上的刻度盘

小拖板上的刻度盘主要用于控制工件长度方向的尺寸,其刻度原理和使用方法与中拖板相同。

应注意两个问题:

(1) 小拖板刻度盘上的一格与中拖板刻度盘上的一格表示移动的距离可能不同。请看刻度盘上的标识。

(2) 中拖板是横向进刀,直径的改变量是两倍的进刀量。而小拖板是纵向进刀,主要用于控制长度方向的尺寸,工件长度的改变量相等于进刀量,不是两倍的的关系。

2. 中拖板上的刻度盘

中拖板上的手柄、刻度盘和丝杆紧固在一起,丝杆螺母和中拖板紧固在一起。当手柄、刻度盘连带丝杆转动一周时,丝杆螺母、中拖板连带刀架移动一个螺距。所以,横向进给的距离(即切深)可根据刻度盘上的格数来计算。横向进给手动手柄每转一格时,刀具横向吃刀为0.05mm,其圆柱体直径方向切削量为0.10mm。

必须注意:因为丝杠和螺母之间存在间隙,进刻度时,如果刻度盘手柄转过了头,不能将刻度盘直接退回到所要的刻度,而是多退一些再进至所需刻度。

3. 大拖板上的刻度盘

大拖板上的刻度盘主要用于控制工件长度方向的尺寸,其刻度原理和使用方法与中拖板相同,但是由于大拖板的精度过低,平时只在粗车毛坯大约估算时使用。

(二) 量具的使用

车削加工时,为了测量工件的尺寸,必须熟练使用游标卡尺。

(三) 试切的方法与步骤

工件在车床上安装以后,要根据工件的加工余量决定走刀次数和每次走刀的切深。

半精车和精车时,为了准确地定切深,保证工件加工的尺寸精度,只靠刻度盘来进刀是不行的。因为刻度盘和丝杆都有误差,往往不能满足半精车和精车的要求,这就需要采用试切的方法。试切的方法与步骤如下:

(1)开车对刀,使车刀与工件表面轻微接触。

(2)向右退出车刀。

(3)横向进刀。

(4)切削纵向长度1~3mm。

(5)退出车刀,进行度量。

以上是试切的一个循环,如果尺寸还大,则进刀仍按以上的循环进行试切,如果尺寸合格了,就按确定下来的切深将整个表面加工完毕。

总结起来十四字口诀:"一对二退三进刀,四测五试六加工"。

第三节　工件的安装

工件安装时,应使加工表面的回转轴线和车床主轴的轴线重合,以确保加工后的表面有正确的位置。同时,还需考虑工件夹紧、承受切削力、重力等因素。在车床上常用的附件有:三爪卡盘、四爪卡盘、顶尖、中心架、跟刀架、心轴、花盘及压板等。这里只介绍用两种附件装夹工件的方法。

一、用三爪卡盘安装工件

三爪卡盘的结构如图7-6所示,主要由爪盘体、小锥齿轮、大锥齿轮(背面为平面螺纹)和三个卡爪组成。

图7-6　三爪卡盘

用三爪卡盘装夹工件时,工件必须放正。先轻轻夹紧工件,用手扳动卡盘,检查刀架与卡盘有无碰撞,然后低速开车,观察工件歪斜偏摆的方向,也可用百分表找正,并作好记号,停车后轻敲工件校正,确认无偏摆后,夹紧工件,取下扳手,开车切削。

工件的夹持长度一般不小于10mm,但也不宜过长,否则会引起切削振动、顶弯工件或打刀。

二、用顶尖安装工件

加工较长的轴和丝杆以及车削后需经铣削、磨削等加工的工件,一般多采用前、后顶尖安装,如图7-7所示。主轴的旋转运动是通过拨盘带动夹紧在轴端的卡箍(也称作鸡心夹头)而传给工件。

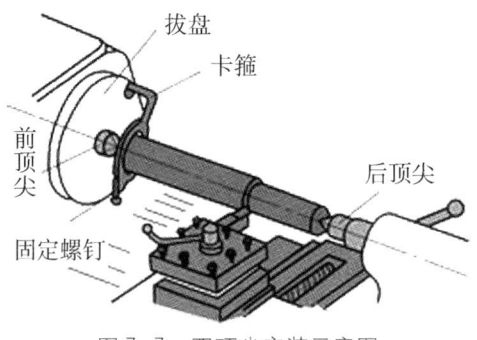

图7-7 双顶尖安装示意图

用顶尖安装工件的步骤:

(1)在轴的两端钻中心孔。中心孔一般是在车床或钻床上用标准中心钻加工的,加工前应将轴端面车平。常用的中心孔有普通中心孔和双锥面中心孔。中心孔的尺寸是根据工件质量、直径大小来决定的,大而重的工件应选择较大的中心孔。具体选择可参阅有关中心孔的国家标准。

(2)安装和校正顶尖。安装顶尖前,要将顶尖尾部锥面及与其配合的主轴和尾座套筒的锥孔擦拭干净,然后装牢、装正。装后顶尖的尾座套筒尽量伸出短些,以增强支撑刚性,避免切削时振动。装好前后顶尖后,应将尾座推向床头,检查两顶尖是否在同一轴线上。对精度要求较高的轴,仅靠目测是不够的,要边加工、边测量、边校正。若两顶尖的轴线不重合,工件回转轴线与进给方向不平行,轴会被加工成锥体。

(3)安装工件。首先把鸡心夹头夹紧在轴端,且使工件露出尽量短些。对于已加工过的轴,为避免鸡心夹头的固紧螺钉夹伤工件表面,可在装鸡心夹头处垫以纵向开缝的套筒或铜皮。工件安装在顶尖间不能太松或太紧,过松工件不能正确定心,车削时易产生振动,影响加工质量,也不安全。过紧会加剧摩擦,烧损研坏顶尖和中心孔,且会因温升、工件无伸长余地而弯曲变形。一般手握工件既感觉不到轴向窜动又转动自如即可。

第四节 基本车削工艺训练

一、操作练习

(1) 起动与停车。
(2) 摇动大拖板和中拖板。
(3) 三爪卡盘装夹工件,车端面打中心孔,用一夹一顶的方法装夹工件。
(4) 装刀具。

二、车削工艺训练

(一) 车端面

圆柱体两端的平面叫做端面。常用偏刀和弯头车刀车端面。
(1) 用右偏刀车端面:应注意车刀由里向外进刀。如果是由外向里进刀,容易形成凹面。
(2) 用弯头刀车端面:以主切削刃进行切削则很顺利,如果再提高转速也可车出粗糙度较细的表面。弯头车刀的刀尖角等于90°,刀尖强度要比偏刀大,不仅用于车端面,还可车外圆和倒角等。

(二) 车外圆

车外圆是车削中最基本的加工方法。车外圆时常见的方法有下列几种:
(1) 用直头车刀车外圆:这种车刀强度较好,常用于粗车外圆。
(2) 用45°弯头车刀车外圆:适用车削不带台阶的光滑轴。
(3) 用主偏角为90°的偏刀车外圆:适于加工细长工件的外圆。

(三) 车台阶

由直径不同的两个圆柱体相连接的部分叫做台阶。
(1) 低台阶车削方法:较低的台阶面可用偏刀在车外圆时一次走刀同时车出,车刀的主切削刃要垂直于工件的轴线,这可用角尺对刀或以车好的端面来对刀,使主切削刃和端面贴平。
(2) 高台阶车削方法:车削高于5mm台阶的工件,因肩部过宽,车削时会引起振动,因此高台阶工件可先用外圆车刀把台阶车成大致形状,然后将偏刀的主切削刃装得与工件端面有5°左右的间隙,分层进行切削,但最后一刀必须用横走刀完成,否则会使车出的台阶偏斜。

为使台阶长度符合要求,可用刀尖预先刻出线痕,以此作为加工界限。

(四)车沟槽和切断

(1)切槽:切槽使用切槽刀,利用切槽刀的两个刀尖车削左、右两个端面。

(2)切断:切断使用切断刀,切断刀形状与切槽刀相似,但因刀头窄而长,很容易折断。切断时,刀头伸进工件散热条件差,排屑困难易引起振动,如不注意,刀头就会折断。

(五)车圆锥面

常用的方法有小拖板偏移法、宽刀法和靠模法,同学们实习采用小拖板偏移法,它的优点:能加工任意角度的内外锥体。缺点:受移动量的限制,不能加工太长工件。

操作时注意事项:加工时小拖板需来回移动,不能朝一个方向移动。

第五节　工件制作

一、阶梯轴的制作

阶梯轴工件成品图样如图7-8所示,工件直径为$\varnothing 38_{-0.1}^{0}$mm,长度为$118\pm0.1$mm,因此选择毛坯直径为40mm、长度为150mm的圆钢进行加工。

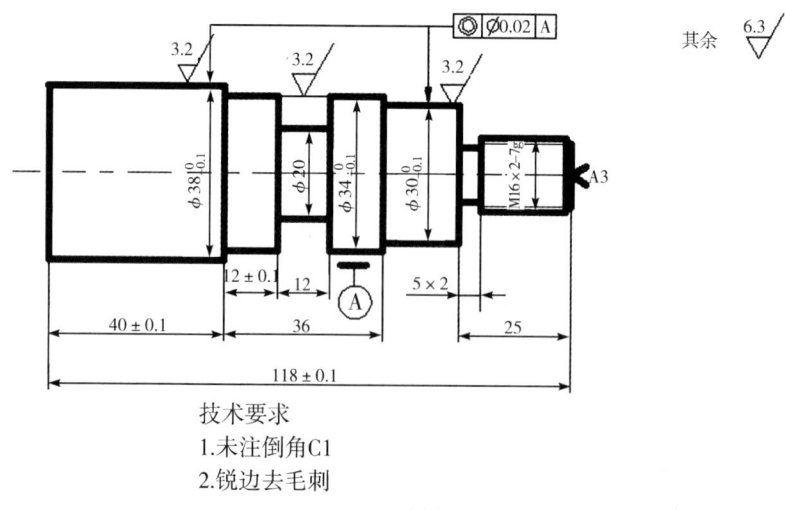

技术要求
1. 未注倒角C1
2. 锐边去毛刺

图7-8　阶梯轴

阶梯轴加工步骤如下：

第一步：工件的装夹。

工件尺寸 Ø40mm×150mm，装夹长度 120mm，伸出长度 30mm。

第二步：车端面。

车右侧端面，如图 7-9 所示，刀具：45°硬质合金车刀，主轴转速：400r/min，进给量：0.2mm/r，端面车削余量：0.5～1mm。

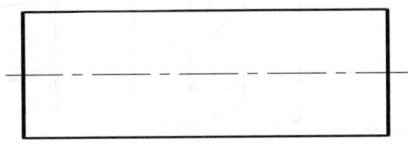

图 7-9　车端面

第三步：钻中心孔。

如图 7-10 所示，钻中心孔。主轴转速：800r/min，中心钻结构：A3。注意：中心钻装入车床尾座的钻夹头中夹紧，开车使工件旋转，均匀摇动尾座手轮进给钻削。钻到所需尺寸，保留两秒，使中心孔得到修光和圆整，然后退刀。

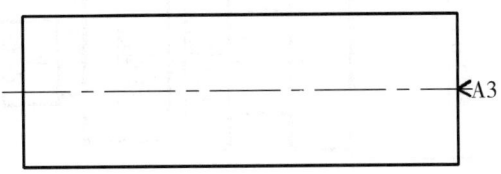

图 7-10　钻中心孔

第四步：粗、精车外圆。

如图 7-11 所示，粗、精车 $Ø38_{-0.1}^{0}$、$Ø34_{-0.1}^{0}$、$Ø30_{-0.1}^{0}$、M16-7g 外圆。刀具：90°外圆硬质合金车刀，安装方法：一夹一顶，装夹长度 20mm，伸出长度 130mm。

粗车主轴转速：400r/min，进给量：0.2mm/r，精车主轴转速：800r/min，进给量：0.1mm/r。

粗车背吃刀量不能大于 2mm，留精车余量 0.5mm。

提示：精车时背吃刀量根据工件毛坯余量合理分配。

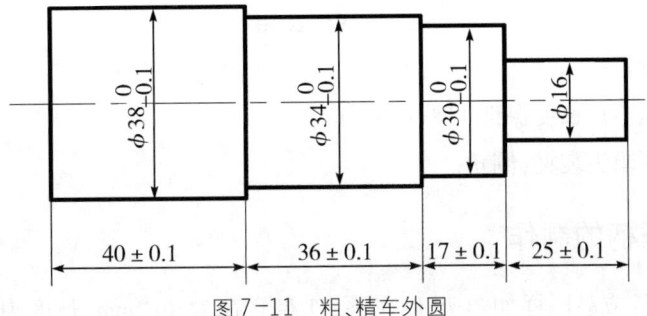

图 7-11　粗、精车外圆

第五步:切沟槽。

如图 7-12 所示,切 Ø20 长 $120_0^{+0.1}$ 和 5×2 沟槽。刀具:切刀,安装方法:一夹一顶,主轴转速:280r/min,进给量:0.1mm/r。

提示:在切削过程中发现进给困难或切不动工件时,应退出切刀检查切刀安装是否正确,切削刃是否完好。

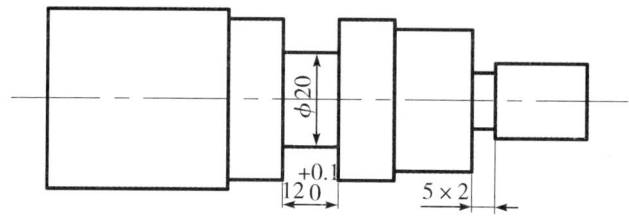

图 7-12　切沟槽

第六步:倒角。

如图 7-13 所示,倒 $Ø38_{-0.1}^0$、$Ø34_{-0.1}^0$、$Ø30_{-0.1}^0$、M16 外圆倒角 C1。刀具:45°车刀,主轴转速:630r/min,背吃刀量:1mm,安装方法:一夹一顶。

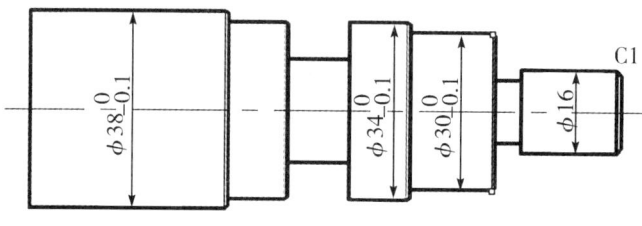

图 7-13　倒角

第七步:车螺纹。

如图 7-14 所示,车 M16-7g 螺纹。刀具:板牙,主轴转速:30r/min。

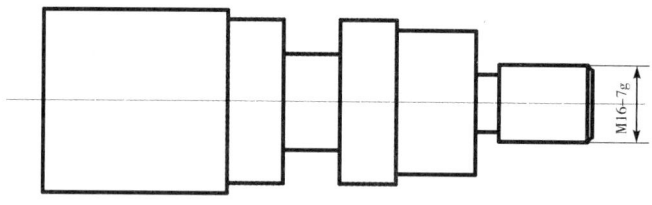

图 7-14　攻螺纹

第八步:切断。

切断使用切断刀,长度保证 118±0.1mm。

第九步:工件调头装夹,倒角。

二、铁锤锤柄的制作

铁锤锤柄工件成品图样如图 7-15 所示,工件直径为 Φ12mm,长度为 220mm,因此选择毛坯直径为14mm、长度为250mm的圆钢进行加工。

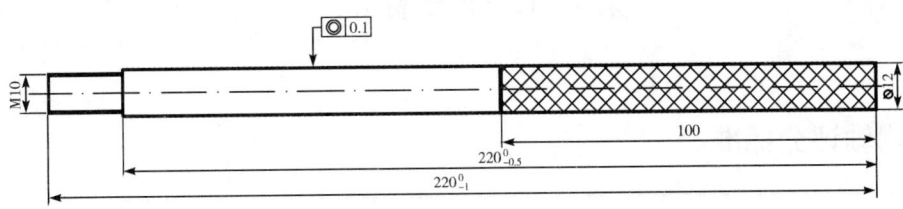

图7-15 铁锤锤柄

技术要求
1.边角去毛刺。
2.所选用钢材表面不得有点蚀、凹坑、划伤等缺陷且表面平整。
3.未标注头部倒角C1。
4.头部和尖角淬火处理。

锤柄加工步骤如下：

第一步：夹装工件在车床三爪卡盘内，工件伸出长度25mm。

第二步：使用45°刀将工件右端面车平。

第三步：尾座换上中心钻，在上一步车好的平面上打出中心孔，中心孔的作用是工件夹装定位。

第四步：重新夹装工件，工件伸出长度变为250mm，用活顶尖顶住工件固定牢固，并固定好尾座。

第五步：使用90°刀车出如图7-15所示尺寸的外圆面。注意背吃刀量为1mm，转速为700r/mim。

第六步：使用滚花刀在如图7 15所示的位置滚出花纹，转速110r/min，背吃刀量0.25mm。

第七步：使用切断刀将做好的锤柄从主体原材料上切断，转速350r/min，要求不能使用自动进刀，使用手动进刀模式。

第八步：使用45°刀将工件另一端端面车平并将两端倒角C1，转速700r/min。

第九步：使用板牙对Ø10mm的一端进行套丝操作，做出M10的外螺纹。

第六节 评分标准

阶梯轴评分标准

<table>
<tr><td rowspan="13">成绩评定</td><td>工位号</td><td colspan="2">学号</td><td>姓名</td><td colspan="2">总得分</td><td></td></tr>
<tr><td>项目</td><td colspan="2">质量检测内容</td><td>配分</td><td>评分标准</td><td>实测结果</td><td>得分</td></tr>
<tr><td>1</td><td colspan="2">Ø38 Ra3.2</td><td>10</td><td>超差酌情扣分</td><td></td><td></td></tr>
<tr><td>2</td><td colspan="2">Ø34 Ra3.2</td><td>10</td><td>超差酌情扣分</td><td></td><td></td></tr>
<tr><td>3</td><td colspan="2">Ø30 Ra3.2</td><td>10</td><td>超差酌情扣分</td><td></td><td></td></tr>
<tr><td>4</td><td colspan="2">M16x2-7g</td><td>5</td><td>超差酌情扣分</td><td></td><td></td></tr>
<tr><td>5</td><td colspan="2">40</td><td>5</td><td>超差酌情扣分</td><td></td><td></td></tr>
<tr><td>6</td><td colspan="2">12</td><td>5</td><td>超差酌情扣分</td><td></td><td></td></tr>
<tr><td>7</td><td colspan="2">槽 5×2</td><td>5</td><td>超差酌情扣分</td><td></td><td></td></tr>
<tr><td>8</td><td colspan="2">Ø20</td><td>5</td><td>超差酌情扣分</td><td></td><td></td></tr>
<tr><td>9</td><td colspan="2">118、25、30、36</td><td>20</td><td>超差酌情扣分</td><td></td><td></td></tr>
<tr><td>10</td><td colspan="2">同轴度要求</td><td>5</td><td>超差酌情扣分</td><td></td><td></td></tr>
<tr><td>11</td><td colspan="2">倒角、去毛刺</td><td>5</td><td>超差酌情扣分</td><td></td><td></td></tr>
<tr><td colspan="7">现场记录：</td></tr>
</table>

思考题

1. 车床的主参数是什么?

2. 主轴的转速是否就是切削速度?主轴转速提高,刀架移动就加快,是否就意味着进给量的加大?

3. 为什么车床用途最广泛,被誉为机床之母?

第八章　铣工

【教学目标】

知识目标

1. 了解铣床的安全操作守则及实训要求。
2. 了解金属铣削加工的基础知识。
3. 熟悉卧式铣床和立式铣床的组成、运动、用途及传动系统。
4. 了解铣床的种类、结构及主要附件的应用。
5. 能根据零件的特点及机床的类型选择合适的刀具并进行安装。
6. 熟悉零件的装夹、掌握常用的铣削方法。

能力目标

1. 能按图样要求进行平面、键槽和成形表面等基本铣削加工。
2. 理解铣床刀具和切削用量的选择对加工工件的影响。
3. 能对工件的铣削加工进行初步的工艺分析,了解顺铣和逆铣的区别。

第一节　概述

一、铣工安全操作守则

(1)操作者必须穿工作服,戴安全帽,长头发须压入帽内,不能戴手套操作,以防发生人身事故。

(2)多人共同使用一台铣床时,只能一人操作,并注意他人的安全。

(3)开车前,检查各手柄的位置是否到位,确认正常后才准许开车。

(4)开动铣床后人不能靠近旋转的铣刀,更不能用手去触摸刀具和工件。

(5)对刀时慢速进行,刀接近工件时,不准快速吃刀,在正走刀时不准停车,铣深槽时要停车退刀。快速进刀时要注意操作手柄,以免伤人。

(6)装夹工件要牢固,所用扳手要符合标准规格。在机床上装夹工件、刀具要紧固,调整机床、变速及测量工件等必须停车。

(7)发生事故时,立即关闭铣床电源。

(8)工作结束后,关闭电源,清除切屑,认真擦净机床,加油润滑,以保持良好的工作环境。

二、铣削加工的基础知识

铣削加工是在铣床上用铣刀对工件进行的铣削加工。铣削是金属切削加工中常用的方法之一,适用于平面、斜面、垂直面、台阶面、各种沟槽和成型面,有时孔的钻、镗加工,也可在铣床上进行。

(一)铣削的特点

在铣削时,刀具的旋转运动是主运动,工件或刀具的移动是进给运动。铣削时,一般情况下可有几个刀齿同时参加切削,且没有空行程,并可采用较高的切削速度,所以通常铣削的生产率比较高。但由于铣削时铣刀刀齿不断地切入和切出,使切削力不断变化,因此易产生振动和冲击。

铣削的两平行面之间的尺寸精度可达 IT9~IT7,直线度可达 0.08mm/m~0.12mm/m,表面粗糙度 Ra 值可达 6.3~1.6μm。铣削一般属于粗加工或半精加工。高精度铣削加工的精度可达 IT6~IT5,表面粗糙度 Ra 值可达 0.2μm。

(二)铣削的用量及选择

1. 铣削速度

铣削速度是铣刀主运动的线速度,即铣刀刀刃上最大回转直径处在一分钟内所走过的距离。铣削速度的选择可参考表 8-1。

$$计算公式为:V = n\pi d/1000$$

式中:n——铣刀转速,单位为 r/min 或 r/s

D——铣刀直径,单位为 mm

表 8-1 铣削速度的选取　　　　　　　　　单位 m/min

工件材料	高速钢铣刀	硬质合金铣刀	说明
20 钢	20~45	150~190	1. 粗铣时取小值,精铣时取大值 2. 工件材料的强度和硬度较高时取小值,反之取大值 3. 刀具材料耐热性好时取大值,反之取小值
45 钢	20~35	120~150	
HT150	14~22	70~100	
黄铜	30~60	120~200	
铝合金	112~300	400~600	
不锈钢	16~25	50~100	

速度确定后,应换算成转速 $n = 1000V/\pi D$(r/min)

2. 铣削进给量

铣削时进给量的大小有下列三种表示方法:

（1）S_z（每齿进给量）:铣刀每转过一个刀齿时,铣刀与工件沿进给方向所移动的距离,每齿进给量的选择可参考表 8-2。

表 8-2 每齿进给量的选取　　　　　　　　　单位 mm/z

刀具名称	高速钢铣刀		硬质合金铣刀	
	铸铁件	钢件	铸铁件	钢件
圆柱铣刀	0.12~0.2	0.1~0.15	0.2~0.5	0.08~0.20
立铣刀	0.08~0.15	0.03~0.06	0.2~0.5	0.08~0.20
套式端铣刀	0.15~0.2	0.06~0.10	0.2~0.5	0.08~0.20
三面刃铣刀	0.15~0.25	0.06~0.08	0.2~0.5	0.08~0.20

（2）S_r（每转进给量）:铣刀每转一转时,铣刀与工件沿进给方向所移动的距离,单位为 mm/r。

（3）S_{min}（每分钟进给量）:进给开始铣刀旋转一分钟,铣刀与工件沿进给方向所移动的距离,单位为 mm/min。

一般在选取进给量时,首先根据刀具和工件材料确定 S_z,再确定铣削速度 V,最后按每分钟进给量 S_{min} 来调整机床进给量的大小(铣床名牌上给出的进给速度是每分钟进给速度)。

三者之间的关系为: $S_{min} = nS_r = nZS_z$

式中:Z——铣刀齿数；

n——铣刀的转速(r/min)

3. 铣削深度 t

铣削深度是指待加工表面和已加工表面的垂直距离,加工时可参考表 8-3。

表 8-3　铣削深度的选取　　　　　　　　　　　　单位 mm

工件材料	高速钢铣刀		硬质合金铣刀	
	粗铣	精铣	粗铣	精铣
铸铁	5~7	0.5~1	10~18	1~2
软钢	<5	0.5~1	<12	1~2
中硬钢	<4	0.5~1	<7	1~2
硬钢	<3	0.5~1	<4	1~2

4.铣削宽度

铣削宽度为主切削刃参加工作的长度,是沿垂直于走刀方向,测量出的已加工表面的宽度,单位为 mm。

5.铣削用量的选择原则

粗加工为了保证必要的刀具耐用度,应优先采用较大的切削深度,其次是较大的进给量,最后才是根据刀具耐用度的要求选择适宜的切削速度,这样选择是因为切削速度对刀具的耐用度影响最大,进给量次之,切削深度影响最小。精加工时为减小工艺系统的弹性变形,必须采用较小的进给量,同时可以抑制积屑瘤的产生。对于硬质合金刀具,应采用较大的切削速度,对于高速钢刀具,应采用较小的切削速度,如铣削过程中不产生积屑瘤时,也应采用较大的切削速度。

(三)铣削方式的选择

1.圆周铣刀的顺铣和逆铣

用圆周铣刀加工平面时,有两种铣削方式,即顺铣和逆铣,如图 8-1 所示。

(1)顺铣:当铣刀旋转方向与工件移动方向相同时为顺铣。

顺铣切削过程的特点是每齿切削厚度由最大到零。但采用顺铣时,水平方向分力与纵向走刀方向相同,且大小变化,使铣床工作台的丝杠与螺母之间不可避免地有一定间隙,工件连同工作台就可能发生窜动,从而造成铣削过程产生振动和进给不均匀,严重影响表面粗糙度,加剧铣刀磨损,甚至会发生打刀现象。

(2)逆铣:当铣刀旋转方向与工件移动方向相反时为逆铣。逆铣切削过程的特点是每齿切削厚度由零逐渐增加到最大,刀刃在开始时不能立刻切入工件,而是挤压加工表面,在其上滑移一小段距离,这样,使刀刃磨损加剧,工件已加工表面冷硬现象严重,影响工件表面质量。逆铣时,每齿所产生的水平方向分力与纵向走刀方向相反,使铣床工作台的丝杠与螺母在右侧面是始终接触,没有窜动现象。

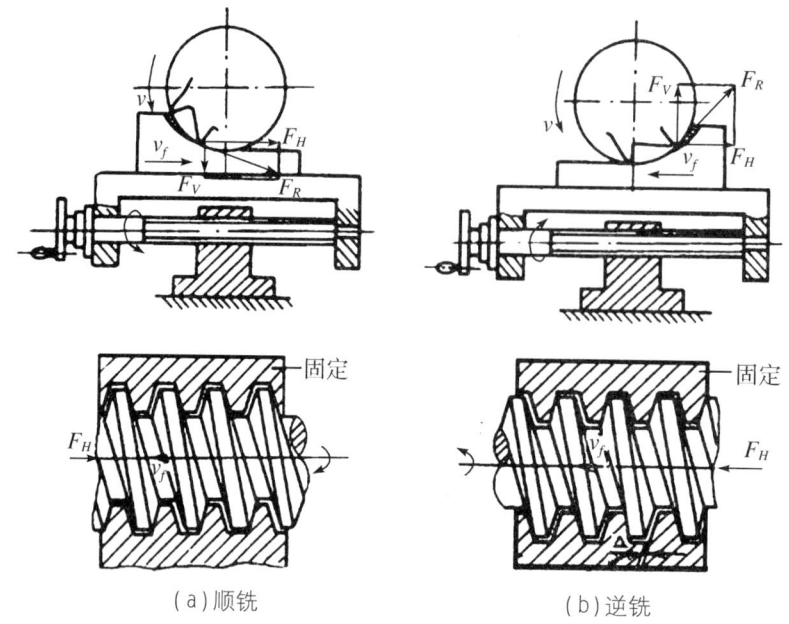

图 8-1 圆铣刀的顺铣和逆铣

(3)顺铣和逆铣的合理选用:在铣床上进行周铣时,一般采用逆铣。只有加工不易夹紧和长而薄的工件或铣削力在水平方向分力小于工作台与导轨之间的摩擦力时,宜采用顺铣。有时为改善铣削质量而采用顺铣时,必须通过间隙调整装置,使铣床工作台的丝杠与螺母之间间隙控制在 0.01~0.04mm。

2. 端铣刀的对称铣和不对称铣

端铣时,根据铣刀相对于工件安装位置的不同,可分为对称铣和不对称铣如图 8-2 所示。

(1)对称铣削。工件安装在端铣刀的对称位置上,即铣刀轴线位于铣削弧长的对称中心位置,称为对称铣削。对称铣削时,切入切出切削厚度一样,具有较大的平均厚度,可使刀齿在加工表面冷硬层下铣削,避免了铣削开始时对加工表面的挤刮,能获得比较均匀的已加工表面。

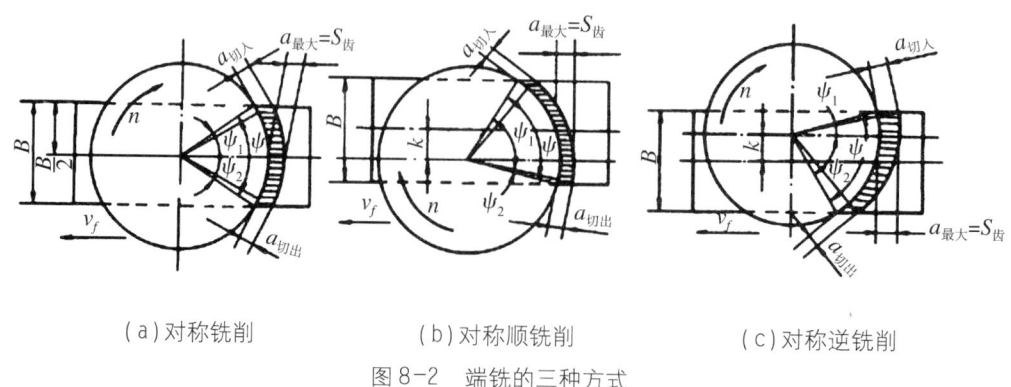

图 8-2 端铣的三种方式

(2)不对称铣削。工件安装偏于端铣刀回转中心一侧时为不对称铣削。不对称铣削时,刀齿切入与切出的切削厚度不相等。根据铣刀切入时在水平方向分力与进给方向是否相同分为:不对称顺铣和不对称逆铣。

(3)对称铣和不对称铣的合理选用。一般端铣采用不对称逆铣,只有在加工短而宽或较厚工件时采用对称铣削。不对称铣削法,可以调节切入边和切出边的切削厚度,切削较平稳,有利于提高刀具耐用度。

(四)切削液

切削液在切削中主要起冷却和润滑的作用,也可起到清洗和防锈的作用。切削液应根据工件的材料、刀具的材料和加工性质等具体条件合理选用。用硬质合金铣刀进行高速铣削时,或铣削铸铁、黄铜等脆性材料时,一般不用切削液。粗加工时,应选用以冷却为主的,并具有一定润滑、清洗和防锈作用的切削液,如乳化液;精加工时,应选用以润滑为主的,并具有一定冷却、防锈作用的切削液,如切削油。

第二节　铣削加工所用的机床及其附件

一、铣床的类型及组成

铣床的种类很多,根据结构形式和用途不同,可分为卧式铣床、立式铣床、龙门铣床和数控铣床等,其中卧式铣床和立式铣床应用广泛。

(一)卧式升降台铣床

卧式升降台铣床是安装铣刀的主轴处于与地面水平的位置,如图 8-3 所示。它的主运动为铣刀的旋转运动,用于安装夹具和工件的工作台作进给运动。带有转台的卧式铣床,由于其工作台除了能作纵向、横向和垂直方向的移动外,还能在水平面内左右旋转45°,因此称为万能卧式铣床。

(二)立式升降台铣床

立式升降台铣床是安装铣刀的主轴处于与地面垂直的位置,它与卧式铣床的主要区别是它的主轴是直立的,并与工作台台面相垂直,如图 8-4 所示。

在结构上,立式铣床床身上部装有立铣头。立铣头内装有铣刀主轴,它将铣床的主运动转换为铣刀主轴的旋转运动,为了加工的需要立铣头能偏转一定角度,立铣床是生产中加工平面及沟槽效率较高的机床之一。

图 8-3 X6132 卧式升降台铣床
1-横梁 2-刀杆支架 3-纵向工作台 4-横向工作台 5-升降台 6-进给变速机构 7-底座
8-机床总开关 9-主轴电机 10-主轴变速机构 11-控制按钮 12-床身 13-主轴

图 8-4 X5032 立式升降台铣床
1-立铣头 2-主轴 3-纵向工作台 4-横向工作台 5-升降台 6-进给变速箱
7-底座 8-机床总开关 9-主轴电机 10-主轴变速机构 11-控制按钮 12-床身

（三）龙门铣床

龙门铣床用来加工大中型机器零件的平面、垂直面、倾斜面、导轨面、箱体等多表面加工,如图 8-5 所示。它可以同时用几个铣头对工件的几个表面进行加工,所以生产率高,适合成批、大量生产以及粗、精加工。龙门铣床有单轴、双轴、四轴等多种形式。

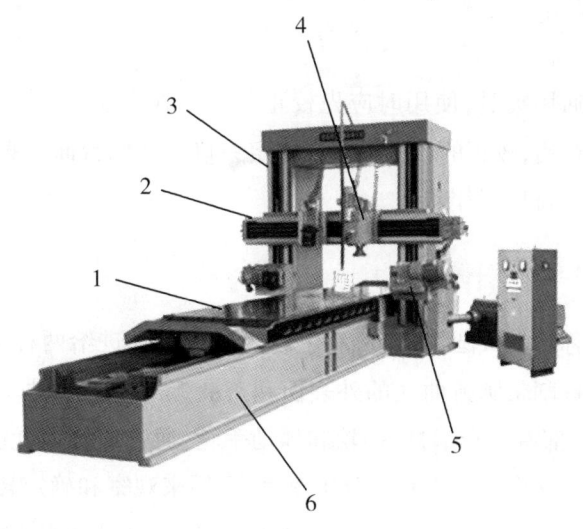

图 8-5　龙门铣床

1-工作台　2-横梁　3-立柱　4-垂直主轴箱　5-水平主轴箱　6-床身

（四）数控铣床

数控铣床是综合应用了电子、计算机、自动控制、精密测量等新技术成就而出现的精密、自动化的新型机床，如图 8-6 所示。它主要适合于单件和小批量生产，加工表面形状复杂、精度要求高的工件。

图 8-6　数控铣床

1-控制面板　2-冷却箱　3-工作台　4-排屑器　5-主轴

二、铣床的主要附件

铣床的主要附件有平口钳、万能铣头、回转工作台和分度头等。

(一) 平口钳

平口钳是一种通用夹具,使用时应先校正其在工作台上的位置,然后再夹紧工件。可用划针盘校正平口钳,校正的目的是保证固定钳口与工作台面的垂直度、平行度,校正后用T形螺栓固定在铣床工作台上。

(二) 回转工作台

回转工作台又称转盘或圆工作台,有手动进给或机动进给两种进给形式,其主要功用是工件的分度及铣削带圆弧曲线的外表面和有圆弧沟槽的工件。手动回转工作台如图8-7所示,它的内部有一套蜗杆、蜗轮和摇动手轮,通过蜗杆轴,就能直接带动与转台相连接的蜗轮传动。转台面上有0°~360°刻度,可用来观察和确定转台的位置。拧紧固定螺钉,转台就固定不动。转台中央有一基准孔,利用它可以方便地确定工件的回转。

铣圆弧槽时,工件装夹在回转工作台上,铣刀旋转,用手均匀缓慢地摇动回转工作台而在工件上铣出圆弧槽来。

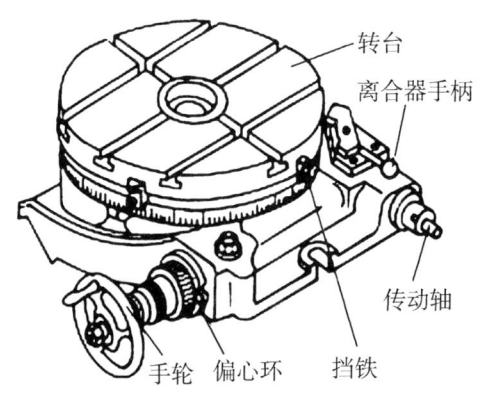

图8-7 回转工作台

(三) 分度头

分度头是万能铣床的重要附件。在铣床上加工某些零件(如齿轮、花键轴、离合器片、蜗轮、蜗杆等)和切削刀具(丝锥、绞刀、麻花钻等)时,都要使用分度头。它可以使工件转动一定的角度,把工件圆周分成任意等分。当铣削螺旋槽或螺旋齿轮时,能使工件的转动与工作台的移动以一定的传动比联系起来,并可把工件的轴心相对与工作台装置成所需的水平、垂直或倾斜的角度。

1. 分度头的构造

分度头的构造,如图8-8所示。在它的基座上有回转体,分度头主轴可随回转体在垂直平面内转动。主轴的前端常装有三爪卡盘或鸡心夹头。分度时可摇手柄通过单线蜗杆蜗轮副,使分度头主轴旋转进行分度。

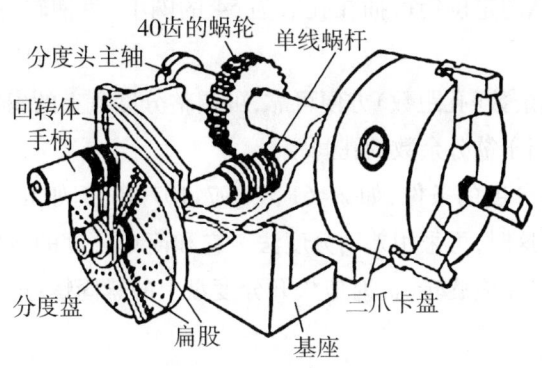

图 8-8　分度头构造

如图 8-9 所示为分度头的传动示意图及分度盘。当手柄转一圈时通过一对传动比为 1∶1 螺旋齿轮传动,是单线蜗杆也转一圈。由于蜗轮的齿数为 40,所以当蜗杆转一圈时,蜗轮带动主轴只转过 1/40 圈。若工件在整个圆周上分度数为 Z,分度手柄要转的圈数以 n 表示,由比例关系可知:1∶40＝1/z∶n,即 N＝40/z。

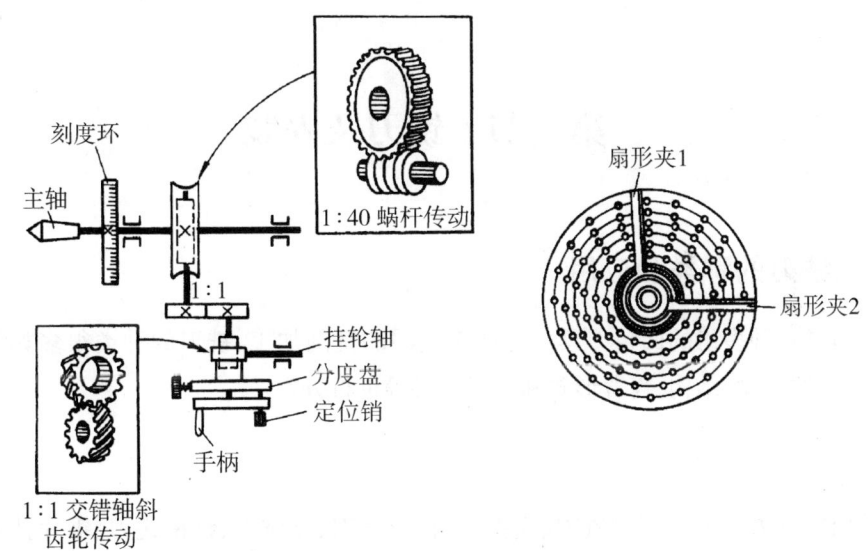

图 8-9　分度头传动系统及分度盘

2. 分度方法

例如铣 36 个齿的齿轮,手柄在每次分度时应转过的圈数为:

$$n=\frac{40}{z}=\frac{40}{36}=1\frac{1}{9}$$

这个非整圈数一般是通过分度盘来控制。分度头共备有两块分度盘:第一块分度盘正面各圈孔数依次为:24、25、28、30、34、37,反面各圈孔数依次为:38、39、41、42、43;第二块分度盘正面各圈孔数依次为:46、47、49、51、53、54,反面各圈孔数依次为:57、58、59、62、66。

简单分度时,分度盘固定不动,此时将分度手柄上的定位销拔出,调整到孔数为 9 的倍数的孔圈上,即手柄的定位销可插在孔数为 54 的圈上,手柄转过一圈后,再沿孔数为 54 的孔圈转 6 个孔距。

为使手柄转过的余数(孔距数)方便可靠,可调整分度盘上的扇形夹 1、2 如图 8-9 所示间的距离,使之相当于欲分余数的孔间距。

如果不符合简单分度的条件,如 z=61、83、97、107 等,例如 n=40/z=40/61,而分度盘又没有 61 的孔圈,这时,可采用差动分度法。它和简单分度的区别是手柄相对分度盘分度的同时,分度盘也相应旋转(此时应松开分度盘上的紧固螺钉)。

(四)万能铣头

万能铣头装在卧式铣床上,其底座用四个螺栓固定在铣床垂直导轨上,铣床主轴的运动可以通过铣头内的两对齿数相同的锥齿轮传递到铣刀主轴,因此铣头主轴的转速级数与铣床的转速级数相同。卧式铣床通过万能铣头不仅能完成各种立铣的工作,而且还可以根据铣削的需要,将铣头主轴扳转成任意角度,扩大卧式铣床的加工范围。

第三节 铣刀及安装

一、铣刀的种类和应用

铣刀是一种多齿的回转刀具。为适应不同的铣削加工,铣刀的种类很多如图 8-10 所示,一般按用途、结构、齿背形式和刀齿数目等进行分类。

(一)按用途分类

按用途铣刀可分为圆柱铣刀、面铣刀、盘形铣刀、立铣刀、键槽铣刀、锯片铣刀、角度铣刀和成型铣刀等。

(二)按结构分类

按结构铣刀可分为整体式、焊接式、可转位式和装配式等。

(三)按齿背形式分类

按齿背形式铣刀可分为铲齿铣刀和尖齿铣刀。

(四)按刀齿数目分类

按刀齿数目铣刀分粗齿铣刀(8~10个刀齿)和细齿铣刀(12个刀齿以上)。粗齿用于粗加工,细齿用于精加工。

铣刀的材料主要有高速钢和硬质合金两种。高速钢铣刀:这类铣刀有整体式和镶齿式两种。尺寸较小的铣刀做成整体式,较大的铣刀做成镶齿式。硬质合金铣刀:这类铣刀一般不采用整体式,硬质合金刀片以焊接或机械夹固的方式镶装在铣刀刀体上。

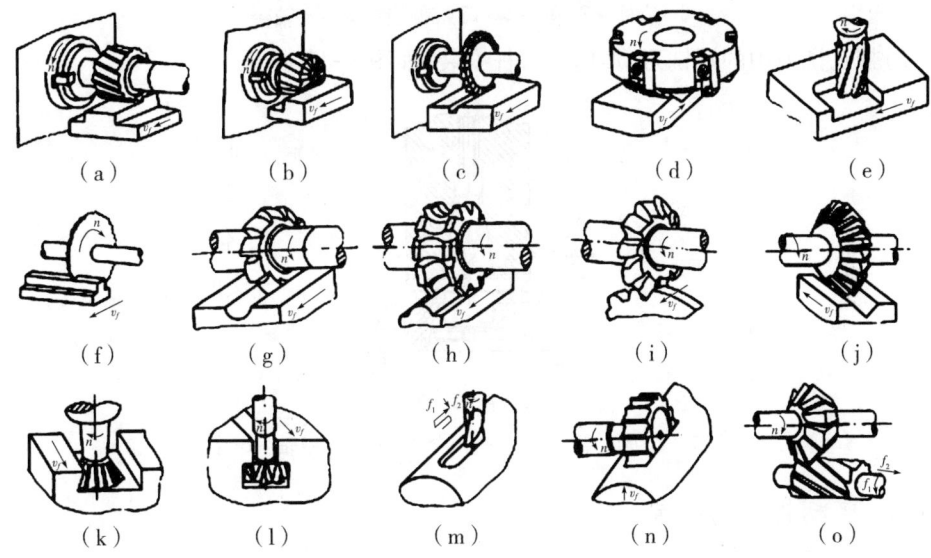

(a)圆柱形铣刀铣平面 (b)套式立铣刀铣台阶面 (c)三面刃铣刀铣直角 (d)端铣刀铣平面
(e)立铣刀铣凹平面 (f)锯片铣刀切断 (g)凸半圆铣刀铣凹圆弧面 (h)凹半圆铣刀铣凸圆弧面
(i)齿轮铣刀铣齿轮 (j)角度铣刀铣V形槽 (k)燕尾槽铣刀铣燕尾槽 (l)T形铣刀铣T形槽
(m)键槽铣刀铣键槽 (n)半圆键槽铣刀铣半圆键槽 (o)角度铣刀铣螺旋槽

图 8-10　铣刀的名称和应用

二、铣刀的安装

(一)带孔铣刀的安装

(1)带孔铣刀中的圆柱形、圆盘形铣刀,多用长刀杆安装,如图 8-11 所示。安装带孔铣刀时应先按铣刀内孔选择相应刀杆,再将刀杆锥柄塞入主轴锥孔,在刀杆上套入定位套和铣刀,收紧拉杆使刀杆锥面和锥孔紧密配合。

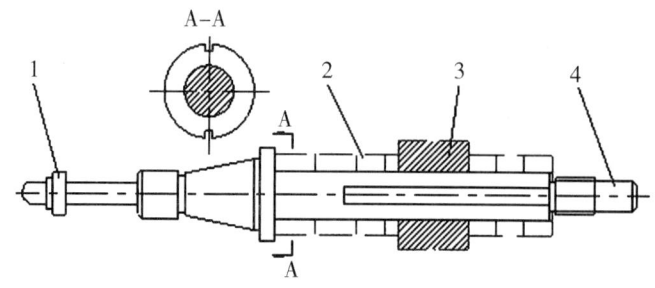

图 8-11 用长刀杆安装铣刀

1—拉杆 2—固定环 3—圆柱铣刀 4—轴径

(2) 带孔铣刀中的端铣刀,多用短刀杆安装,如图 8-12 所示。

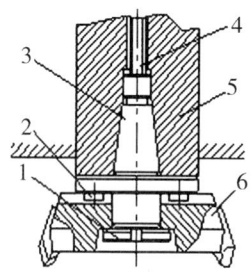

图 8-12 用芯轴安装铣刀

1—螺钉 2—转动键 3—芯轴 4—拉杆 5—主轴 6—铣刀

(二) 带柄铣刀的安装

立铣刀、键槽铣刀和 T 型槽铣刀都是带柄铣刀。按柄部结构的不同可分为直柄铣刀和锥柄铣刀,其安装方法如下:

1. 直柄立铣刀的安装

这类铣刀多为小直径铣刀,一般不超过 20mm,多用弹簧夹头安装,如图 8-13 所示。

2. 锥柄立铣刀的安装

当锥柄立铣刀柄部锥度与铣床主轴孔锥度相同时,可直接安装在主轴锥孔内,如图 8-14(a) 所示。当柄部锥度与铣床主轴锥孔维度不同时,可用过渡套安装,如图 8-14(b) 所示。安装锥柄铣刀时应用螺杆拉紧。

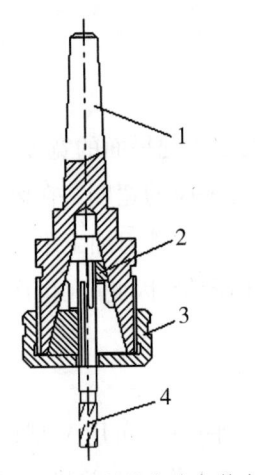

图8-13 用弹簧夹头安装直柄铣刀
1—锥柄 2—弹簧夹头 3—螺母 4—立铣刀

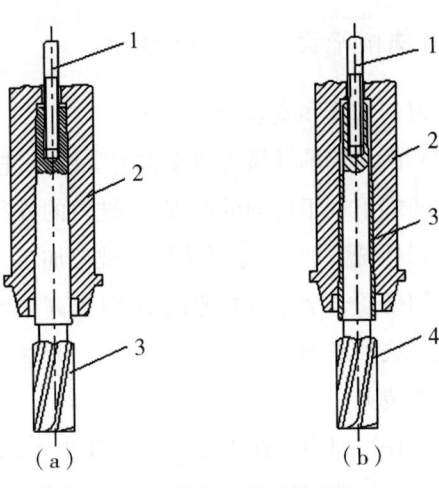

图8-14 锥柄立铣刀的安装
1—拉杆 2—主轴 3—立铣刀
1—拉杆 2—主轴 3—过渡套 4—立铣刀

(三)铣刀在安装中应注意的问题

(1)安装前要把刀杆、固定环和铣刀擦拭干净,防止污物影响刀具安装精度。装卸铣刀时,不能随意敲打。安装固定环时,不能互相撞击。

(2)在不影响加工的情况下,尽量使铣刀靠近主轴轴承,使吊架尽量靠近铣刀,以提高刀杆的刚度,安装铣刀时,应使铣刀旋转方向与刀齿切削刃方向一致。安装螺旋齿铣刀时,应使铣削时产生的轴向分力指向床身。

(3)铣刀装好后,再把吊架装好,然后紧固螺母,压紧铣刀,防止刀杆弯曲。

(4)安装铣刀后,缓慢转动主轴,检查铣刀径向跳动量。如果径向跳动量过大,应检查刀杆与主轴、刀杆与铣刀、固定环与铣刀之间结合是否良好,如发现毛病,应加以修复。最后,还要检查各紧固螺母是否牢固。

第四节 铣削加工基本操作

一、铣平面

铣削在平面加工中有较高的质量和效率,是平面加工的主要方法之一。按照工件平面的位置可分为水平面(简称平面)、垂直面、平行面、斜面和台阶面。常用圆柱铣刀、端铣刀和三面刃铣刀在卧式铣床或立式铣床上加工。

（一）铣削平面

1. 铣刀的选择和安装

铣削平面多用圆柱铣刀或端铣刀。圆柱铣刀宽度必须大于所铣平面的宽度，这是因为铣刀的两端不利于切削的原因，端铣刀的外径也要大于所铣平面的宽度。在卧式铣床上多选用圆柱铣刀加工，也可选用端铣刀加工。而立式铣床上用端铣刀加工平面。端铣刀可以采用硬质合金进行高速铣削，以提高生产率和加工表面质量，因此，在生产上广泛采用端铣刀铣削平面。

2. 工件装夹

工件可在平口钳或在工作台上直接装夹，铣削圆柱体上的平面时，可用 V 型铁装夹。

装夹工件一般采用平口钳。工作时先将平口钳安装在铣床工作台上并找正，使钳口与工作台纵向进给方向一致，将平口钳的钳口和底面擦干净，放置平行垫铁使工件高出钳口适当高度，夹紧并用锤子轻轻敲击工件，拉动垫铁检查是否贴紧工件。

3. 铣削用量的选择

根据工件材料、所选铣刀材料及直径、加工余量、加工尺寸精度的要求确定铣削用量。一般要分粗加工和精加工。

4. 铣削操作方法

（1）用圆柱铣刀加工平面（以立式升降台为例）。移动工作台使工件处于圆柱铣刀的下方开始对刀。启动机床待铣刀旋转后，再摇动升降台手柄，使工件缓慢上升，当铣刀和工件刚刚接触时记下升降刻度盘刻度值。然后下降工作台（下降手柄旋转一周），摇动纵向手柄退出工件，按毛坯实际尺寸调整铣削深度 t（反方向上升工作台时要加上下降的一周）。余量不大时可采用逆铣法一次进给铣削至图纸要求，否则可分粗铣和精铣。停车卸下工件检测。

（2）用端铣刀加工平面。对刀操作方法与圆柱铣刀对刀操作基本相同。所不同的是端铣刀对刀时使用端面切削刃切痕，而圆柱铣刀对刀是用圆周切削刃切痕。对刀后，应采用不对称逆铣法加工至图纸要求。

二、铣削垂直面和平行面

（一）铣削垂直面

与基准面相互垂直的平面称为垂直面。在卧式铣床上用圆柱铣刀和在立式铣床上用端铣刀铣出的平面，都与工作台面平行。所以，若将工件基准面装夹成与工作台面垂直即可铣出垂直面。至于加工方法，除了工件的装夹有要求外，其他与铣平面基本相同。

1. 用平口钳装夹工件

在平口钳上装夹工件时,必须使工件基准面与固定钳口贴紧,以保证铣削面与基准面垂直,这是由于固定钳口与工作台面垂直的缘故,因为工件和活动钳口夹持面一般为毛坯面或与基准面不平行,所以,常在工件和活动钳口之间垫一根圆棒或窄平铁,以保证加紧后工件的位置不动。

2. 用压板装夹工件

在卧式铣床上用端铣刀加工。装夹时,将铣床工作台面和工件基准面擦干净,使它们能紧密贴合,用压板、垫铁、T形螺栓紧固。

(二)铣削平行面

与基准面相互平行的平面称为平行面。当工件基准面与铣床工作台台面平行或直接贴合时,在立式铣床上用端铣法或在卧式铣床上用周铣法均可铣出平行平面。当工件基准面与铣床工作台台面垂直,并与进给方向平行时,在立式铣床用周铣法或在卧式铣床用端铣法也可铣出平行面。

1. 用平口虎钳装夹工件

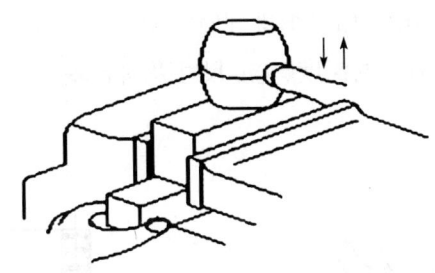

图 8-15　用平口钳装夹工件

在平口虎钳上装夹工件时,若工件较厚,可使工件基准面直接和平口钳导轨面贴合;若工件厚度较小时,可在工件下面垫上厚度合适的平行垫铁如图 8-15 所示,在立式铣床上用端铣法或在卧式铣床上用周铣法均可铣出与工件基准面平行的平面。

2. 在工作台上装夹工件

在卧式铣床上用端铣刀可加工与工件基准面平行的平面。将工件压紧在工作台台面上,用划针盘或百分表对工件的基准面找正,使之与工作台台面垂直,并与工作台进给方向平行。

三、铣削斜面和阶台

(一)铣削斜面

工件上与基准面倾斜的平面称为斜面,它与基准面可以相交成任意角度。铣削斜面通常采用转动工件、转动立铣头和用角度铣刀等铣削方法。

1. 转动工件铣削法

（1）根据划线装夹。铣削前按图纸要求在工件表面划出斜面的轮廓线，打好样冲眼，然后把工件装夹在平口钳上，用划针盘校正斜面轮廓线，适宜单件小批量生产。

（2）在万能平口钳上装夹。万能平口钳除可绕垂直轴旋转外，还可以绕水平轴旋转，这种方法简单方便，但由于平口钳刚度差，故只适用于较小的工件。

（3）用斜垫铁装夹。先将工件放在倾斜角与工件斜面相同的斜垫铁上，再用平口钳或压板夹紧。这种方法简单可靠，多用于小批量生产。

2. 转动立铣头铣削法

这种铣削法多用于立式铣床上，立铣头主轴转动角度应与斜面斜角相同。如图8-16所示为用端铣刀铣斜面的情况。

3. 用角度铣刀铣削法

这种方法就是选择合适的角度铣刀铣斜面。

（二）铣阶台

生产中带阶台的工件很多，如T形键、凸块、阶梯垫铁等。阶台有两个互相垂直的平面组成。主要技术要求是阶台的深度、宽度尺寸及阶台垂直度。阶台面可用三面刃铣刀或立铣刀加工。

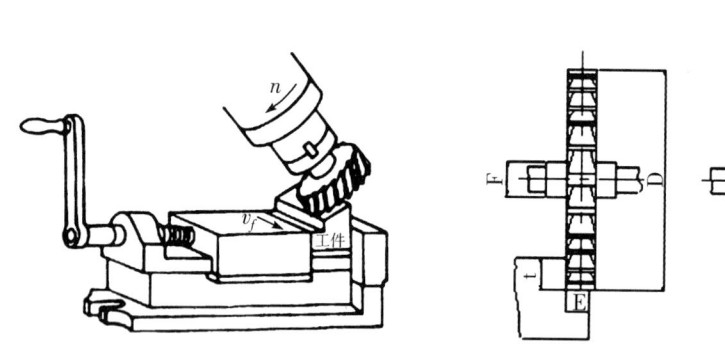

图8-16　用端铣刀铣斜面　　图8-17　用三面刃铣刀铣削凸台

1. 用单个铣刀加工

这种铣削多在卧式铣床上进行，如图8-17所示。选择铣刀时应注意铣刀宽度应大于阶台宽度，铣刀外径应大于固定环外径与阶台深度2倍之和。为减少铣刀切入和切出的距离，在满足上述条件下，应使铣刀外径尽量小些。加工中，由于单边刀齿受力，容易出现让刀现象，向另一边偏斜，故加工精度不高。阶台应从深度方向分几次铣削，以减少让刀现象。

2. 用组合三面刃铣刀加工

选择两个规格相同三面刃铣刀,铣刀间用垫圈按阶台宽度尺寸隔开,铣刀夹紧后用游标卡尺检验铣刀间的距离应比阶台宽度尺寸稍大0.1~0.3mm,并要进行试切,以保证加工精度。

3. 用立铣刀加工

铣削和调整方法与用三面刃铣刀铣削阶台基本相同。铣削时应注意夹牢铣刀,防止周向铣削分力使铣刀松动。

四、铣削键槽

一般传动轴上都带有键槽,其主要技术要求:键槽两侧面与轴线的对称度和平行度,键槽的宽度、长度和深度应符合图样要求,键槽两侧面粗糙度一般应达到Ra值为0.0032~0.0016mm。

(一)敞开式键槽的铣削

铣敞开键槽,可在立式铣床或卧式铣床上进行。一般在卧式铣床上多采用三面刃圆盘铣刀加工,因为铣刀的摆动会扩大槽宽尺寸,所以铣刀宽度应比所需加工键槽小一些。

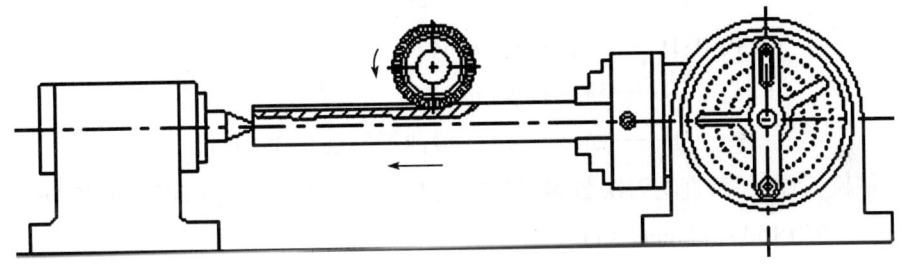

图8-18 用分度头装夹工件

1. 工件定位与夹紧

在轴上铣键槽,常用平口钳、V形铁或分度头来装夹工件如图8-18所示。装夹时,应保证工件轴线与工作台面和纵向进给方向平行,装夹前必须校正夹具位置。

2. 对中心与调整切削深度

铣刀装夹好后,下一步就是使铣刀中心对准轴的中心和调整切削深度。

(1)按切痕对中心,如图8-19所示这种对刀方法,可使铣出的键槽的中心偏移量控制在0.05mm。

(2)按工件侧面对中心,如图8-20所示。调整铣槽深度的步骤是在轴的上面贴上一层纸,待铣刀划走纸后,记下工作台升降手柄的刻度值,然后将刀具退出工件,上升工作台至所需位置的高度。

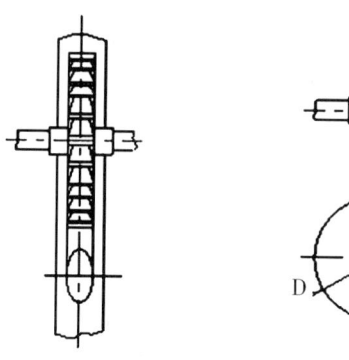

图 8-19 三面刃铣刀刀痕对刀

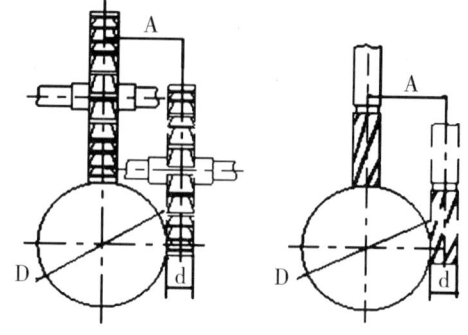

图 8-20 按工件侧面对中心

（二）封闭式键槽的加工

在轴上铣封闭式键槽，工件的安装及加工方法与敞开式键槽基本相似，不同的是封闭式键槽通常是在立式铣床上进行，一般用键槽铣刀或圆柱铣刀加工，按键槽宽度选取铣刀直径。

1. 用键槽铣刀加工

按侧面对中心如图 8-20 所示。

$$A = (D+d)/2 + b$$

式中：D——工件直径(mm)

　　　D——铣削宽度(mm)

　　　B——贴纸厚度(一般薄纸厚度 0.05mm)

用键槽铣刀加工，垂直吃刀次数多而每次吃刀深度 t 很小，约为 0.05~0.25mm，但纵向进给量大，约为 150~300mm/min。

2. 用立铣刀加工

按切痕对中心。如图 8-21 所示，方法同上。

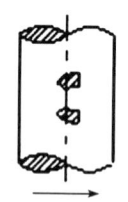　　　　　　　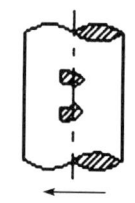

（a）工件应移动的方向　　　（b）中心对准的情况　　　（c）工件应移动的方向

图 8-21 立铣刀刀痕对中心

用立铣刀加工，立铣刀端面齿向下走刀进行切削是非常困难的，常常容易挤坏刀齿。一般是先在封闭式键槽两端圆弧处，用相同圆弧半径的钻头钻一个孔，然后用立铣刀水平送进铣削，这样就可以减轻端面齿加工的困难。

五、铣削 V 形槽、T 形槽和燕尾槽

(一)铣削 V 形槽

V 形槽常用双角铣刀在卧式铣床上进行。双角铣刀的角度等于 V 形槽的角度,宽度应大于 V 形槽的宽度。铣削前先用锯片铣刀在槽的中间铣出窄槽,以防止损坏铣刀尖。

V 形槽也可用单角铣刀铣削,铣完一边后,必须将铣刀或工件卸下来并翻转180°,再铣另一边。对于尺寸较大,等于或大于90°的 V 形槽,也可用立铣刀铣削。

(二)铣削 T 形槽

T 形槽一般是放置紧固螺栓用的。铣削前先按划线找正工件位置,使 T 形槽与工作台进给方向以及工作台台面平行,夹紧后按以下步骤铣削:

(1)铣削直槽。先铣出宽度与槽口宽度相等、深度与 T 形槽深度相等的直槽。可选用三面刃铣刀或立铣刀,如图 8-22(a)所示。

(2)铣削 T 形槽。把铣刀端面刃调整到与直角槽底接触,然后开始铣削,如图 8-22(b)所示。

(3)槽口倒角。如果 T 形槽槽口要求倒角,应在铣削后用角度铣刀倒角,如图 8-22(c)所示。

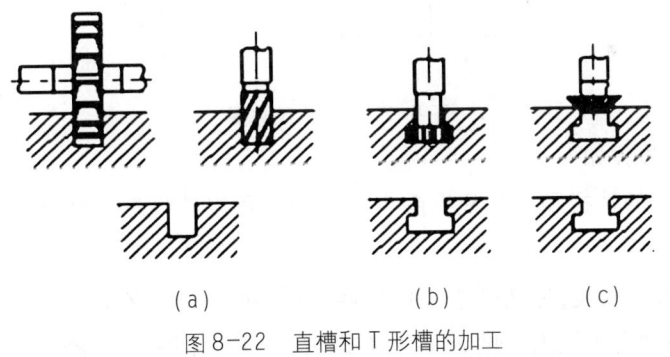

图 8-22 直槽和 T 形槽的加工

(三)铣削燕尾槽

燕尾槽多用于机床的导轨。燕尾槽可在铣床上加工,其方法与铣削 T 形槽相同,即先铣出直槽,然后再用带柄的角度铣刀铣削出燕尾槽。铣削完后,先用游标万能角尺检验燕尾槽的角度,再用游标卡尺检验槽的宽度和深度。对于精度要求较高的燕尾槽,应进行间接测量。

第五节 工件制作

一、锤头的制作

锤头的成品图如图8-23所示,工件铣削加工的尺寸是长度为100mm,端面是边长为20mm的正方形,另一端再把两对面铣削成9°的斜面,因此毛坯应选择长度为102～105mm,边长为24mm的方钢。根据第四节所学内容,分析锤头的加工工艺,该锤头的铣削有平面的铣削、垂直面的铣削、斜面的铣削。

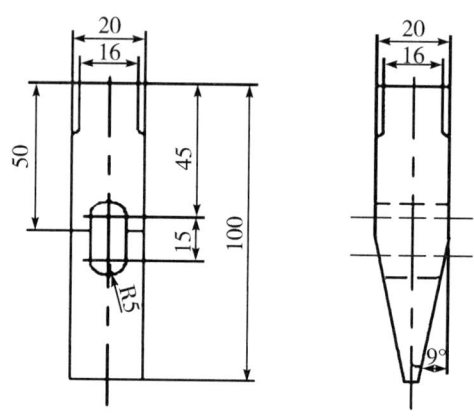

图8-23 锤头尺寸图

锤头的铣削步骤如下:

第一步:铣刀的选择和安装根据图8-10所示,可以选择端面铣刀或圆柱铣刀(以端面铣刀为例)。

第二步:工件的安装,先铣削正方体的四个面,用平口钳夹持工件,使工件的上表面露出平口钳的高度大于铣削厚度3mm左右即可(上表面到平口钳的高度为5mm左右),注意工件下表面一定要垫平,夹紧工件。

第三步:对刀铣平面,使工件快速接近刀具,手动使工件轻轻接触刀具,把刻度清零或记下该刻度,向下退刀一周,把工件与刀具沿进刀的方向离开一定的距离(5mm左右),向上进刀1.5mm(先向上进一周再进1.5mm),自动走刀铣削平面,平面都见光即可,如有没有铣光的,可根据表面再适当进刀重铣平面。

第四步:工件与刀的进刀位置不变,把工件翻转90°,铣过的平面与平口钳的固定平面贴紧,工件下表面的垫块不变,保证上表面到平口钳的高度不变,夹紧工件。自动铣削工件,加工出第二个平面。

第五步:去除工件加工棱角的毛刺,把工件再翻转 90°,保证工件与固定平钳口和下面垫块都贴平,夹紧。测量余量,进刀再留 0.5mm 的余量,自动铣削,测量余量,进刀到精加工尺寸,自动加工平面。

第六步:去除工件加工毛刺,再把工件翻转 90°,保证工件与固定平钳口和下面垫块都贴平,夹紧。自动走刀加工平面。

第七步:夹持工件,保证夹持面与刀具垂直,同上对刀,铣削两端面,保证总长 100mm。

第八步:利用斜垫铁把长方体垫斜 9°,夹紧工件,同上面方法对刀,铣削斜面保证 50mm。同样方法翻转 180°铣削另一斜面。

第六节 评分标准

锤头铣削评分标准

	工位号		学号		姓名		总得分	
成绩评定	项目	质量检测内容		配分	评分标准		实测结果	得分
	1	100		20	公差在 0.1mm 以内为满分,超出酌情扣分			
	2	50		10	公差在 0.1mm 以内为满分,超出酌情扣分			
	3	20		30	公差在 0.1mm 以内为满分,超出酌情扣分			
	4	9°		20	公差在 1°以内为满分,超出酌情扣分			
	5	表面粗糙度 Ra6.3μm		10	超差酌情扣分			
		安全文明生产		10	违者不得分			
	现场记录:							

思考题

1. 铣削加工有何特点？其应用范围如何？
2. 如何正确安装三面刃铣刀和立铣刀？
3. 分度头有几种分度方法？如何进行简单分度？举例说明。
4. 试述铣床装夹工件的方法。用划针盘如何找正工件？
5. 顺铣和逆铣有何不同？生产中常用哪种方式？

第九章　刨工

【教学目标】

知识目标

1. 了解刨床的安全操作守则及实训要求。
2. 了解刨削加工的特点及加工范围。
3. 熟悉刨床的种类、结构、传动原理和操作方法。
4. 掌握平面刨刀的安装方法。
5. 掌握工件的装夹与找正方法。
6. 掌握平行面刨削的方法。

能力目标

1. 能根据加工零件的特点，选择和安装刀具，并能独立调整机床。
2. 熟悉零件的装夹，掌握一般的刨削方法。

第一节　概述

一、刨工安全操作守则

（1）操作者必须穿工作服、戴安全帽，长头发须压入帽内，不能戴手套操作，以防发生人身事故。

（2）多人共同使用一台刨床时，只能一人操作，并注意他人安全。

（3）刨刀须牢固地夹在刀架上，刀杆不得伸出太长，吃刀量不能太大，以防损坏刨刀。当遇到吃刀困难时应立即关车。

（4）开车前，检查各手柄的位置是否到位，确认正常后才准许开车。

（5）工件夹紧后，机床开动前，适当地调整滑枕的行程长度和初始位置。调整行程后,必须紧固拉杆和偏心。开车前应检查工作台面上有无工具和其他物品。

(6)启动刨床后,不能开机测量工件,以防发生人身事故。工作台和滑枕的调整不能超过极限位置,以防发生设备事故。

(7)发生事故时,立即关闭电源。

(8)工作结束后,关闭电源,清除切屑,认真擦净机床,加油润滑,以保持良好的工作环境。

二、刨削的特点及加工范围

在刨床上用刨刀对工件进行切削加工的方法叫刨削。刨削加工主要用来加工平面、燕尾槽、斜面、直角槽、T形槽、V形槽、台阶、成型面等,如图9-1所示。刨削可分为粗刨和精刨,刨削的表面粗糙度值可达 Ra 6.3～1.6μm,两平面之间的尺寸精度可达 IT9～IT7,直线度可达 0.04mm/m～0.12mm/m。

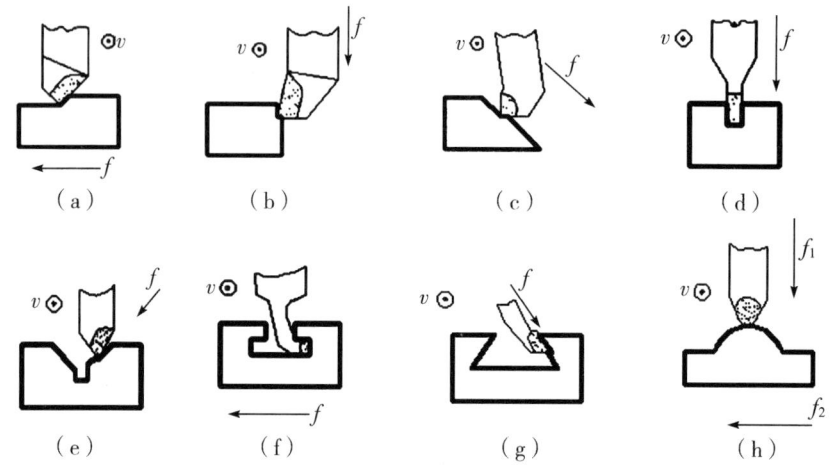

(a)平面刨刀刨水平面　(b)偏刀刨斜面　(c)斜刀刨斜面　(d)切刀刨槽
(e)偏刀刨V形槽　(f)弯切刀刨T形槽　(g)角度刨刀刨燕尾槽　(h)直头刨刀刨成型面
图 9-1　刨削的主要应用

刨削时,由于返程要克服惯性力,切削过程中又有冲击现象,故限制了刨削速度的提高,又因返程时刨刀不进行切削,故生产效率低,所以在批量生产中常被铣床等加工方法所代替。但对狭长表面的加工,刨削生产效率较高。由于刨刀的制造和刃磨简单而经济,生产准备时间短,机床调整灵活方便,加工适应性强,故在单件小批量生产及修配过程中,仍广泛应用。

三、刨削的主运动和进给运动

在切削过程中,主运动是提供切削可能性的运动,没有这个运动就无法进行切削。在切削过程中,主运动是速度最高,消耗动力最多的一个运动。进给运动是提供连续切削可能性的运动,没有进给运动就不能连续切削。牛头刨床的刀具直线往复运动为主运动,刨削水平面时工件的间歇移动为进给运动。

四、刨削用量三要素计算公式

(一)切削用量三要素

切削用量三要素是指切削速度 v、进给量 f(或进给速度 v_f)和切削深度 a_p。

刨削切削速度为:$V = 2Ln_r/1000 (m/min)$

式中,L——牛头刨床刨刀的往复行程长度(mm)

n_r——牛头刨床刨刀每分钟往复次数(str/min)

进给量:为刨刀每往复一次时,工件沿进给运动方向间歇移动的距离(mm/str)。

切削深度:为待加工表面与已加工表面的垂直距离(mm)。

(二)如何选择切削用量

粗加工时,应选择较大的切削深度,合适的进给量,较小的切削速度;精加工时,应选择较小的切削深度,合适的进给量,较大的切削速度。这样才能获得较高的加工精度和表面粗糙度。

粗刨时背吃刀量 2~4mm,进给量(刨刀每往复一次工件移动的距离)0.3~1mm/str;精刨时背吃刀量 0.5~2mm,进给量(刨刀每往复一次工件移动的距离)0.1~0.3mm/str;切削速度随刀具材料和工件材料不同而不同,一般取 20m/min 左右。

第二节　刨削加工所用的设备

刨削类机床是一种在刨床上用刨刀相对于工件作直线往复运动的切削加工机床。刨床按其结构不同,可分为牛头刨床、龙门刨床、插床、单臂刨床、悬臂刨床等,其中应用最多的是牛头刨床和龙门刨床。

一、牛头刨床

如图 9-2 所示为 B6050 型牛头刨床的外形图。在编号 B6050 中,B 表示刨床类;60 表示牛头刨床;50 表示刨削工件的最大长度的 1/10,即最大刨削长度为 500mm。牛头刨床主要由床身、滑枕、工作台、横梁、刀架、底座等部分组成。

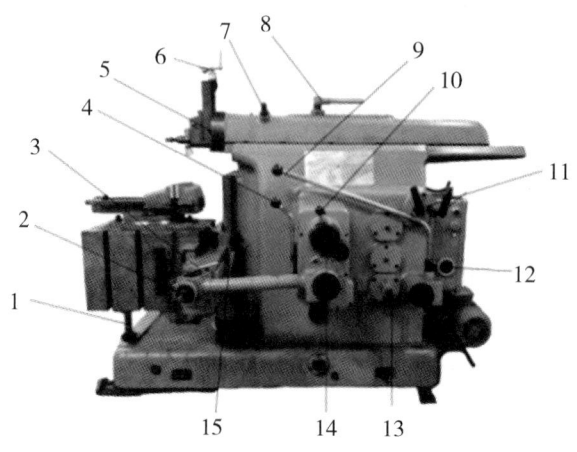

图 9-2 牛头刨床外形图

1—支撑杆 2—转动手柄 3—变向手柄 4—快速手柄 5—刀架锁紧螺钉 6—进刀手柄
7—调节滑枕前后位置手柄 8—紧固手柄 9—离合手柄 10—走刀手柄 11—变速手柄
12—电源开关 13—调整手柄 14—调节滑枕冲程手柄 15—变换工作台上下或左右移动手柄

（一）床身

床身主要支撑和连接刨床的各部件，其内部装有传动机构。其顶面是燕尾形水平导轨供滑枕作往复直线运动。前面垂直导轨供工作台作升降运动。

（二）滑枕

滑枕的作用是带动刨刀作往复直线运动。其前端装有刀架，行程长度可通过滑枕行程调节手柄调节（图9-2中的14），其位置可通过其上手柄调节（图9-2中的7）。

（三）工作台

工作台用于安装工件，它可随横梁沿床身上的导轨作上下运动。并可沿横梁作横向水平运动或横向间歇进给运动。

（四）横梁

横梁是用于作为工作台的水平运动导轨，并带动工作台作横向运动，调整工件与刨刀的相对位置。

（五）刀架

刀架的作用是夹持刨刀，可实现刨刀垂直或斜向运动。它由刻度转盘、溜板、刀座、刻度盘、抬刀板和刀夹等组成。转动刀架上的手柄可使刨刀沿刀架上下移动调整刨削的背吃刀量。加工斜面、燕尾槽、曲面时可转动刻度转盘或刀座使刀架转动一定的角度满足加工需要。

(六)底座

支撑床身,并通过地脚螺栓与地基连接。

(七)传动系统

(1)齿轮变速机构:其作用是把电动机的旋转运动以不同的速度传到摇杆齿轮。此变速属于有机变速,是通过几组滑移齿轮的不同组合来改变传动比的。

(2)曲柄摇杆机构:其作用是把摇杆齿轮的旋转运动转变为滑枕的往复直线运动。

(3)进给机构:其作用是使工作台在滑枕返回行程终了,刨刀再次切入工件之前的瞬间,作间歇进给。

二、龙门刨床

龙门刨床主要用于刨削大型工件或在工作台上装夹多个零件同时加工。在龙门刨床上加工时,工件一般用螺栓压板直接安装在工作台上或用专用夹具安装,刀具安装在横梁上的垂直刀架上或工作台两侧的侧刀架上。工作台带动工件的往复直线运动为主切削运动,刀具沿垂直于主运动方向的间歇运动为进给运动。各刀架也可以绕水平轴线偏转角度,故同样可以加工零件的平面、端面、斜面、沟槽、组合导轨面及齿条等。如图9-3所示为龙门刨床外形图,主要有工作台、横梁、刀架、立柱、走刀箱等组成。

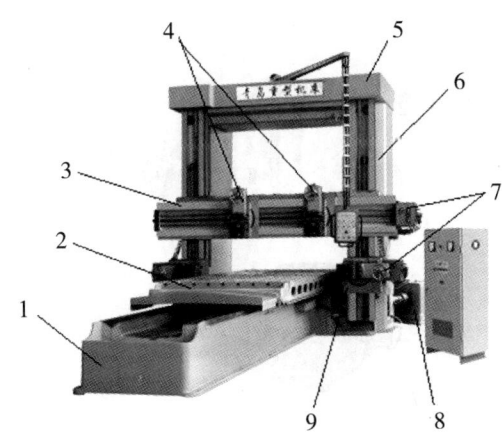

图9-3 龙门刨床外形

1—床身 2—工作台 3—横梁 4—左、右垂直刀架 5—顶梁 6—立柱 7—走刀箱 8—减速箱 9—侧刀架

(一)工作台

工作台用于装夹工件和带动工件一起沿床身导轨作往复直线运动。

（二）横梁

横梁上装有垂直刀架,可沿立柱上导轨上下移动以调整工件与刨刀的相对位置。

（三）刀架

刀架有垂直刀架和侧刀架。刀架上有溜板,刨刀可沿刀架上下、左右移动以调整刨削时的背吃刀量。刀架亦可偏转一定角度以刨削斜面。

（四）立柱

立柱上有导轨起支撑导向作用。

（五）走刀箱

走刀箱用于控制刀架上下、左右移动及调整刀架的进给速度。

三、插床

插床可认为是立式刨床,插削是在竖直方向上进行的切削,与刨削的方式基本相同。插床主要用于加工工件的内表面,如内孔中键槽及多边形孔等,有时也用于加工成形内外表面。其主参数是最大插削长度,适用于单件小批量生产。如图9-4所示为插床外形图,主要有工作台、滑枕、分度装置、床身等。

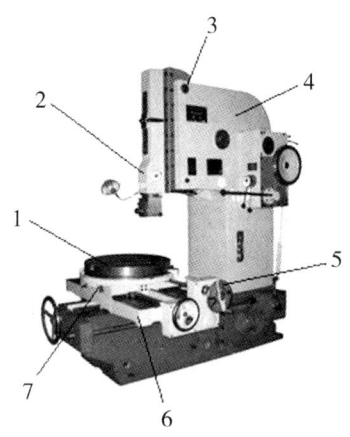

图9-4　插床外形

1—圆工作台　2—滑枕　3—销轴　4—床身　5—分度装置　6—床鞍　7—溜板

（一）圆工作台

用于安装工件或夹具,可沿溜板作圆周运动,溜板可沿床鞍上的水平导轨作横向运动,床鞍可沿底座作纵向运动。

(二)滑枕

安装在滑枕导轨座上,下端装有可转动的夹刀座,能带动插刀沿垂直方向作直线往复运动插削垂直面。还可和滑枕导轨座一起沿销轴在垂直平面内倾斜0°~8°,以便插削斜面和斜槽。其行程位置和长度是可以调整的。

(三)分度装置

可用于对圆工作台进行圆周分度。

(四)床身

床身起支撑插床各部件的作用,内有主变速机构,底座内有进给变速机构。

第三节　刨刀及安装

一、刨刀

刨刀的几何参数与车刀相似,由于刨削加工的不连续性,刨刀切入工件时,受到较大的冲击力,所以一般刨刀刀杆的横截面均较车刀大1.25~1.5倍。此外为了增加刀尖的强度,刨刀的刃倾角一般取正值。刨刀往往作成弯头,这是刨刀的一个显著特点,这样是为了当刀具碰到工件表面上的硬点时,刀杆弯曲变形可围绕该点抬离工件,不致损害刀尖及加工表面。而直头刨刀受力变形时易扎入工件,故多用于切削量较小的刨削工作。

(一)刨刀的种类

刨刀的种类很多,按加工形式和用途不同,一般有平面刨刀、偏刀、切刀、角度偏刀、弯切刀及成形刀等,如图9-5所示。

(二)如何选用刨刀

如图9-5所示,平面刨刀用来加工水平表面;偏刀用来加工垂直表面或斜面;切刀用来加工槽或切断工件;角度偏刀用来加工具有相互成一定角度的表面;弯切刀用来加工T型槽;成形刀用来加工成形表面。

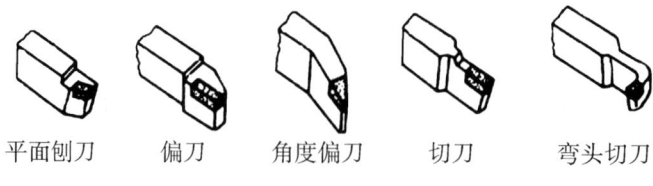

平面刨刀　偏刀　角度偏刀　切刀　弯头切刀

图 9-5　常用刨刀的种类

(三) 刨刀的材料

常用的刨刀材料主要是高速钢和硬质合金。

二、刨刀的安装

刨刀的正确安装与否直接影响工件加工质量。装夹刨刀时,不要把刀头伸出过长,以免产生振动,刨刀的伸出长度一般为刀杆厚度 H 的 1.5～2 倍。夹紧刨刀时应使刀尖离开工件表面,防止破坏刀具和擦伤工件表面。装刀和卸刀时,必须一手扶刀,一手用扳手夹紧或放松。无论装或卸,扳手的施力方向均需向下。

第四节　工件的装夹

刨削时,根据工件形状及尺寸大小选择不同的装夹方法。在刨床上常用的装夹方法有以下几种:

一、用平口钳装夹工件

小型工件可直接夹在平口钳内。平口钳用螺栓紧固在刨床工作台上。装夹时,工件的被加工面要高出平口钳钳口,并找正工件的装夹位置,如图 9-6、7 所示。

二、用压板、螺栓、螺母装夹工件

较大的工件可用压板、螺栓、螺母直接装夹在刨床的工作台上,如图 9-8 所示。在装夹工件时须注意:为使工件装夹牢固不变形,应沿刨削运动的方向在工件的前端加挡铁。应分几次逐个拧紧压板上的螺母,使螺栓松紧程度一致。

三、利用角铁装夹工件

工件安装在角铁上,角铁可以做成任何角度,这种方法常用来加工两个表面成一定夹角的工件。

四、专用夹具装夹工件

这是一种较完善的安装方法,它既保证工件装夹的准确性,又安装方便,不需要花费找正时间,但需要提前制造专用夹具,所以多用于批量生产。

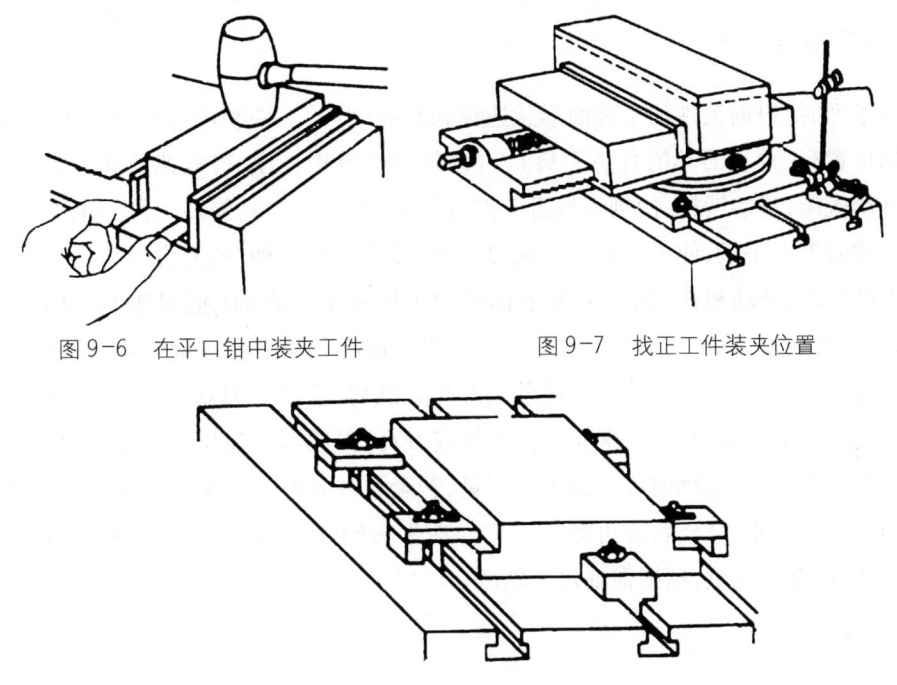

图 9-6　在平口钳中装夹工件　　　　图 9-7　找正工件装夹位置

图 9-8　用压板螺栓装夹工件

第五节　刨削加工基本操作

以牛头刨床为例,如图 9-2 所示,各操作手柄名称已标出,按以下步骤操作。

将工件安装在工作台的适当位置,或者装夹在平口钳上,安装刨刀,调整机床。

滑枕行程长度的调整,滑枕行程长度是根据被加工工件的长度来调整的。其方法是将调节行程长度的手柄端部的滚花压紧螺母松开,然后用曲柄摇把转动手柄,从而改变滑枕的行程长度。手柄顺时针转动时行程长度增加,反之缩短。

滑枕前后位置的调整,根据工件在工作台上的装夹位置,调整滑枕的前后位置。调整时,先松开滑枕上部的紧固手柄,再用曲柄摇把转动滑枕上调整滑枕位置的手柄,手柄顺时针转动时,滑枕位置向后,反之向前。滑枕位置调整好以后,再将紧定手柄锁紧。

滑枕的行程速度,通过改变变速手柄的位置便可以获得所需的滑枕行程速度。

进给量和进给方向的调整,B6050 牛头刨床进给级数为 10 级,进给量的大小是通过进给量手柄拨动棘轮的齿数多少来实现的。进给方向可通过进给运动换向手柄的变换来实现。

一、刨水平面

(一)平面的刨削

刨水平面时,根据工件加工表面形状选择和装夹刨刀,工件和刨刀安装正确后,调整工作台的位置(工件和刀具的合适距离),再调整滑枕行程长度、行程速度和刀具的起始位置。开动机床,移动滑枕,使刨刀接近工件后停车(尽量使刀具停在工件的正上方),转动工作台横向走刀手柄,使工件移动到刨刀下面,摇动刀架手柄,使刀尖尽量接近工件但不要与工件接触,开动机床,摇动刀架手柄使刀尖接触工件表面(把刀架上的刻度盘清零),移动工作台,使工件一侧离刨刀 2～5mm,按选定的背吃刀量摇动刀架,使刨刀向下进刀。开动机床,用手动走刀使工件接近刨刀开始试切,手动走刀 0.5～1mm 以后,停车测量尺寸。如果工件尺寸还大,则应退出工件或刀具,再适当增加切削深度,使加工余量能在两三次走刀切去(刨削时注意最大吃刀量,若余量过大可分几次走刀完成)。刨完后用量具测量工件尺寸,合格后方可卸下工件。在牛头刨床上加工工件,一般分粗刨和精刨,粗刨时留足够的余量,精刨保证尺寸精度。

(二)平行面的刨削

先找一个比较平整而且比较大的毛坯表面作为粗基准,加工出一个比较光滑平整的平面,如图 9-9 所示:

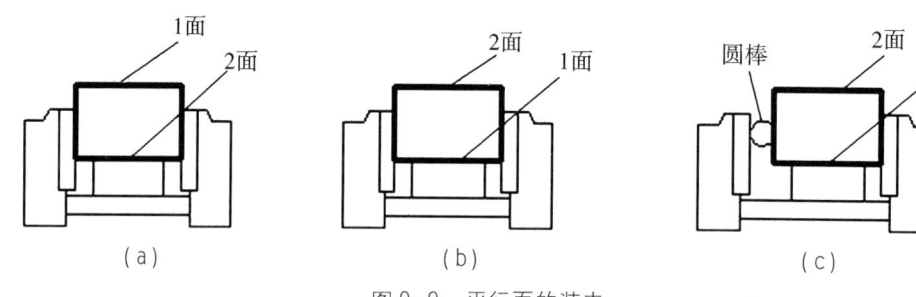

图 9-9 平行面的装夹

刨削平面 2 时,可将平面 1 作为粗基准,夹紧工件时要用锤子轻轻敲击工件的表面,使工件的底面与垫铁贴实,然后刨第二个平面。如果工件底面 1 无法与垫铁紧贴,间隙不能消除时,可采用如图 9-9(c)所示在工件的一侧垫圆棒的方法进行夹紧。

二、刨垂直面

刨垂直面时,刀架应作垂直进给运动,在牛头刨床上刨垂直面需用手动进给。一般在不能或不便于进行水平面刨削时才用,例如加工长工件的两个端面。

将刀架转盘刻度线对准零线,以便刨刀能作垂直方向移动;将刀座下端向着工件加工面偏转一个角度(约10°~15°),以便返回行程时减少刀具和工件的摩擦;摇动刀架进给手柄,使刀架垂直进给,刨出垂直面。

三、刨斜面

工件上的斜面可分为内斜面和外斜面两种。最常用的刨斜面方法是倾斜刀架法。将刀架和刀座分别倾斜一定角度,从上向下倾斜进给进行刨削。刨削斜面与刨垂直面相似,但刨斜面时刀架转盘必须扳转一定的角度。

四、刨沟槽和V型槽

刨削沟槽和V型槽的方法要综合以上的加工方法,其步骤是:
(1)加工前,先要在工件上划出槽线。
(2)用水平走刀刨去工件上大部分余量。
(3)用切槽刀切出工件上的窄槽或直角槽。
(4)旋转刀架和刀座,装上偏刀或弯头刀,按照刨斜面的方法刨两斜面或两侧凹槽。对于比较小的V型槽,可用成形刀刨出。
(5)刨90°V型槽也可以将工件倾斜装夹,将V型槽的一个面处于水平位置,那么另外一个面就处于垂直位置,然后按照刨削台阶的方法刨出。

第六节　工件制作

V形槽工件的制作

V形槽工件的加工图样如图9-10所示,工件的长120mm,宽100mm,高70mm,长度不加工,因此选择毛坯的长为120mm,宽为105mm,高为75mm的钢块进行加工。

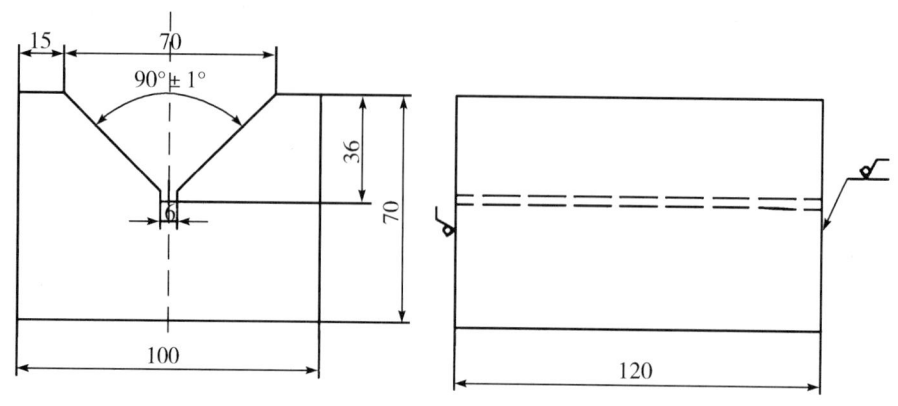

图 9-10 V 形槽

V 形槽的加工步骤如下:

第一步:选择刨刀。

根据图形选择平面刨刀、切槽刀、偏刀,根据第三节内容装刀,先装平面刨刀。

第二步:装夹工件。

根据第四节内容,用平口钳装夹工件,先粗刨削工件的四个平面,操作参照第五节内容。

第三步:划 V 形槽线。

加工好四个垂直面后,在工件上划出 V 形槽加工线。

第四步:粗刨 V 形槽。

装夹好工件,横向进给粗刨 V 形槽,并精刨顶面如图 9-11(a)所示。

第五步:切直槽。

安装切槽刀,用切槽刀切出 V 形槽底部的直角槽,如图 9-11(b)所示,以利于刨削斜面。要是 V 形槽对称度要求较高时,也可在刨削好 V 形槽后进行切直槽。

第六步:刨削 V 形槽。

根据第五节内容,倾斜刀架和拍板座,装上偏刀,刨削 V 形槽两斜面,如图 9-11(c)所示。

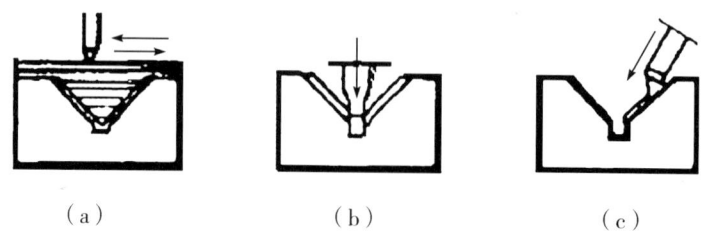

(a)　　　　　　　(b)　　　　　　　(c)

图 9-11　V 形槽的刨削过程

第七节 评分标准

V形槽制作评分标准

	工位号		学号		姓名			总得分	
成绩评定	项目		质量检测内容		配分		评分标准	实测结果	得分
	1		V形槽开口70		20		公差在0.1mm以内为满分,超出酌情扣分		
	2		90°		10		公差在1°以内为满分,超出酌情扣分		
	3		36		10		公差在0.1mm以内为满分,超出酌情扣分		
	4		工件高70		10		公差在0.1mm以内为满分,超出酌情扣分		
	5		表面粗糙度Ra6.3μm		10		超差酌情扣分		
	6		6		10		公差在0.1mm以内为满分,超出酌情扣分		
	7		100		10		公差在0.1mm以内为满分,超出酌情扣分		
	8		15		10		公差在0.1mm以内为满分,超出酌情扣分		
			安全文明生产		10		违者不得分		
	现场记录:								

思考题

1. 简述使用牛头刨床加工 V 形槽的加工步骤及所用刀具名称。

2. 牛头刨床主运动由哪种机构实现？进给运动由哪种机构实现？

3. 为什么在一般情况下刨削加工效率比铣削低？加工细长平面应选择哪种机床进行加工？

4. 刨垂直面时,怎样找正加工面与切削方向平行？

5. 选择刨床滑枕移动速度时与滑枕的行程有关系吗？应该怎么考虑它们之间的关系？

第十章　磨工

【教学目标】

知识目标

1. 了解磨床的安全操作守则及实训要求。
2. 了解磨削加工的基本知识。
3. 了解砂轮的基本知识,初步会选砂轮。
4. 了解平面磨削特点、进给运动、零件装夹的优点(电磁吸盘与平口钳比较)。
5. 了解外圆磨削特点、进给运动、顶针安装工件的优点。
6. 熟悉外圆磨床和卧轴矩台平面磨床的组成、运动、用途及传动系统。
7. 掌握磨床各手柄的作用和磨床操作方法。

能力目标

1. 能独立完成外圆的磨削加工,熟练运用螺旋千分尺。
2. 能独立磨削平面,掌握磨平面时工件的装夹方法。

第一节　概述

一、磨工安全操作守则

(1)操作者必须穿工作服,戴安全帽,长发须压入帽内,不能戴手套操作,以防发生人身事故。

(2)磨床启动前润滑机床各部位,检查机械传动是否正常,开关按钮是否可靠,确保砂轮完好无破损。

(3)多人共用一台磨床时,只能一人操作并注意他人的安全。

(4)开车前,检查各手柄的位置是否到位,确认正常后才准许开车。

(5) 磨削前应检查工件是否吸牢或装夹牢固,装夹高工件及底面积较小的工件时要用挡块靠住或专用夹具装夹,以防发生故障。

(6) 开机时砂轮旋转的正前方位置不准站人,防止砂轮破碎飞出或工件打飞。

(7) 砂轮启动后,必须慢慢引向工件,严禁突然接触工件。吃刀量不能过大,以防切削力过大将工件顶飞发生事故。

(8) 合理选择磨削量,严禁超负荷磨削。

(9) 砂轮未停稳不能装卸工件。

(10) 工作结束,机床擦干净,切断电源,零件摆放整齐,工作场地保持清洁。

二、磨削加工的基础知识

用磨料或磨具(砂轮、砂带、油石等)来切除工件上多余材料,使工件的形状、尺寸精度和光洁度达到要求的加工方法称为磨削加工,它是零件精密加工的主要方法之一。在磨削时最常用的工具是磨料和粘胶剂做成的砂轮。通常磨削能达到的精度为 IT6~IT5,表面粗糙度 Ra 一般为 $0.8 \sim 0.2 \mu m$。在采用高精度的镜面磨削法加工时,精度可达到接近 IT4-IT3 级,粗糙度小于 $Ra0.01\mu m$ 的要求。它与其他的切削加工相比有以下特点:

(一) 磨削属多刃、微刃切削

由于砂轮上每一粒磨粒都相当于一把刀,因此磨削属多刃切削。由于切削磨粒大小在 $0.5 \sim 500 \mu m$ 之间,因此属微刃切削。而切削刃的形状分布于随机状态,而且不保证有后角。

(二) 加工精度高

磨削属微刃切削,磨削的切削厚度极薄,每一粒磨粒切削厚度可小到几个微米,故可获得高的加工表面精度和低的表面粗糙度。

(三) 磨削速度高

砂轮的圆周速度达 2000~3000m/min,但是最高圆周速度受到砂轮的强度(与结合剂种类有关)的限制,当砂轮上没有标明砂轮圆周速度的限度时,对于陶瓷结合剂砂轮的圆周速度,一般不应超过 35m/s,对于橡胶结合剂砂轮的圆周速度,不应超过 40~50m/s。目前的高速磨削砂轮的线速度已达 60~250m/s,故磨削时产生的温度很高,磨削区瞬时温度可达 1000℃ 左右。

(四) 加工范围广

由于磨床种类比较多,所以加工的范围也较广,它可以加工外圆、内圆、平面、成型面、螺纹、齿轮等。由于砂轮磨粒的硬度极高,所以磨削不仅可以加工一般的金属材料,如碳钢、铸铁等,而且还可以加工一般刀具难于加工的高硬度材料,如淬火钢、硬质合金等。因此,磨削时一般都使用切削液。

(五)磨削加工还可用于粗加工

磨削还用于刃磨刀具、粗磨工件表面、切除钢锭和铸件上的硬皮及切断钢管等。

随着精密毛坯制造技术和高生产率磨削方法的发展和应用,使某些零件有可能不经其他切削加工,直接由磨削加工完成,这将使磨削加工在大批量生产中得到广泛应用。

(六)磨削运动

生产中常用的内圆、外圆磨削及平面磨削运动:

1. 主运动

砂轮的高速旋转运动是主运动。砂轮旋转的线速度为磨削速度 v_s,单位为 m/s。
其计算公式如下:

$$v_s = \frac{\pi D_S n_s}{1000 \times 60}$$

式中:D_s——砂轮直径(mm)
$\quad\quad n_s$——砂轮转速(r/min)

2. 进给运动

磨削的进给运动可分为以下几种:

(1)背向进给运动。砂轮切入工件的运动,其大小用背向进给量 f_p 表示。f_p 是指工作台每单行程或双行程切入工件的深度,单位为 mm/单行程或 mm/双行程。粗磨时 f_p = 0.01~0.05mm,精磨时 f_p = 0.005~0.015mm。

(2)轴向进给运动。工件相对于砂轮的轴向运动,其大小用进给量 f_a 表示。f_a 是指工件每转一转或工作台每一次行程,工件相对于砂轮的轴向移动距离,单位为 mm/r 或 mm/单行程。f_a = (0.2~0.8)B(mm/r),式中 B 代表砂轮宽度(mm),粗磨时系数取大值,精磨时取小值。

(3)圆周(直线)进给运动。工件的旋转运动或工作台的往复直线运动。其大小用 U_w 表示,工件的圆周速度合理值为 U_w = 13~26m/min,粗磨时系数取大值,精磨时取小值。

第二节 磨削加工所用的设备及砂轮

磨床广泛应用于零件的精加工,尤其是淬硬钢件、高硬度特殊材料及非金属材料(如陶瓷)的精加工。磨床的种类很多,常用的磨床有:外圆磨床、内圆磨床、平面磨床、工具磨床及各种专门化磨床以及珩磨机、研磨机和超精加工机床等。下面介绍几种生产中常用的磨床。

一、外圆磨床

外圆磨床主要用于磨削各种轴类零件和套类零件的外圆和内孔面,还可以磨削阶梯轴的台肩和端面等。加工精度可达到 IT6~IT7 级,表面粗糙度 Ra 在 $1.25\mu m \sim 0.08\mu m$ 之间。外圆磨床的主要类型有普通外圆磨床、万能外圆磨床、无心外圆磨床、端面外圆磨床等,其主参数是最大磨削直径。

(一)万能外圆磨床的结构组成

常用的万能外圆磨床如图 10-1 所示,主要有床身、头架、工作台、砂轮架、尾架等组成。

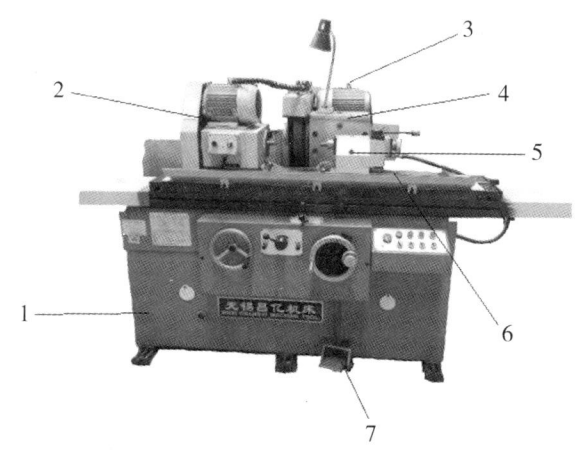

图 10-1　MW1420B 万能外圆磨床外形图

1—床身　2—头架　3—内磨装置　4—砂轮架　5—尾架　6—工作台　7—脚踏操纵板

1. 床身

用于支撑和连接磨床各个部件。为提高机床刚度,磨床床身一般为箱型结构,内部装有液压传动装置,上部有纵向和横向两组导轨以安装工作台和砂轮架。

2. 头架

用于安装工件,其主轴由电动机经变速机构带动作旋转运动,以实现周向进给。主轴前端可安装卡盘或顶尖。

3. 工作台

由上下两层组成,上工作台可相对于下工作台偏转一定角度(7°),以便磨削锥面;下工作台下装有活塞,可通过液压机构使工作台往复运动。

4. 砂轮架和内磨装置

砂轮架前面安装砂轮,后面安装内磨装置。两机构共用一个电动机带动砂轮作高速旋转。砂轮架可以360°旋转,根据磨削工件的需要,砂轮架和内磨装置可以任意转动。砂轮架安装在床身的横向导轨上,可通过手动或液压传动实现横向运动。

5. 尾架

安装在工作台右端,尾架套筒内装有顶尖,可与顶尖一起支撑工件。它在工作台上的位置可根据工件长度任意调整。

二、平面磨床

平面磨床主要用于磨平面,在磨削时是用砂轮的端面或外周边进行的。根据砂轮主轴与水平面之间的位置关系(垂直为立式,平行为卧式)及工作台的形状不同,平面磨床主要可分为以下四种类型:卧轴矩台式平面磨床、立轴矩台式平面磨床、立轴圆台式平面磨床和卧轴圆台式平面磨床,如图10-2所示。

(一)四种平面磨床简介

1. 卧轴矩台式平面磨床

磨床的砂轮主轴与水平面之间是平行关系,主轴为卧式,工作台是矩形电磁吸盘。磨削时,用矩形电磁吸盘吸住工件,并带其做往复直线运动,装有砂轮的主轴高速旋转,并做垂直和横向进给运动,用砂轮的圆周面磨削工件平面,如图10-2(a)所示。

2. 立轴矩台式平面磨床

磨床的砂轮主轴与水平面之间是垂直关系,主轴为立式,工作台是矩形电磁吸盘。磨削时用矩形电磁吸盘吸住工件,并带其做往复直线运动,装有砂轮的主轴高速旋转,定时向工件做垂直进给运动,用砂轮的端面磨削工件平面,如图10-2(b)所示。

3. 立轴圆台式平面磨床

磨床的砂轮主轴是立式的,工作台为圆形电磁吸盘。磨削时用圆形电磁吸盘吸住工件,并带其做单向匀速旋转运动,装有砂轮的主轴高速旋转,定时向工件做垂直进给运动,用砂轮的端面磨削工件平面,如图10-2(c)所示。

4. 卧轴圆台式平面磨床

磨床的砂轮主轴是卧式的,工作台为圆形电磁吸盘。磨削时用圆形电磁吸盘吸住工件,并带其做单向匀速旋转运动,装有砂轮的主轴高速旋转,在圆台电磁吸盘外缘和中心之间作往复直线运动并向工件做垂直进给运动,用砂轮的圆周面磨削工件平面,如图10-2(d)所示。

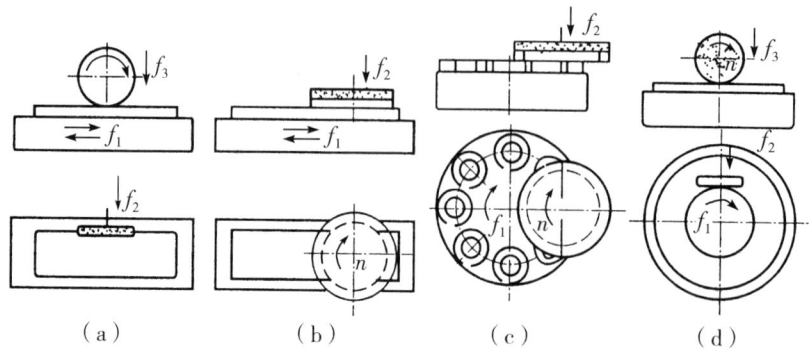

(a)卧轴矩台式平面磨床　(b)立轴矩台式平面磨床　(c)立轴圆台式平面磨床　(d)卧轴圆台式平面磨床

图 10-2　四种平面磨床的加工示意图

(二)卧轴矩台式平面磨床的组成

卧轴矩台式平面磨床如图 10-3 所示，它由床身、工作台、立柱、拖板、磨头等部件组成。

1. 工作台

工作台的移动由液压传动机构驱动，也可用手轮移动。工作台上装有电磁吸盘使导磁的工件直接吸在吸盘上，不导磁的工件用夹具装夹在工作台上，必要时也可把工件直接装夹在工作台上。

2. 磨头

磨头可在上、下、前、后方向移动。其上装有砂轮主轴，砂轮装在水平主轴的前端，由装在磨头壳体内的装入式电动机直接驱动旋转。磨头上部有燕尾型导轨，可沿着拖板上的水平导轨作横向间歇进给或连续移动，这一运动由液压传动，也可用手轮移动。

3. 拖板

拖板可沿立柱的导轨垂直移动，以调整磨头的高低位置及完成吃刀运动，这一运动有控制旋钮控制，接近工件时靠转动手轮实现。

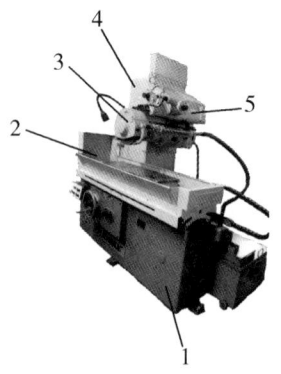

图 10-3　M7130S 型平面磨床

1-床身　2-工作台　3-磨头　4-拖板　5-立柱

三、砂轮

砂轮是由磨料和结合剂按一定的比例混合,在磨具中高压成形,再经烧结制成。因此构成砂轮三要素是磨粒、结合剂和空隙。由于磨料、结合剂及制造工艺的不同,砂轮的特性差别很大,对磨削的加工质量、生产效率和经济性有着重要影响。

(一)砂轮特性

砂轮特性包括:磨料、粒度、结合剂、硬度、组织、强度、形状、尺寸。

磨料:砂轮的主要组成部分,担负切削作用。要求性能必须有:高硬度、耐热性、相当的韧性。常用磨料有氧化铝(刚玉)类磨料、碳化硅磨料,超硬工件磨削磨料有金刚石、立方氮化硼等。

粒度:粒度反应磨料几何尺寸大小组织,对磨削的效率及精度有很大的影响。

结合剂:把磨料固结成磨具的材料,它决定砂轮的强度、硬度、耐热性、耐腐蚀性等性能。常用是陶瓷结合剂、树脂结合剂、橡胶结合剂。

硬度:砂轮表面受外力作用时磨粒脱落的难易程度。硬度高:磨粒不易脱落、加工精度高、细的粗糙度,但磨钝的磨料存在不及时修整会降低效率、提高温度,易造成烧伤、裂纹。硬度低:效率高、发热量少,但精度及粗糙度低,一般用于较粗加工段。

组织:构成砂轮三要素的比例关系。用牌号表示磨料占砂轮的体积,大的牌号占有体积小。组织号 0~14#,对应磨粒占砂轮体积 62~34%。

强度:强度指受到离心力作用而破裂的难易程度。为安全起见,砂轮在使用说明上以工作速度标明。使用时严禁超过允许的工作速度。

形状:为了满足不同磨削加工的需要,砂轮有不同的形状和尺寸。平形 P、单面凹形 PDA、薄片形 PB、筒形 N、碗形 BW、蝶形 D 和双斜边形 PSX 等等。

(二)砂轮选用原则

(1)根据工件表面形状选用合适形状的砂轮。

(2)粗磨和磨削较软的金属,应选用组织较松、磨粒大的砂轮;精磨和磨削较硬的金属,应选用组织较为紧密、磨粒小的砂轮。

(3)根据工件的机械性能选用合适的磨粒砂轮。如刚玉磨粒,韧性较大,适宜于磨削钢材;碳化硅磨粒,硬而脆,适用于磨削硬质合金和铸铁等脆性材料。

为方便选用砂轮,在砂轮的非工作表面上印有其特性代号,如:P400×150×203 A 60 L 5 V 35 其中,P 表示砂轮的形状为平形,400×150×203 分别表示砂轮的外径、厚度和内径尺寸,A 表示磨料为棕刚玉,60 表示粒度为 60 号,L 表示硬度为 L 级(中软),5 表示组织为 5 号(磨料率 52%),V 表示结合剂为陶瓷,35 表示最高工作线速度为 35m/s。

第三节　磨削加工基本操作

一、万能型外圆磨床典型加工

万能型外圆磨床可磨内外圆柱面、圆锥面,在工具车间、修理车间和单件小批生产车间中应用得很普遍。如图10-4所示是万能型外圆磨床典型加工示意图。

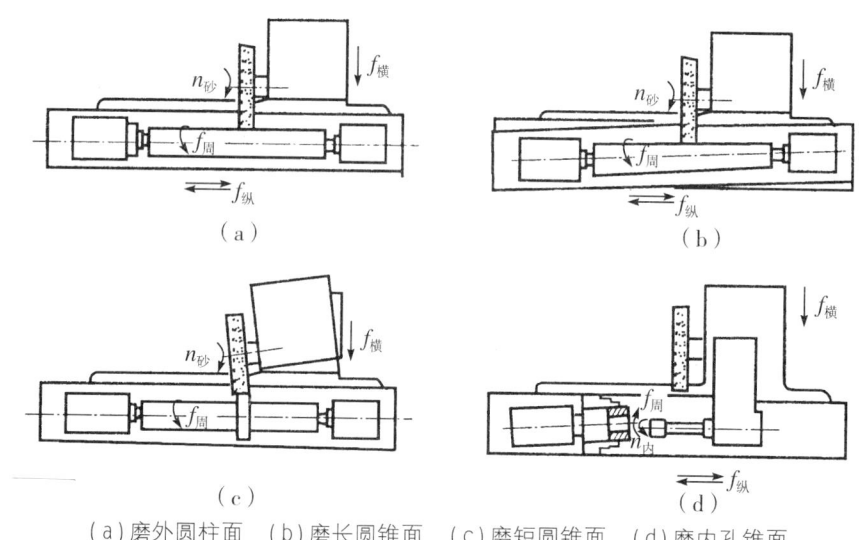

(a)磨外圆柱面　(b)磨长圆锥面　(c)磨短圆锥面　(d)磨内孔锥面

图10-4　外圆磨床加工典型示意图

（一）外圆磨削的方法

按运动方式不同,外圆磨削时可分为纵向磨削法、横向磨削法、混合磨削法和深磨削法等。

1. 纵向磨削法

磨削时,砂轮高速旋转,工件低速旋转的同时,还随工作台往复运动。在每次往复运动到达终点时,砂轮都径向切入一定数值,直至达到要求为止。

2. 横向磨削法

横向磨削法一般选用宽砂轮,被磨削部分不能超过砂轮宽度,磨削时工件不作轴向往复运动,只作缓慢的径向运动。

3. 混合磨削法

混合磨削法综合使用了纵磨和横磨法,达到取长补短的效果。

4. 深磨削法

深磨法一般要对砂轮进行修整。由于阻力较大,故要求机床功率大、刚度好,该法适合于大批量生产。

(二)外圆磨削的工艺特点

(1)容易获得较高的精度和较小的表面粗糙度 Ra 值。
(2)磨削的材料范围较广。
(3)磨削温度高,工件表面易产生烧伤现象。
(4)外圆磨床主要用来磨削中小型轴类和盘套类零件的外圆,而车床可利用多种附件装夹各类零件,对其外圆进行精车。由于受磨床工作台及其行程长度的限制,大型和重型轴的外圆亦常采用精车。

二、平面磨削的方法

(一)周磨法

周磨法是利用砂轮的圆周面进行磨削,工件与砂轮的接触面积小,磨削热少,排屑容易,冷却和散热条件好,砂轮磨损均匀,磨削精度高,表面粗糙度值低,生产效率较低。

(二)端磨法

端磨法是利用砂轮的端面进行磨削,砂轮轴立式安装,刚度好,可采用较大的磨削用量,且工件与砂轮的接触面积大,生产效率明显高于周磨。但磨削热多,冷却与散热条件差,工件变形大,精度比周磨低。

(三)平面磨削的工艺特点

(1)加工质量和生产率比内、外圆磨削高。
(2)有利于保证工件的平行度。
(3)大批量生产中,可用磨削代替铣、刨削加工毛坯表面上的硬皮,既可提高生产率,又可有效地保证加工质量。

第四节 工件制作

一、磨削外圆

以磨削如图 10-5 所示的光轴为例,磨削步骤如下:

(1)安装工件,将夹头紧固工件左端,清洁顶尖孔,并加油。调整顶尖尾座与前顶尖之间距离,安装好工件。点动头架微动开关,保证定位安全。

(2)调整工作台换向挡块,启动砂轮对刀,打开冷却液,用纵磨法进行磨削,选择合适的进给量进行粗、精磨,测量工件两端外径尺寸,如有微锥现象,要调整工作台角度,消除微锥,将工件磨到尺寸后取下工件。

(3)清洁机床,将部件开关复位后,关闭电源。

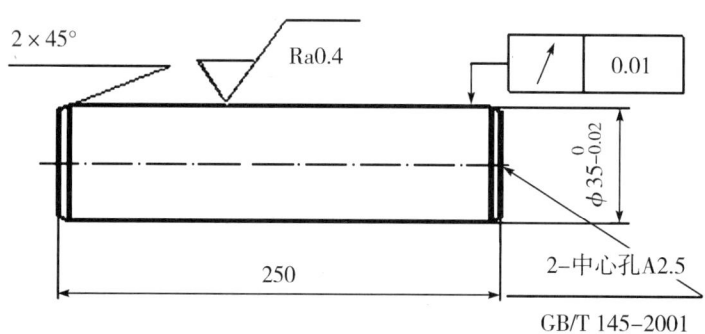

图 10-5 光轴

二、磨削平面

以磨削如图 10-6 所示的长方体为例,磨削步骤如下:

(1)清洁磁性吸盘工作台面、清理工件毛刺后,安装在磁性吸盘上,打开磁力开关,检查工件是否吸附牢固(对"小、薄、高"等零件要加上合适的挡块)。

(2)调整工作台行程挡块,开动机床对刀,打开冷却液,选择合适进给量,分粗、精磨完成上平面磨削(其间测量尺寸,留足够的余量)。

(3)停车,取下工件。清洁工作台面与工件,翻面安装,打开磁性开关,检查工件是否吸附牢固。

(4)开动机床,分粗磨和精磨完成另一面磨削,停车检查测量工件至合格后,取下工件。

(5)清洁机床,将各部件复位,关闭各控制阀和电源。

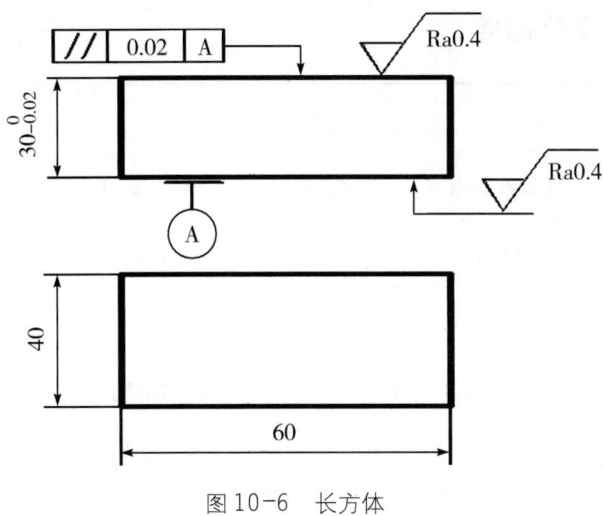

图 10-6　长方体

第五节　评分标准

一、光轴评分标准

	工位号		学号		姓名		总得分	
成绩评定	项目	质量检测内容		配分	评分标准		实测结果	得分
	1	$\varnothing 35_{-0.02}^{0}$		50	超差酌情扣分			
	2	圆跳动 0.01		20	超差酌情扣分			
	3	表面粗糙度 Ra0.4μm		20	超差酌情扣分			
	安全文明生产			10	违者不得分			
	现场记录：							

二、长方体评分标准

成绩评定	工位号		学号		姓名			总得分	
	项目	质量检测内容		配分		评分标准		实测结果	得分
	1	$30_{-0.02}^{0}$		50		超差酌情扣分			
	2	平行度 0.02		20		超差酌情扣分			
	3	表面粗糙度 Ra0.4μm		20		超差酌情扣分			
		安全文明生产		10		违者不得分			
	现场记录:								

思考题

1. 磨削加工的特点是什么？
2. 外圆磨床有哪几部分组成？常用的外圆磨削方法有哪几种？
3. 磨削外圆时工件和砂轮需怎样运动？
4. 砂轮的特性包括哪些方面？如何选择？

第十一章 数控加工

【教学目标】
知识目标
1. 了解数控以及数控系统分类。
2. 了解数控加工基本知识、发展现状及趋势。
3. 了解数控机床加工特点、加工范围以及相对于传统加工的优势。
4. 了解数控编程方法,能独立编写简单轴类零件数控程序。
5. 了解加工中心基本知识、发展现状及趋势。

能力目标
1. 掌握数控车床简单零件的编程。
2. 能自主加工和检测简单的工件。

第一节 概述

一、安全操作规程

(1)需穿工作服,上衣袖口和衣服下摆要收紧,防止衣角挂上卡盘。穿运动鞋或皮鞋,不能穿布鞋、拖鞋、凉鞋。

(2)女生及长发男生必须将头发固定好,戴上帽子,防止头发卷入机床。操作时必须戴防护眼镜,防止切屑飞入眼睛。操作时严禁戴手套、围巾等,以免卷入机床。

(3)两人一组实习时,可互相提醒,但只能一人动手操作。

(4)开动机床前应将刀架调整到合适位置,以免刀架和刀具碰撞卡盘发生人身、设备事故。纵向或横向进给时,严禁刀架超过极限位置,以防刀架超行程或碰撞卡盘。

(5)工件或工具必须安装牢固,以防飞出伤人。卡盘扳手用完后必须及时取下,否则不得开动车床,停车后,不能用手去制动转动的卡盘。

(6)加工时关闭机床保护门,以免发生人身事故。

(7)清除切屑时应用专用的工具,不能用手直接清除。

(8)工作时要集中精神,不能在机床运转时离开机床做其他事情,离开机床,必须停车。实习期间严禁玩手机、打闹、串工位或做其他与实习无关的事。

(9)工作结束后,应关闭电源,清除切屑,擦拭机床,保持良好的工作环境。

二、数控机床概述

世界上第一台数控机床是1948年由美国的PARSONS公司和麻省理工学院研制的。机床的数控技术是利用数字化信息对机械运动及加工过程进行控制的一种方法。操作者根据零件图样及工艺要求编制零件数控加工程序并输入数控系统(CNC)中,数控系统对加工程序进行译码、刀补处理及插补计算与可编程控制器(PLC)协调控制机床刀具与工件的相对运动,实现零件的自动加工。如图11-1所示是数控机床原理结构图。

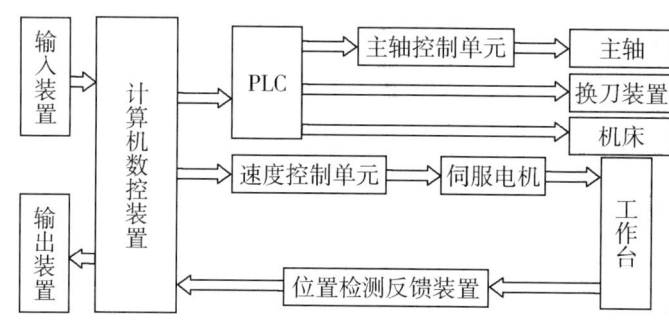

(a)机床原理结构图

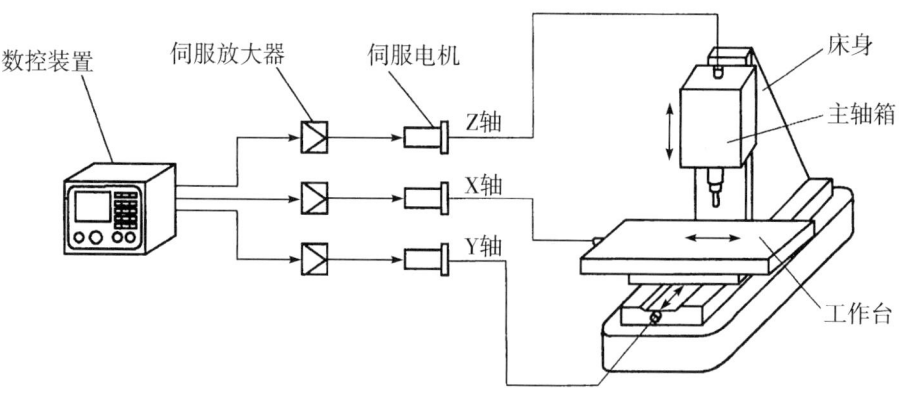

(b)数控立式铣床工作原理图

图11-1 数控机床原理结构图

数控技术和数控装备是制造工业现代化的重要基础,如图11-2所示为不同种类的数控设备。数控技术直接影响一个国家的经济发展和综合国力,关系到一个国家的战略地位。因此,工业发达国家均大力发展自己的数控技术及其产业。

第十一章　数控加工

（a）数控车床　　　　　　　　　　（b）立式数控铣床

（c）立式加工中心

图11-2　不同种类的数控设备

（1）数控车床：数控车床，是一种高精度、高效率的自动化机床。配备多工位刀塔或动力刀塔，机床具有广泛的加工工艺性能，可加工直线圆柱、斜线圆柱、圆弧和各种螺纹、槽、蜗杆等复杂工件，在复杂零件的批量生产中产生了良好的经济效益。

（2）数控铣床：数控铣床可以三轴联动，用于加工各类复杂的曲面和壳体类零件。它可分为数控立式铣床、数控卧式铣床、数控仿形铣床等。随着数控机床的发展数控铣床趋于发展为数控加工中心。

（3）加工中心：加工中心（Machining Center），是由机械设备与数控系统组成的用于加工复杂形状工件的高效率自动化机床。加工中心备有刀库，具有自动换刀功能，是对工件一次装夹后进行多工序加工的数控机床。加工中心是高度机电一体化产品，工件装夹后，数控系统能控制机床按不同工序自动选择、更换刀具，自动对刀，自动改变主轴转速、进给量等，可连续完成钻、镗、铣、铰、攻丝等多种工序，因而大大减少了工件装夹、测量和机床调整等辅助工序时间，对加工形状比较复杂、精度要求较高、品种更换频繁的零件具有良好的经济效益。

数控机床有以下特点：

（1）在数控机床上加工零件具有高度柔性。它与普通机床不同，不必制造、更换许多工具、夹具，不需要经常调整机床。因此，数控机床适用于零件频繁更换的场合。也就是适合单件、小批量生产及新产品的开发，缩短了生产准备周期，节省了大量工艺设备的费用。

(2) 加工精度高。数控机床的加工精度,一般可达到 0.005~0.1mm,数控机床是按数字信号形式控制的,数控装置每输出一个脉冲信号,则机床移动部件移动一个脉冲当量(一般为 0.001mm),而机床进给传动链的反向间隙与丝杠螺距平均误差可由数控装置进行补偿,因此,数控机床定位精度比较高。

(3) 加工质量稳定、可靠。加工同一批零件,在同一机床、相同加工条件下,使用相同刀具和加工程序,刀具的进给轨迹完全相同,零件的一致性好,质量稳定。

(4) 生产率高。数控机床可有效减少零件的加工时间和辅助时间,数控机床的主轴转速和进给量的范围大,允许机床进行大切削量的强力切削,数控机床移动部件的快速移动、定位及高速切削加工,减少了半成品的工序间周转时间,提高了生产效率。

(5) 改善劳动条件。数控机床加工应调整好程序及工具,机床就能自动连续地进行加工,直至加工结束,极大降低了劳动强度。另外,机床一般是封闭式加工,既清洁,又安全。

(6) 利于生产管理现代化。数控机床的加工,可预先精确估计加工时间,所使用的刀具、夹具可进行规范化、现代化管理。目前已与计算机辅助设计与制造(CAD/CAM)有机地结合起来,是现代集成制造技术的基础。

第二节　数控机床系统

数控系统是数字控制系统简称,计算机数控(Computeized Numerical Control,简称 CNC)系统是用计算机控制加工功能,实现数值控制的系统。CNC 系统根据计算机存储器中存储的控制程序,执行部分或全部数值控制功能,并配有接口电路和伺服驱动装置,用于控制自动化加工设备的专用计算机系统。数控机床一般由机床本体(机械系统)、控制部分(CNC 系统)、伺服系统、辅助装置组成。如图 11-3 所示数控机床的组成。

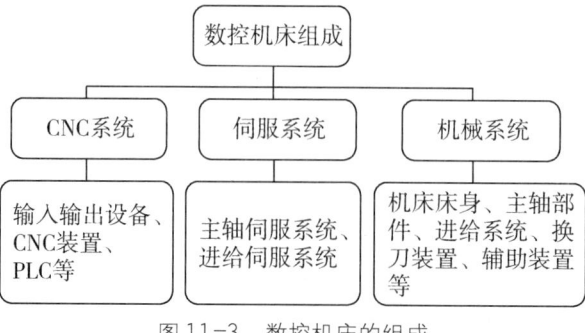

图 11-3　数控机床的组成

一、机床主体

机床主体是指数控机床的机械结构实体,包括床身、导轨、主轴箱、工作台、进给机构等。数控机床主体结构有以下特点:

(1)由于采用高性能的主轴及伺服传动系统,数控机床的机械传动结构大为简化,传动链较短。如主轴变速箱是采用无级变速、分段无级变速、内置主轴变速。

(2)为适应连续自动化加工,数控机床具有较高的动态刚度和阻尼精度,较高的耐磨性且热变形小。

(3)为减少摩擦,提高精度,更多地采用高效传动部件,如滚珠丝杠副和贴塑导轨、滚动导轨、静压导轨等。

二、控制部分(CNC 装置)

CNC 装置是数控机床的控制核心,一般是一台机床专用计算机,包括输入装置、CPU(包括运算器、控制器、存储器及寄存器等)、屏幕显示器(监视器)和输出装置。其功能是将输入的各种信息,经 CPU 计算处理后再经输出装置向伺服系统发出相应的控制信号,由伺服装置带动机床按预定轨迹、速度及方向运动。

CNC 装置基本工作内容如下:

(1)输入。内容有零件程序、控制参数、补偿数据。输入形式由键盘输入、磁盘输入、光盘输入、计算机传送等。

(2)译码。是将程序段中的各种信息,按一定语法规则解释成数控装置能识别的语言,并以一定的格式存放在指定的内存专用区间。

(3)刀具补偿。包括刀具位置补偿、刀具长度补偿、刀具半径补偿。

(4)进给速度处理。编程所给定的刀具移动速度是加工轨迹切线方向的速度。进给速度处理就是将其分解成各运动坐标方向的分速度。

(5)插补。当进给轨迹为直线或圆弧时,数控装置则在线段的起点、终点坐标之间进行"数据点的密化",即插补,向坐标轴输出脉冲数,保证各个坐标轴同时运动到线段的终点坐标,这样数控机床能够加工需要的直线或圆弧轮廓。一般 CNC 装置能对直线、圆弧进行插补运算及一些专用曲线插补运算。常用的插补方法有逐点比较插补法、数字积分插补法、时间分割插补法等。

(6)位置控制。在 CNC 装置中通过检测反馈系统,在每个采样周期内,把插补运算得到的理论位置与实际反馈位置相比,用其差值去控制进给电动机。检测反馈系统可分为半闭环和闭环两种。闭环控制系统是机床传动控制系统装有测量元件,检测机床工作台的实际位移,并反馈给数控装置,与理论位置进行比较,及时发出位置补偿命令,使工作台精确到达指令位置。测量元件一般装在传动系统末端元件上,如工作台。闭环传动控制系统由伺服电动机驱动,如图 11-4 所示。如果测量元件装在机床传动控制系统中间元件上,则构成半闭环控制,如装在滚珠丝杠或伺服电动机轴上,如图 11-5 所示。

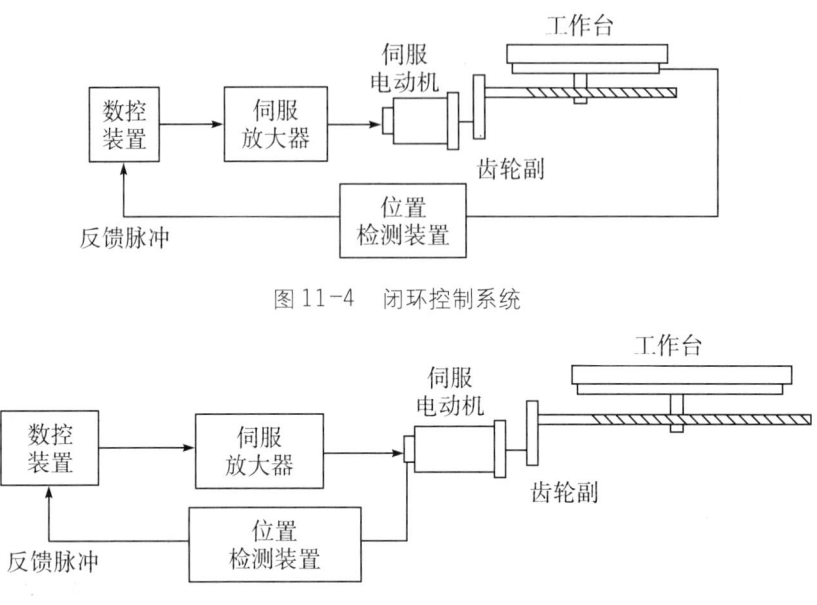

图 11-4 闭环控制系统

图 11-5 半闭环控制系统

三、伺服系统

伺服系统是数控系统和机床本体之间的电传动联系环节。主要由伺服电动机、驱动控制系统、位置检测与反馈装置等组成。伺服电动机是系统的执行元件,驱动控制系统则是伺服电动机的动力源。数控系统发出的指令信号经位置反馈信号确认后作为位移指令,再经过驱动系统的功率放大后,驱动电动机运转,通过机械传动装置带动工作台或刀架运动。

四、辅助装置

辅助装置主要包括自动换刀装置 ATC(Automatic Tool Changer)、自动交换工作台机构 APC(Automatic Pallet Changer)、工件夹紧放松机构、回转工作台、液压控制系统、润滑装置、切削液装置、排屑装置、过载和保护装置等。

五、数控系统

按照运动轨迹,可以把数控系统分为以下几类,如图 11-6 所示。

(1)点位控制数控系统:控制工具相对工件从某一加工点移到另一个加工点的精确坐标位置,对于点与点之间移动的轨迹不进行控制,且移动过程中不作任何加工。使用这一类数控系统的设备有数控钻床、数控坐标镗床和数控压力机等。

(2)直线控制数控系统:不仅要控制点与点的精确位置,还要使两点之间的工具移动轨迹为一条直线,且在移动中工具能以给定的进给速度进行加工,其辅助功能要求也比点位控制数控系统多,如它可能被要求具有主轴转数控制、进给速度控制和刀具自动交换等功能。使用此类控制方式的设备主要有简易数控车床、数控镗铣床等。

(3)轮廓控制数控系统:这类系统能够对两个或两个以上坐标方向进行严格控制,即不仅控制每个坐标的行程位置,同时还控制每个坐标的运动速度。各坐标的运动按规定的比例关系相互配合,精确地协调起来连续进行加工,以形成所需要的直线、斜线、曲线或曲面。采用此类控制方式的设备有数控车床、铣床、加工中心、电加工机床和特种加工机床等。

(1)点位控制数控系统　(2)直线控制数控系统　(3)轮廓控制数控系统

图11-6　不同运动轨迹的操作系统

六、数控加工程序

(一)数控编程

数控编程是数控加工准备阶段的主要内容之一,通常包括分析零件图样,确定加工工艺过程;计算进给轨迹,得出刀位数据;编写数控加工程序;制作控制介质;校对程序及首件试切。有手工编程和自动编程两种方法。总之,它是从零件图样到获得数控加工程序的全过程。

1. 手工编程

手工编程是指编程的各个阶段均由人工完成。利用一般的计算工具,通过各种数学方法,人工进行刀具轨迹的运算,并进行指令编制。

这种方式比较简单,很容易掌握,适应性较大。适用于中等复杂程度程序,计算量不大的零件编程,对机床操作人员来讲必须掌握。

优点:主要用于点位加工(如钻、铰孔)或几何形状简单(如平面、方形槽)零件的加工,其计算量小,程序段数有限,编程直观易于实现。

缺点:对于具有空间自由曲面、复杂型腔的零件,刀具轨迹数据计算相当繁琐,工作量大,极易出错,且很难校对,有些甚至根本无法完成。

2. 自动编程

对于几何形状复杂的零件需借助计算机使用规定的数控语言编写零件源程序,经过处理后生成加工程序,称为自动编程。

随着数控技术的发展,先进的数控系统不仅向用户编程提供了一般的准备功能和辅助功能,而且为编程提供了扩展数控功能的手段。FANUC OM 数控系统的参数编程,应用灵活,形式自由,具备计算机高级语言的表达式、逻辑运算及类似的程序流程,使加工程序简练易懂,可实现普通编程难以实现的功能。

数控编程同计算机编程一样也有自己的"语言",但有一点不同的是,现在电脑以微软的 Windows 为绝对优势占领全球市场。数控机床就不同了,它还没发展到那种相互通用的程度,也就是说,它们在硬件上的差距造成了数控系统一时还不能达到相互兼容。所以,当我们要对一个毛坯进行加工时,首先要以我们已经拥有的数控机床采用的系统为准。

（二）编写程序基本步骤

1. 分析零件图确定工艺过程

对零件图样要求的形状、尺寸、精度、材料及毛坯进行分析,明确加工内容与要求;确定加工方案、进给路线、切削参数以及选择刀具及夹具等。

2. 数值计算

根据零件的几何尺寸、加工路线,计算出零件轮廓上几何要素的起点、终点及圆弧的圆心坐标等。

3. 编写加工程序

在完成上述两个步骤后,按照数控系统规定使用的功能指令代码和程序段格式,编写加工程序单。

（三）数控代码

程序号是程序的标识,以区别其他程序。程序号由地址符及 1-9999 范围内的任意整数组成,不同的数控系统的程序号地址符是不同的,如 FANUC 系统用英文字母"O",SIENUMERIK 系统用"%"等。程序段格式是指一个程序段中的文字、数字和符号的书写规则。一般分为字地址可变程序段格式、分隔符可变程序段格式和固定顺序程序段格

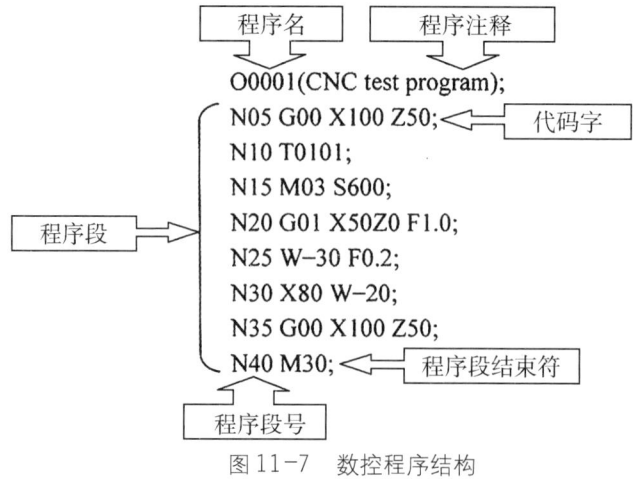

图 11-7 数控程序结构

式。字地址可变程序段格式又称自由格式,它由程序段号、指令字和程序段结束符组成。各指令字由字地址符和数字组成。如图11-7所示为数控程序结构。

字的功能。组成程序段的每一个字都有其特定的功能含义,以下是以FANUC OM数控系统的规范为主来介绍。

a. 顺序号字N。顺序号又称程序段号或程序段序号。顺序号位于程序段之首,由顺序号字N和后续数字组成。其作用为校对、条件跳转、固定循环等。使用时应间隔使用,如N10 N20 N30……(程序段号只是起标记作用,没有实际的意义)。

b. 准备功能字G。准备功能字的地址符是G,又称为G功能或G指令,是用于建立机床或控制系统工作方式的一种指令。G代码:分为模态和非模态,非模态代码在本程序段内有效;模态代码赋值后在被同组代码取代前一直有效。数控车床常用G代码见表11-1。

G00:快速移动(点定位)

格式:G00 X(U)_Z(W)_;X Z表示坐标位置,U W是增量方式。

G01:直线插补

格式:G01 X_Z_F_;F表示走刀量。

G02:顺时针圆弧插补

格式:G02 X_Z_R_F_;R是圆弧半径。

G03:逆时针圆弧插补

格式:G03 X_Z_R_F_;R是圆弧半径。

在不同象限,顺、逆圆弧的方向如图11-8所示。

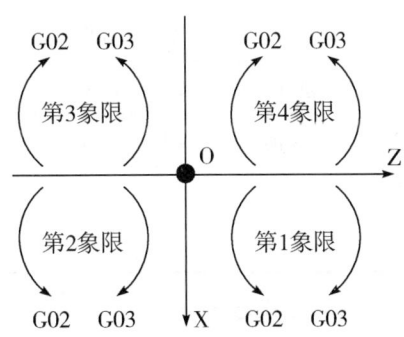

图11-8 不同象限圆弧方向的规定

G04:程序延时

格式:G04 X_;X是时间,单位是秒。

G71:内外圆粗车循环

格式:G71 U_R_;U表示每次进刀量,R表示每次退刀量。

G71 P_Q_U_W_F_;P表示开始行号,Q结束行号,U表示x方向精车余量,W表示z方向精车余量,F表示粗车走刀速度。

G70:精车循环

格式:G70 P_Q_F_;P 表示开始行号,Q 结束行号,F 表示精车走刀速度。

c. 尺寸字。尺寸字用于确定机床上刀具运动终点的坐标位置。其中,第一组 X、Y、Z、U、V、W、P、Q、R 用于确定终点的直线坐标尺寸;第二组 A、B、C、D、E 用于确定终点的角度坐标尺寸;第三组 I、J、K 用于确定圆弧轮廓的圆心坐标尺寸。在一些数控系统中,还可以用 P 指定暂停时间,用 R 指定圆弧的半径等。

d. 进给功能字 F。进给功能字的地址符是 F,又称为 F 功能或 F 指令,用于指定切削的进给速度。对于车床,F 可分为每分钟进给和主轴每转进给两种,对于其他数控机床,一般只用每分钟进给。F 指令在螺纹切削程序段中常用来指定螺纹的导程。

表 11-1 数控车床常用 G 代码

序号	代码	组别	功能	序号	代码	组别	功能
1	G00	01	快速点定位	14	G50	00	坐标系设定
2	G01	01	直线插补	15	G70	00	精车循环
3	G02	01	顺时针圆弧插补	16	G71	00	粗车外圆复合循环
4	G03	01	逆时针圆弧插补	17	G72	00	粗车端面复合循环
5	G27	00	返回参考点确认	18	G73	00	定形粗车复合循环
6	G28	00	返回参考原点	19	G75	00	X 向切槽
7	G29	00	从参考点返回切削点	20	G76	00	螺纹切削复合循环
8	G32	01	螺纹切割	21	G90	01	单一形状固定循环
9	G36	01	自动刀具补偿 X	22	G92	01	螺纹切削循环
10	G37	01	自动刀具补偿 Y	23	G96	02	恒速切削控制有效
11	G40	07	刀具半径补偿取消	24	G97	02	恒速切削控制取消
12	G41	07	刀尖圆弧半径左补偿	25	G98	05	进给速度按每分钟设定
13	G42	07	刀尖圆弧半径右补偿	26	G99	05	进给速度按每转设定

注:00 组为非模态代码,其他均为模态代码。

e. 主轴转速功能字 S。主轴转速功能字的地址符是 S,又称为 S 功能或 S 指令,用于指定主轴转速。单位为 r/min。

f. 刀具功能字 T。刀具功能字的地址符是 T,又称为 T 功能或 T 指令,用于指定加工时所用刀具的编号,如 T01。对于数控车床,其后的数字还兼作指定刀具长度补偿和刀尖半径补偿用,如 T0101。

g. 辅助功能字 M。辅助功能字的地址符是 M,后续数字一般为 1~3 位正整数,又称为 M 功能或 M 指令,用于指定数控机床辅助装置的开关动作,常用辅助代码见表 11-2。

表 11-2 常用辅助功能代码

序号	代码	功能	序号	代码	功能
1	M00	程序停止	7	M08	冷却液开
2	M01	选择停止	8	M09	冷却液关
3	M02	程序结束	9	M19	主轴准停
4	M03	主轴正转	10	M30	程序结束返回程序起点
5	M04	主轴反转	11	M98	调用子程序
6	M05	主轴停止	12	M99	返回主程序

第三节 数控加工基本操作

一、数控机床位置点之间的关系

为了方便编程,可以不必考虑数控机床具体的运动形式是刀具运动还是工件运动,一律假定刀具相对于静止的工件在运动,编程时只需要根据零件图样编程。标准中规定机床坐标系采用右手直角笛卡尔坐标系,如图 11-9 所示,图中大拇指的方向为 X 轴的正方向,食指为 Y 轴的正方向,中指为 Z 轴的正方向。A、B、C 表示绕 X、Y、Z 轴回转的回转轴线,A、B、C 的正方向用右手法则确定。

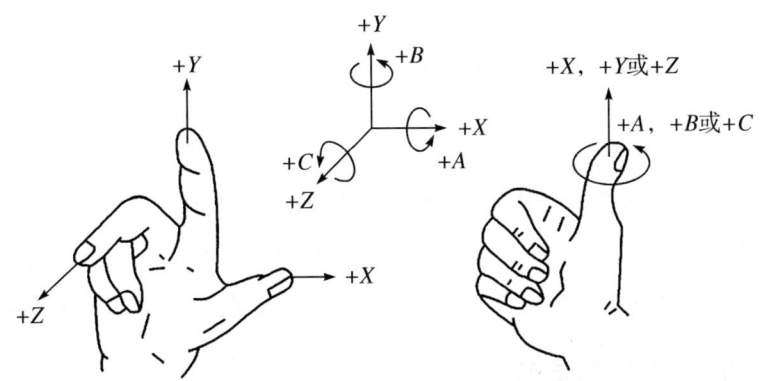

图 11-9 右手直角笛卡尔坐标系

数控机床零点是机床出厂之前由机床制造厂设置在机床上的一个固定位置。机床原点是机床坐标系原点通常由机床的制造厂家确定。机床参考点是机床上的一个固定点,它与机床原点之间有确定的尺寸联系,使用时通过"回零"确认。工件原点是工件坐标系上确定工件轮廓编程和计算的原点,在加工中因工件的装夹位置是相对机床坐标系固定的,所以工件坐标系在机床坐标系中的位置也就确定了。

刀具偏置的设置:原点(工件零点),建立一个新坐标系。机床在这个坐标系内编程可以简化坐标计算,缩短程序长度。车床在实际加工中,操作者在机床上装好工件之后,要测量工件坐标系和机床坐标系原点的距离,并把测得的距离在数控系统中预先设定,这个设定叫刀具偏置。机床在刀具移动时,工件坐标系零点偏置便加到按工件坐标系编写的程序坐标值中,对于编程者来说,只是按图纸里的坐标来编程,而不必事先去考虑该工件在机床坐标系中的具体位置,如图11-10所示为数控机床的坐标系。

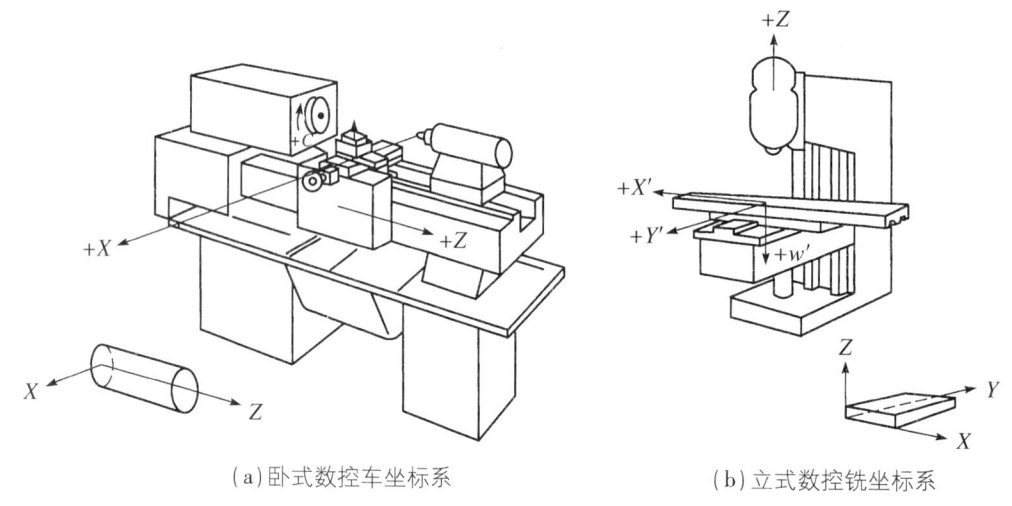

(a)卧式数控车坐标系　　　(b)立式数控铣坐标系

图11-10　数控机床的坐标系

工件零点一般选用原则:

(1)机床工件零点选在工件图样的基准上,机床可以直接使用图纸上标注的尺寸基础点作为坐标,减少计算。

(2)所选工件零点能使工件方便地装卸、测量和检验。

(3)机床工件零点尽量选在尺寸精度比较高,表面粗糙度比较低的工件表面上。这样可以提高工件的加工精度和检验零件的一致性。

(4)对于有对称几何形状的零件,工件零点最好选在对称中心点上。

(5)车床工件零点一般设在主轴中心线上、工件的右端面或左端面。数控铣床工件零点,选在工件外轮廓的某一个角上。进刀深度方向的零点,大多取在工件表面。

二、数控加工操作与编程

(一)接通电源、机床回零

接通机床电源后,机床各轴进行回零操作,带有绝对位置测量传感器的机床不用回零操作。详见机床操作说明书。

（二）装夹工件

将工件正确安装在平口钳、卡盘或其他夹具上，并进行夹紧。

（三）对刀

使刀位点与工件原点重合的操作，并且找到工件原点在机床坐标系里的坐标，称之为"对刀"。刀位点是刀具的基准点，一般为刀具上某一特定的点，如车刀的刀位点是假想的刀尖点或刀尖圆弧中心点；立铣刀的刀位点为铣刀端面与轴心线的交点。数控车床和数控铣床的对刀方法不同，且对刀的方法有很多，这里介绍一下试切法对刀。

1. 数控车床试切法对刀过程（如图 11-11 所示）

（1）把操作面板的工作方式选择旋钮调到"MDI"方式，输入主轴转速，指令程序：M03 S600。

（2）用手轮移动 Z 轴，让刀具切入工件的右边端面 2~3mm，形成新的端面。

（3）在机床上按"刀补"键，通过上下光标键找到当前刀具对应的刀补号，例如：T0101 相对应的 01 号刀的刀补号为 01，则在 01 号刀具补偿界面输入 Z 向当前刀位点在机床坐标系中的坐标值 β，以工件的右端面回转中心为工件坐标系的基准点 W。

（4）摇手轮移动 X 轴 Z 轴，使刀具切入工件 1~2mm，车削出长度 5~8mm 的整圆柱面，Z 向退出，X 向保持不变，测量工件直径 d。

（5）停止主轴，刀具沿 Z 向退出，X 向不动。

（6）在机床数控面板上输入当前 X 向的刀具偏置值，即在 01 号刀具补偿界面输入 X 向当前刀位点在机床坐标系中的坐标值（α 与直径 d 之和）。

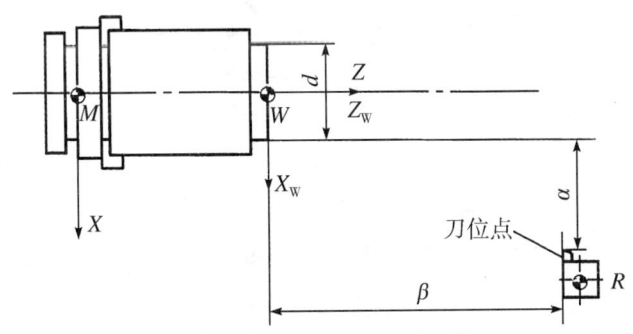

图 11-11　数控车床对刀

2. 数控铣床试切法对刀过程

（1）将方式选择旋钮置于"MDI"状态，输入转速使刀具旋转，如：M03 S400。

（2）用手轮控制刀具靠近工件 X 向一侧，并与工件相切，把相对坐标系中 X 值清零。

（3）抬起刀具，用手轮控制刀具移动至 X 向另一侧，并与工件相切，记下此时相对坐标系 X 值。

(4)抬刀,用手轮控制刀具移动至 X 值 1/2 处,即得到 X 轴工件坐标原点位置。

(5)同样方法确定 Y 轴工件坐标原点位置。

(6)用手轮控制刀具移动,让刀具端面与工件上表面相切,即得 Z 轴工件坐标原点位置。

(7)用 G54 设定当前坐标系的原点位置。

(四)输入程序、图像模拟检验

程序输入后进行走刀轨迹的图形模拟,如果走刀轨迹不正确,调至编辑方式下修改程序,再次模拟走刀轨迹,直到正确。

(五)关好防护门,在自动方式下启动自动加工

(六)加工结束后清理机床,关闭机床电源

三、编程示例

(一)带弧面轴类零件车削加工示例

编制如图 11-12 所示零件的加工程序,毛坯为 45 号钢,Φ30×60mm,选用主偏角 90°外圆车刀,先用两个矩形粗车循环,然后精车完成。加工程度,见表 11-3。

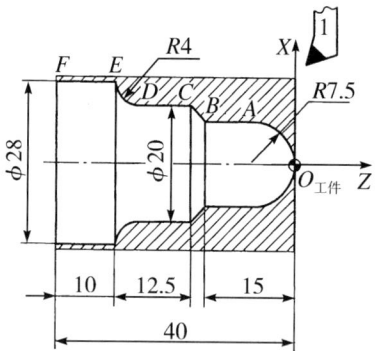

图 11-12 数控车弧面轴编程示意图

表 11-3 加工程序

程序内容	程序说明
O0001;	程序名字
M03 S800 T0101;	主轴正转,转速 800 转/分,选刀,调刀补
G99 G00 X35.0 Z2.0;	快速移到加工起点
G90 X23.0 Z-26.0 F0.2	矩形循环车削
X18.0 Z-15;	粗车圆弧外圆

程序内容	程序说明
G00 X0;	快速到加工起点
G01 Z0 F0.2;	刀具到达 O 点
G03 X15.0 Z-7.5 R7.5;	刀具到达 A 点
G01 Z-15.0;	刀具到达 B 点
X20.0 Z-17.5;	刀具到达 C 点
Z-26.0;	刀具到达 D 点
G02 X28.0 Z-30.0 R4.0;	刀具到达 E 点
G01 Z-40.0;	刀具到达 F 点
G00 X100.0;	退刀
Z100.0;	到安全位置
M05 T0100;	主轴停止撤销刀具补偿
M30;	程序结束并返回开始行

（二）台阶轴车削编程示例

如图 11-13 所示，毛坯为 Φ40×123mm 的 45 号钢圆棒，选用主偏角 90°外圆车刀，3mm 宽切槽刀，60°螺纹刀。G 指令编程：先加工右边 Φ38 外圆—M20×2 螺纹各部分形状。设定右端面和轴心线交点为工件零点，各刀具以此点设定刀偏值。加工程序，见表 11-4。

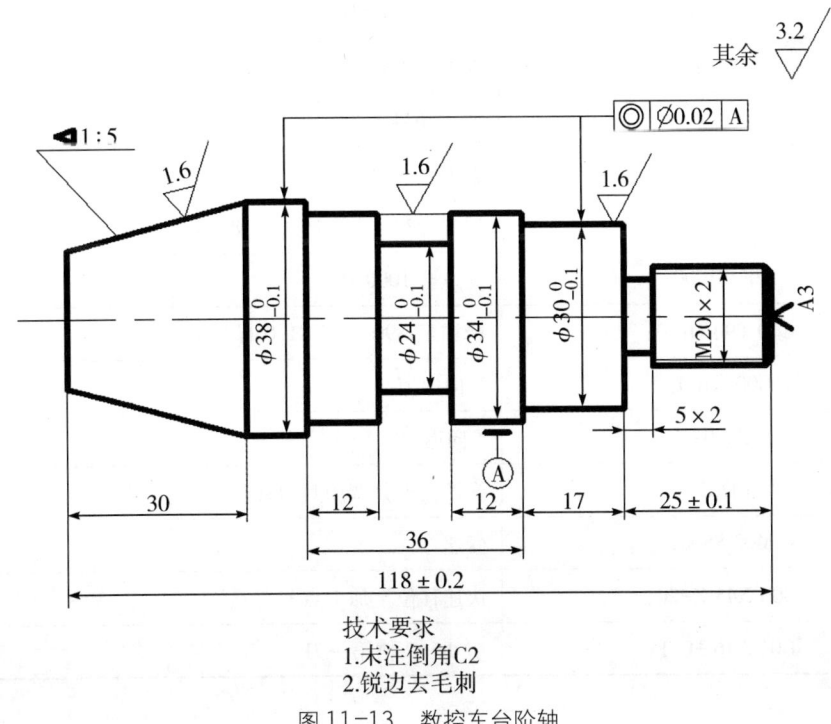

图 11-13 数控车台阶轴

表 11-4 台阶轴的加工程序

程序内容	程序说明
O0333;	程序名
T0101;	设定外圆车刀为 01 号刀
G97 G99;	非恒定切削方式设定，每转进给方式设定
M03 S600;	主轴正转，每分钟 600 转
G00 X42 Z0;	快速移动到右端加工起点
G01 X0 F0.2;	车右端面
G00 X42 Z2;	退刀
G71 U2 R1.5;	粗车外圆复合循环每次进刀量 2mm，退刀量 1.5mm
G71 P90 Q170 U0.5 W0.4 F0.2;	粗车外圆复合循环从 N90 行到 N170 行，精车余量 X 向为 0.5mm，Z 向为 0.4mm，走刀量 0.2mm/转
N90 G00 X14;	X 方向倒角起点
Z1;	Z 方向倒角起点
G01 X20 Z-2 F0.1;	倒角
Z-25;	车螺纹外圆
X30;	拉刀至 X30
Z-42;	加工 Φ30 的外圆
X34;	退刀至 X34
Z-78;	加工 Φ34 外圆
X38;	退刀至 X38
N170 Z-118;	加工 Φ38 外圆和总长 118mm
M03 S1000;	变速至 1000 转/分
G70 P90 Q170;	精加工 N90 行到 N170 行各段尺寸
G00 X100;	X 向退刀
Z100;	Z 向退刀
T0202;	换切槽刀并调用其刀补
M03 S500;	变速
G00 X45 Z-20;	快速移位至加工点
G01 X16 F0.1;	切 Φ5×2 槽第一刀

程序内容	程序说明
G04 X3；	刀具停止运动3秒,主轴正常运动
G00 X45；	退刀
W-2；	横移2mm
G01 X16 F0.1；	切Φ5×2槽第二刀
G04 X3；	刀具停止运动3秒,主轴正常运动
G00 X45；	X向退刀
Z-54；	快速移动至Z-54
G01 X24.5 F0.1；	切24×12槽第一刀
G04 X3；	刀具停止运动3秒,主轴正常运动
G00 X50；	退刀
Z-57；	快速移动至Z-57
G01 X24.5 F0.1；	切24×12槽第二刀
G04 X3；	刀具停止运动3秒,主轴正常运动
G00 X50；	退刀
Z-60；	快速移动至Z-60
G01 X24.5 F0.1；	切24×12槽第三刀
G04 X3；	刀具停止运动3秒,主轴正常运动
G00 X50；	退刀
Z-63；	快速移动至Z-63
G01 X24 F0.1；	切24×12槽第四刀,并切至槽底
Z-54；	反向慢速横移切削,24×12槽车成
G00 X100；	X向退刀
G00 Z100；	Z向退刀
M05；	主轴停
T0404；	换螺纹刀
M03 S400；	主轴启动400转/分
G00 X30 Z5；	快速移动到螺纹加工起点
G92 X19 Z-20 F2；	螺纹切削循环
X18.4；	螺纹切削循环第二刀

程序内容	程序说明
X18；	螺纹切削循环第三刀
X17.6；	螺纹切削循环第四刀
X17.4；	螺纹切削循环第五刀，螺纹车成
G00 X100；	X 向退刀
Z100；	Z 向退刀
T0202；	换切槽刀，调用新刀偏
M03 S450；	变速
G00 X45 Z-120；	快速移动控制 120 总长
G01 X0 F0.1；	切断
G00 X100 Z100；	双向同时退刀
M05；	主轴停
M30；	程序结束
O0332；	调头装夹，启动机床程序 O0332；
G97 G99；	非恒定切削方式设定，每转进给方式设定；
M03 S600；	主轴启动
T0105；	换 90°偏刀，调用新刀补
G00 X45 Z0；	快速移动加工起点
G01 X0 F0.1；	车端面控制 118 总长
G00 X45 Z5；	退刀
G71 U2 R1；	粗车外圆复合循环每次进刀量 2mm，退刀量 1mm
G71 P90 Q100 U2 W1.5 F0.1；	粗车外圆复合循环从 N90 行到 N100 行，精车余量 X 向为 0.5mm，走刀量 0.1mm/转
N90 G01 X31 F0.2；	圆锥面加工起点
N100 G01 X38 Z-30；	圆锥面加工终点
M03 S900；	变速
G70 P90 Q100 ；	精加工 N90 行到 N100 行圆锥面尺寸
G00 X100 Z150；	快速退刀
M05；	主轴停止
M30；	程序结束并返回起始行。

第四节 评分标准

台阶轴加工评分标准

	工位号		学号		姓名		总得分	
	项目	质量检测内容		配分	评分标准		实测结果	得分
成绩评定	1	118 ± 0.2 总长尺寸		10	超差酌情扣分			
	2	$\Phi38_{-0.1}^{0}$ 尺寸		5	超差酌情扣分			
	3	$\Phi34_{-0.1}^{0}\times12$ 两处尺寸		10	超差酌情扣分			
	4	$\Phi30_{-0.1}^{0}\times17$ 尺寸		5	超差酌情扣分			
	5	$\Phi24_{-0.1}^{0}\times12$ 尺寸		10	超差酌情扣分			
	6	M20×2 长 20 尺寸		10	超差酌情扣分			
	7	5×2 槽		3	超差酌情扣分			
	8	1:5 圆锥面尺寸		12	超差酌情扣分			
	9	表面粗糙度 $R_a6.3\mu m$		10	超差酌情扣分			
	10	倒角及锐角倒钝		5	超差酌情扣分			
		安全文明生产		20	违者不得分			
	现场记录:							

思考题

1. 数控机床有什么特点？
2. 工件零点一般选用原则是什么？

第十二章　金属激光切割

【教学目标】

知识目标

1. 了解金属激光切割机的组成结构及工作原理。
2. 熟悉金属激光切割机加工的工艺特点、应用范围及机床的安全操作规程。
3. 掌握 CypCut 激光切割控制软件的使用方法,并能进行平面作品的设计。
4. 熟悉激光切割机的操作步骤,并进行实际加工。

能力目标

1. 能自主运用 CypCut 软件进行平面创新设计与制作。
2. 掌握金属激光切割机的基本操作方法并进行实际加工。

第一节　概述

一、金属激光切割机安全操作守则

(1)按规定穿戴好劳动防护用品,在激光束附近必须佩带符合规定的防护眼镜。

(2)必须严格遵守激光切割机的安全操作规程。操作者须经过培训,熟悉切割软件、设备结构、性能,掌握操作系统有关知识,严格按照激光器启动程序启动激光器。

①开启设备电源总闸。

②开启水冷机电源。

③开启操作台电源。

④开启激光电源。

(3)根据加工目的及工件材质选取适当的工艺参数,既选择合适的切割速度、激光电流、气体压力、焦距大小。

(4)必须保证所加工板料的清洁、平整度。严禁加工锈蚀严重、平整度极差的板料。

(5)操作者不要直视切割加工时的激光火焰,防止灼伤眼睛。切割加工区域内非机床操作人员不得进入,加工过程中不得触碰任何机床按钮。

(6)设备运行过程中,操作人员不得离开机床。操作者要随时监控机床的运行状态,一旦出现异常状况应立即停机,故障排除后方可继续加工。

(7)在开始加工前,应确保工件图形的工作零点在板材的范围内。防止在按下开始按钮后激光头移动到板材外沿 Z 轴下降,使激光头撞至刀条,造成激光头损坏。

(8)激光器的冷却设备必须确保工作正常,一旦发现异常,必须立即切断激光高压或按"急停开关",以免损坏设备。

(9)使用气瓶时,避免压坏电线,以免漏电事故发生。禁止气瓶在阳光下爆晒或靠近热源。开启瓶阀时,操作者必须站在瓶嘴侧面。在更换激光器气体的过程中务必注意气体所对应的传输管路,错接将造成严重的激光器故障。

(10)每季度检查一次冷水机用水的水质。机床长时间未进行切割加工后再开机时,应先检查气路、水路,必要时请更换冷水机用水。

(11)保持激光器、激光头、床身及周围场地整洁、有序、无油污,工件、板材、废料按规定堆放。

二、金属激光切割特点

激光切割机是集光、机、电一体化的激光加工设备,它采用激光技术及计算机控制技术和高性能的数控激光电源系统,能快速高效地加工各种规格的金属板材。

激光切割机加工效率高,产品边缘光滑,切缝小,且热效应小,尤其适合钣金加工。

主要性能和优势:

(1)光纤激光器具有光束质量好、成本低、电光转换效率高、稳定可靠等特点。

(2)适用领域广:适用于金属材料的切割,如不锈钢、碳钢。广泛应用于厨具、五金、刀具、高低压电器柜制作;仪表电器零件、金属工艺品、广告标牌制作;装潢、航空、航天、兵器、汽车、医疗等行业。

(3)切割质量好:无接触切割,切边受热影响很小,基本没有工件热变形,可避免材料冲剪时形成的塌边,切缝一般不需要二次加工。切缝平整、美观,无需后序处理工序。

(4)切割精度高:适用于各种精密配件和机器面板的切割、打孔以及各种金属字、装饰图案等的切割。

(5)切割速度快:切割速度最快可达 12000mm/min。

(6)节省材料:采用电脑编程,可以把不同形状的产品进行整张板材料套裁,最大限度地提高材料的利用率。

(7)节约模具投资:在电脑上设计出任何图像都可进行激光加工,不需模具,没有模具消耗。

(8)无须修理模具,节约更换模具时间,从而节省了加工费用,降低了生产成本,尤其适合大件产品的加工。

三、金属激光切割加工原理

激光是一种高亮度、方向性好、单色型号的相干光。由于激光的发散角小和单色性好,通过光学系统可以聚焦成为一个直径极小的光束(微米级)如图12-1所示。激光加工时把光束聚焦在工件表面上,由于区域很小、亮度极高,其焦点处的功率可达108~1010W/mm,温度可达一万多摄氏度。在此高温下,任何僵硬的材料都将瞬时急剧熔化和蒸发,并产生很强的冲击波,使熔化物被爆炸式地喷射去除,从而达到使工件材料被去除、连接、改性和分离等加工目的。

(1)输出高能量密度的激光束。

(2)光束通过聚焦镜的聚焦,输出一能量高度集中的光束。

(3)聚焦后的光束从喷嘴中心通过,喷嘴内喷出辅助切割气,其轴心与光路相同。

(4)当激光束遇到切割气体后,被迅速加热,对切割材料进行氧化与蒸发,达到切断目的。

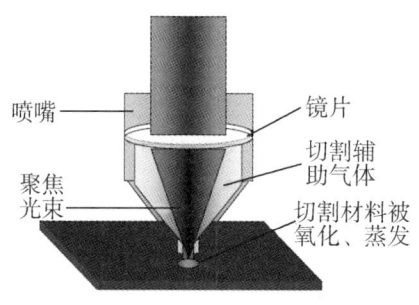

图12-1 激光加工原理

第二节 金属激光切割所用设备与切割基本操作

一、金属激光切割所用设备

LF1325L光纤激光切割机是应用光纤激光器产生的1064nm激光经过扩束、反射、聚焦后辐射到加工件表面,表面热量通过热传导向内部扩散,通过数字化精确控制激光脉冲的能量、峰值功率和重复频率等参数,使工件汽化、熔化,形成切缝,从而实现对被加工件的激光切割。

LF1325L光纤激光切割机由激光器、机床主体、控制系统、水冷机、气体装置五大部分组成,其外形如图12-2所示。机床主体部分是整个激光切割机的最主要的组成部分,主机部分由床身、横梁部分、工作台、气路及水路等部分组成。其他辅助外围设备包括水冷机组、变压系统。

图12-2　LF1325L光纤激光切割机

光纤切割机的气路是为提供给切割头的切割气体,常用的气体有:氧气、氮气和压缩空气。氧气主要用于切割普通碳钢;氮气主要用于切割不锈钢和合金钢及铝合金。针对不同的材料应选用不同的切割气体。

二、基本操作步骤

(一)开机程序

(1)打开总电源。
(2)开启水冷机。
(3)开启操作台。打开急停开关,打开电脑,打开切割气体按钮。
(4)开启光纤器。
(5)打开CypCut激光切割控制软件。如图12-3所示。

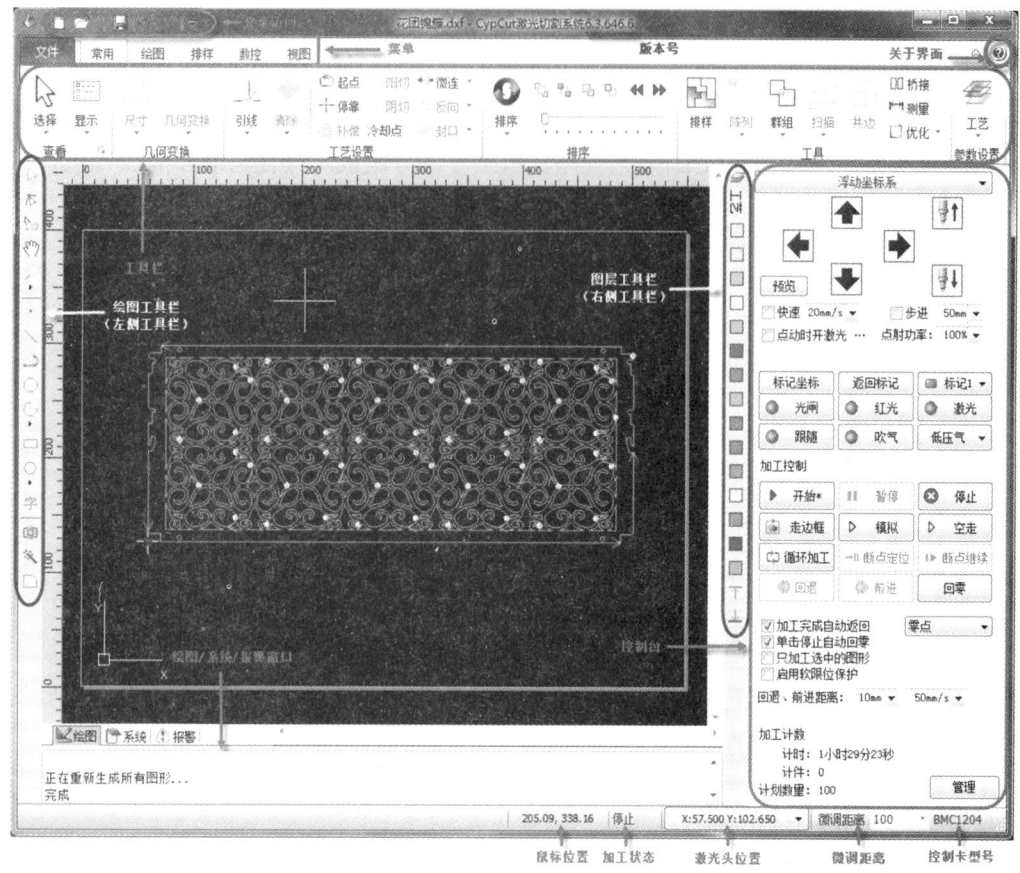

图12-3　CypCut激光切割控制软件用户界面

界面正上方从上到下依次是标题栏、菜单栏和工具栏。菜单栏包括"文件"菜单和5个工具栏菜单"常用""绘图""排样""数控"和"视图",选择相应菜单可以切换工具栏的显示。

界面左侧是"绘图工具栏",这里提供了基本的绘图功能,其中前面5个按钮用于切换绘图模式,包括选择、节点编辑、次序编辑、拖动和缩放;下面的其他按钮分别对应相应图形,单击它们就可以在绘图板上插入一个新图形。最下方有三个快捷键,分别是居中对齐、炸开所选图形以及倒圆角。

绘图区右侧是"工艺工具栏",包括一个"工艺"按钮和17个方块按钮。单击"工艺"按钮将打开"工艺"对话框,可以设置大部分的工艺参数。17个颜色方块按钮,每一个对应一个图层,选中图形时单击它们表示将选中图形移动到指定的图层,没有选中图形时单击它们表示设置下次绘图的默认图层。

界面下方包括三个滚动显示的自带文字窗口。左边的为"绘图窗口",所有绘图指令的相关提示或输入信息在这里显示;中间的窗口为"系统窗口",除绘图之外的其他系统消息将在这里显示,包括提示、警告、错误等;右边的窗口为"报警窗口",所有的报警信息将在这里以红色背景、白色文字显示。

界面最底部是状态栏,根据不同的操作显示不同的提示信息。状态栏的左侧是已绘制的加工图形的基本信息,状态栏的右侧包括几个常用信息,包括鼠标所在位置、加工状态、激光头所在位置。后面一个微调距离参数,用于使用方向键快速移动图形,最后显示的是控制卡的型号。

界面右侧的矩形区域被称为"控制台",大部分与控制相关的常用操作都在这里进行。从上到下依次是坐标系选择、手动控制、加工控制、加工选项和加工计数。

(6)调节气体气压,如图12-4、5所示。

图12-4 氧气表安装示意图

图12-5 氮气表安装示意图

打开气压表:先松开气压调节旋钮,再开气瓶内气体,最后按手柄"吹气开/关"键吹气,调整吹气气压。

关闭气压表:先关闭瓶内气压,再松开气压调节旋钮,按手柄"吹气开/关"键放气完成后卸掉气路内压力。

(7)标定,如图12-6、7所示。

将板材放置切割台面,通过操作手柄将激光头移至板材上面,点击软件上的[数控]按钮,弹出对话框,用鼠标点击[F1]标定—[F2]浮头标定,鼠标左键长按向下箭头使激光头移动至板材上方1cm处,点击确定,待标定完成后(稳定度、平滑度在良以上),点击保存,完成标定。

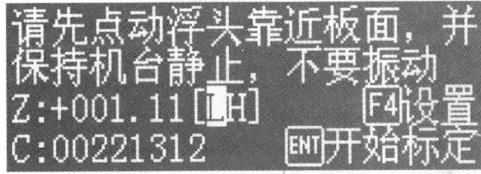

图12-6 标定初始界面　　图12-7 标定界面

(二)控制软件操作流程

制作图形数据——数据检验——制定工艺参数——模拟加工——加工输出。

(1)打开软件——导入——找到已绘制好的相应格式的图形。如图12-8所示。

图 12-8　导入文件

(2) 设置图形尺寸。如图 12-9 所示。

图 12-9　设置图形尺寸

(3) 设置引入引出线并进行排序、模拟。

(4) 调出切割参数。如图 12-10 所示。500W 金属光纤切割机工艺参数可参考

表 12-1。

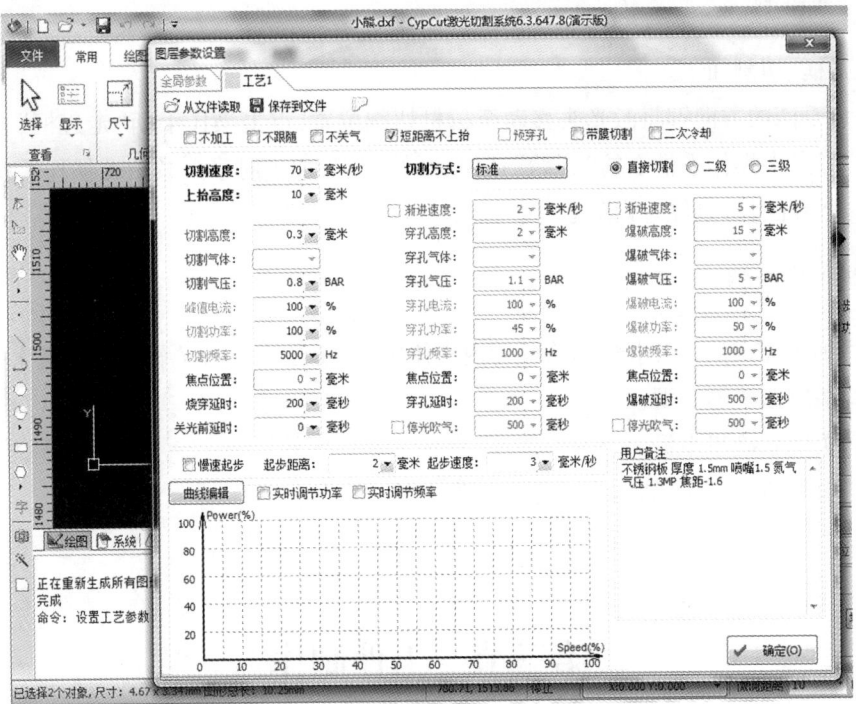

图 12-10 工艺参数设置界面

表 12-1 切割工艺参数

材质	厚度(mm)	进率(%)	速度(m/min)	气压(Mpa)	焦点(mm)	切割高度(mm)	穿孔方式
500W 切割工艺参数(参考)							
不锈钢 SUS	1	100%	8~10	1.5(N_2)	-1	0.4	直接
	2	100%	1.5~2.5	1.8(N_2)	-2	0.4	直接
	3	100%	0.3~0.6	1.8(N_2)	-3	0.3	分段
碳钢 MS	1	100%	8~10	0.8(O_2)	1	1	直接
	2	100%	3.0~4.0	0.6(O_2)	2	1	直接
	3	100%	1.5~2.2	0.5(O_2)	3	1	渐进
	4	100%	1~1.5	0.3(O_2)	3.5	1.5	渐进
	5	100%	0.6~0.8	0.2(O_2)	3.5	1.5	渐近
	6	100%	0.3~0.6	0.2(O_2)	4	2	渐进

（三）切割

走边框、切割加工。

通过手柄的方向键将激光头移动至板材切割位置，点击操作手柄"走边框"，确定加工位置后，点击操作手柄上的"开始"按钮，开始加工，加工时手严禁放开操作手柄，以便出现紧急情况时可以停止设备运行。

（四）关机程序

（1）加工完成后，关闭气瓶，将气管内气体排出，并将 X 轴与 Y 轴移动至机床中。
（2）关闭激光器电源。
（3）关闭水冷机电源。
（4）关闭机床电源、微压电源及外部总电源。

第三节　工件制作

一、配合件的加工

如图 12-11 所示，将阴影部分和另一部分分别切割，然后拼接成下面的图形。

材料 304 不锈钢，板厚 2mm；操作时间 45 分钟。

技术要求，按图纸尺寸要求进行加工，阴影部分和另一部分割拼接后保证拼接质量；切割完成后工件不准作任何处理。

操作流程：

计算机绘图——导入图形——预处理——工艺设置——刀路规划——加工前检查——加工控制。

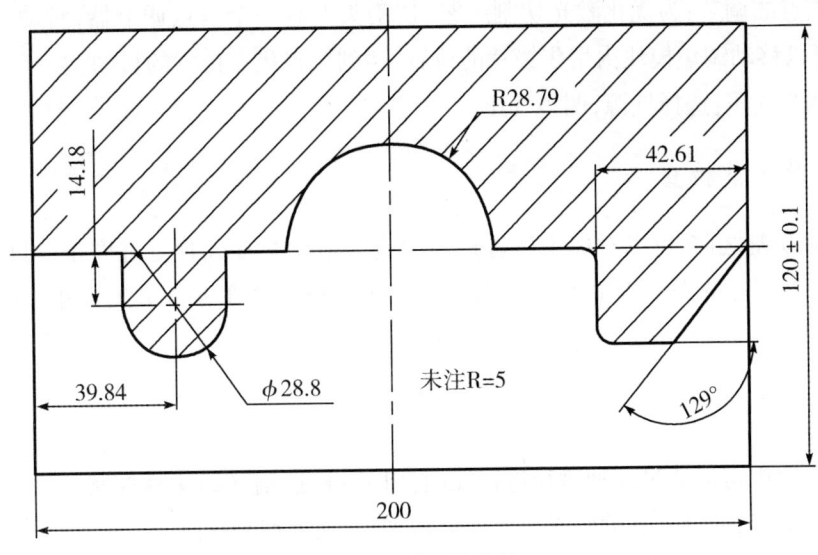

图 12-11　配合件

（一）计算机绘图

根据零件图纸要求，用绘图软件（AutoCAD、CAXA）分别设计出上下两部分，并保存成 DXF 格式文件。

（二）导入图形

打开 CypCut 激光切割控制软件，导入已绘制好的文件图形，常用的导入图形格式有 AI、DXF、LXD 等图形数据格式。

（三）预处理

导入图形，CypCut 进行去除极小图形、去除重复线、合并相连线、自动区分内外模和排序等优化，加工的图形都应当是封闭图形，如果打开的文件包含不封闭图形，软件会提示，并以红色显示。

（四）工艺设置

(1)选择工具栏里"工艺设置"，包括设置引入引出线、设置补偿等。设置过切、缺口或封口参数；设置微连等。

(2)也可以全选所有图形，然后单击"引刀线"按钮，设置好引刀线的参数，软件会自动查找合适的位置加入引入引出线。

(3)单击工具栏的"图层"按钮，可以设置详细的切割工艺参数。"图层参数设置"对话框包含了几乎所有与切割效果有关的参数。

(4)焦点的调节:为优化激光切割工艺,切割头上有一个焦点调节器,转动调节器上的旋钮,可以移动调焦模块内聚焦镜片的位置,达到调整焦点位置的目的。

(5)调节气压:选择气源,调整气压。

(五)加工前检查

在实际切割之前,可以对加工轨迹进行检查。拖动交互式预览进度条,可以快速查看图形加工次序,单击交互式预览按钮,可以逐个查看图形加工次序,可以进行模拟加工。

(六)加工控制

加工过程中可以通过两种途径进行控制:(1)软件控制;(2)手柄控制。
切割完成后,选择合适的停靠位置停靠激光头,取出切割样品。

二、小车行进轮的加工

按照要求,采用激光切割方法加工一对行进轮。

要求:

(1)在行进轮中心建立极坐标系。在轮毂与轮外缘之间半径差为40mm的环形区域内,加工出一个直径20±0.1mm的圆孔和一个边长20±0.1mm的方孔,圆孔中心处极角为$\frac{\pi}{4}$,方孔中心处极角为$\frac{3\pi}{4}$。

(2)在上述40mm的环形区域内,加工出"工程训练",字体要求简体隶书,字符串在极角$\pi\sim2\pi$的范围内,且以轮子圆心为中心呈弧形等距整齐排列,汉字笔画不能缺损,每个汉字高度为20±1mm,笔画宽度大于2mm,在符合上述要求的基础上,以美观大方为宜。

(3)完成设计,生成DXF格式的行进轮零件图纸文件和用于加工的DXF格式的加工数据文件。

(4)材料304不锈钢,板厚2mm,操作时间45分钟。

操作流程:参考本章第三节第一部分配合件的加工流程,行进轮图纸设计如图12-12所示。

第十二章 金属激光切割

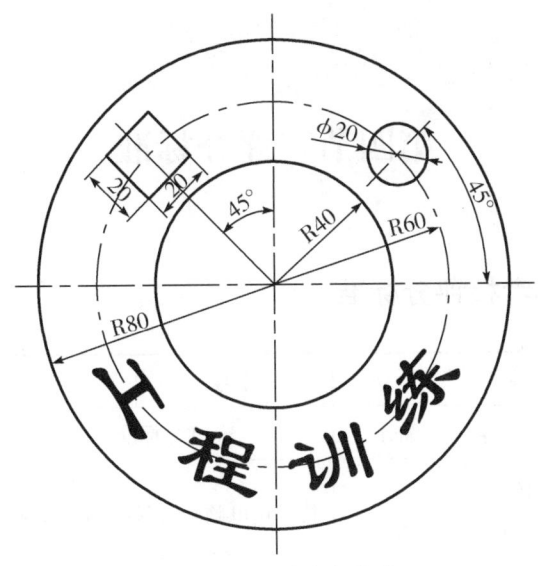

图 12-12 小车行进轮

三、激光切割加工的一些作品实例

使用激光切割机加工的图案如图 12-13 所示。

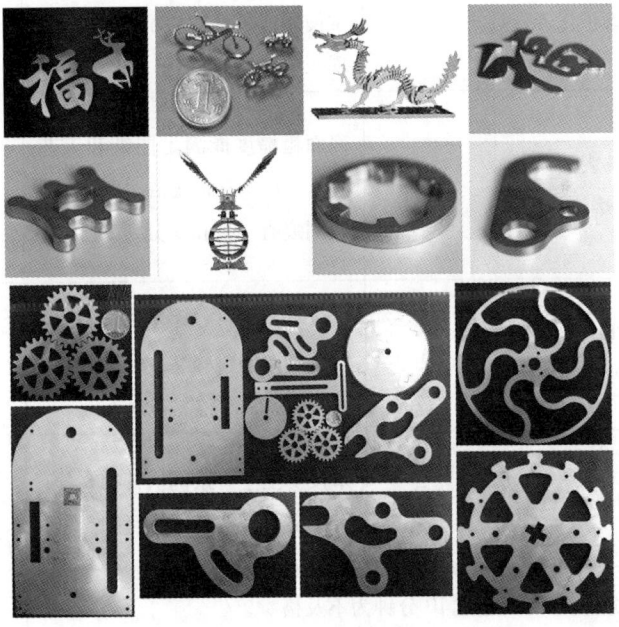

图 12-13 激光切割作品实例

第四节　评分标准

激光切割实操考核评分标准

工位号			姓名		学号		总得分	
项目	编号	质量检测内容	配分		评分标准		实测结果	得分
基础能力项目	1	能读懂图纸并在电脑上画出图形	20		按图用电脑画出图形,错一处扣5分,扣完为止			
基础能力项目	2	正确的操作设备,做好设备的维护保养	15		按正确的操作顺序操作系统,保证零件的加工质量,在操作过程中,出现操作失误,影响设备正常使用或零件的切割质量等,出现一项扣5分,扣完为止			
零件的加工质量	1	零件表面质量高,熔渣易除	15		表面粗糙度能满足图纸和工艺要求,切口表面光洁,切口表面有割痕有一处扣5分,扣完为止			
零件的加工质量	2	切割后尺寸误差	40		拼接尺寸要符合图纸要求,长度或宽度方向每超0.1扣5分,扣完为止			
安全文明		根据安全生产和文明生产的规定进行操作	10		未按安全生产条例执行扣5分;未按文明生产条例执行扣5分			
其他		每超过1分钟扣5分,超过10分钟为不及格						
		现场记录:						

思考题

1. 从激光束的特性分析,为什么激光束可以用来进行激光与物质的相互作用?
2. 简要说明金属激光切割加工的操作过程。
3. 一般来说激光切割质量评价指标包括哪些方面,并说明其影响因素。

第十三章 激光内雕

【教学目标】

知识目标

1. 了解激光内雕机的安全操作守则及实训要求。
2. 了解非金属激光加工的基本知识。
3. 了解素材的选择初步处理过程。
4. 掌握激光内雕机的算点软件的使用方法。
5. 掌握激光内雕机的打点软件的使用方法。

能力目标

1. 初步掌握激光内雕机的使用方法和使用流程。
2. 能够完成已有素材的打印任务。

第一节 概述

一、安全操作规程

（1）关机时必须先将电流调低再关闭激光器电源。

（2）机器在上电后不能受振动,也不要在机器2米范围内使用手机,因为手机信号会干扰振镜。

（3）机器上电后不能接取任何信号线,如:电脑控制卡输出的扫描振镜信号线,上电后再接信号线极可能会造成设备器件损坏。

（4）机器不要随便搬动,如需搬动必须关掉所有电源,搬动后每一条线及驱动卡一定要检查清楚是否连接好,有无松动后再接好电源。不接好连接器,接电源后极容易损坏控制卡。

(5)电脑控制卡不能随便对换。控制卡分二大类：DAT2000 卡及 PCI2000 卡。对换设置未更改会出现乱打标、不工作及可能损坏振镜。

(6)不能随意更换电脑的硬件设置信息。因设置错误会损坏电脑控制卡，严重时会损坏振镜头。

(7)环境要求最好有空调的环境下工作，无尘、防潮、室温在 20℃～28℃ 为最佳工作状态。气温过高及湿度过大都可能会导致激光器损坏。

(8)若发生漏电、触电事故，应立即按下内雕机操作面板上急停开关，切断内雕机总电源，检修后方可使用。

(9)每次工作完之后，首先作好环境的清洁，使工作环境无尘、洁净，然后作好设备的清洁，包括主机的外表面、主控柜的外表面，光学系统罩壳、工作台面等要无杂物、无尘、洁净。

(10)每两月用高压气枪吹洗冷凝器(换热器)及机箱内其他部位，环境污染较重的每月吹洗一次。

(11)激光内雕机采用封闭的激光光路设计，可以有效地防止激光辐射的泄露，在激光器开机过程中严禁用眼睛直视出射激光或反射激光，以防损伤眼睛。工作时请佩带防护眼镜。

二、加工原理

三维激光雕刻机是一个由计算机控制的可在水晶玻璃内部雕刻出二维或三维图形的系统，高强度的激光束聚焦在水晶内部时，将一定波长的激光打入玻璃或者水晶内部，令其内部的特定部位发生细微的爆裂形成气泡，犹如激光束在水晶内部雕刻出一个微小点，从而勾勒出预置形状的一种加工工艺。如果按平面图形在水晶内部逐点雕刻出微小点，就可以形成二维图像。激光三维内雕属于选择性激光雕刻技术，根据分层制作和层层叠加的技术途径，计算机从图像的三维几何信息出发，通过对信息的离散化处理(切片分层)，将三维雕刻转为二维雕刻，再在高度方向堆集，形成三维图像。

激光要能雕刻水晶，它的能量密度必须大于使水晶破坏的某一临界值，或称阈值，而激光在某处的能量密度与它在该点光斑的大小有关，同一束激光，光斑越小的地方产生的能量密度越大。这样，通过适当聚焦，可以使激光的能量密度在进入水晶及到达加工区之前低于水晶的破坏阈值，而在希望加工的区域则超过这一临界值，激光在极短的时间内产生脉冲，其能量能够在瞬间使水晶受热破裂，从而产生极小的白点，在水晶内部雕出预定的形状，而水晶的其余部分则保持原样完好无损，如图 13-1 所示。

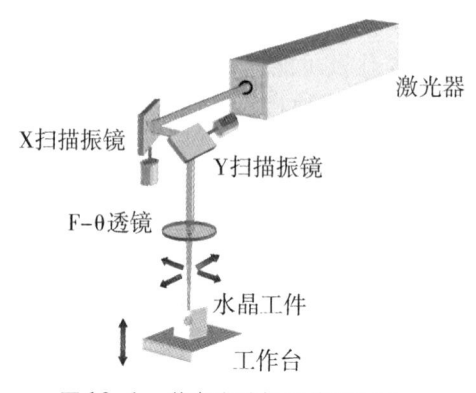

图 13-1 激光内雕机工作原理图

三、工作大致流程步骤

激光内雕机的工作大致流程分以下三个步骤:

(一)素材的选择

素材的选择对于一个好的激光内雕作品来说非常重要,对于照片类素材来说,合适的素材有以下几个要素:

(1)照片主次分明,人物清晰,无模糊感。
(2)照片光影分散均匀,无明显的亮度的明暗分别。
(3)照片解析度足够,一般手机或者数码相机拍摄的照片均能满足要求,网上下载的图片有时候解析度分辨率过低,无法使用。

(二)将素材通过算点软件转换为 DXF 格式的点云文件

算点软件的使用方法具体见后续章节。

(三)将点云文件导入到打点软件中并开始加工

打点软件的使用方法具体见后续章节。

第二节　激光内雕所用设备以及雕刻材料

一、机器整体结构外观

(一)设备外观

ZT-532 系列激光内雕机的外观如图 13-2 所示。

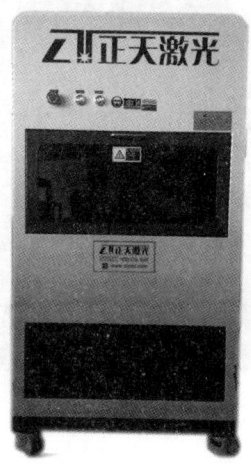

图 13-2　ZT-532 系列激光内雕机正面图

(二)机器正面按钮及用途

正面主要按钮如图 13-3 所示。

图 13-3　正面主要按钮

各种按钮的用途如下：

(1)急停开关：按下红色的急停开关按钮，机器的供电将被切断。向右转动红色按钮 45°，红色按钮将自动弹起，机器将恢复供电。

(2)电源开关：机器的总电源开关，按下 POWER 按钮给机器供电，此时蓝色显示。

若再次按下 POWER 按钮会关闭。

(3)激光开关:激光器开关,按下 LASER 按钮,开启激光器,此时蓝色显示。若再次按下 LASER 按钮,激光器关闭

二、工作平台

激光内雕机工作平台如图 13-4 所示,平台用来摆放被雕刻的物品。

图 13-4　激光内雕机工作平台

三、雕刻材料

雕刻的原材料为人造水晶,即高铅玻璃,或称为铅晶质玻璃。因为人造水晶化学性能好,与普通玻璃相比,主要是比重大、手感沉重、硬度高、耐磨、折射率大,能透射出光谱的五光十色。在普通玻璃(成分是二氧化硅)中加入 24% 的氧化铅,就会得到亮度和透明度与天然水晶类似的人造水晶。

注意此处不能用玻璃来代替,国际上对玻璃有严格的概念,Glass:即普通的玻璃产品。Crystal:既铅玻璃,或者叫水晶,氧化铅含量达到 24%。因此,含 24% 氧化铅是优质高铅玻璃的保证。人造水晶的另一个特点是净洁无瑕。天然水晶中除了顶级的天然水晶通透无瑕,璀璨洁净外,一般的天然水晶常有包裹体和绵,而人造水晶则晶莹剔透。

第三节 激光内雕基本操作工艺

一、开机操作步骤

第一步:打开急停开关,再打开总电源开关,最后打开激光电源开关。

第二步:打开工控机及电脑显示器。

第三步:打开打点软件。

第四步:用算点软件对图案进行算点,详细的参数与操作参考软件使用说明书。

第五步:保存点云。

第六步:电脑进入 Windows 系统后,打开桌面上"打点软件",软件打开后点击 复位 或者 Reset,注意:以下2种情况下必须复位。

(1)断电后重开。

(2)打点软件关闭后重开。

第七步:放入人造水晶并点击雕刻。

二、算点软件程序功能说明

(一)主功能窗口

主功能窗口如图 13-5 所示。图中黄色的框线是水晶方体大小显示框;中间是三维坐标显示,X、Y、Z;框内是实际内雕图案显示区。

(二)模块窗口

模块窗口如图 13-6 所示,显示普通 DXF、贴图 OBJ、照片 JPG/BMP、生成点云的参数以及点云编辑功能。

工程训练教程

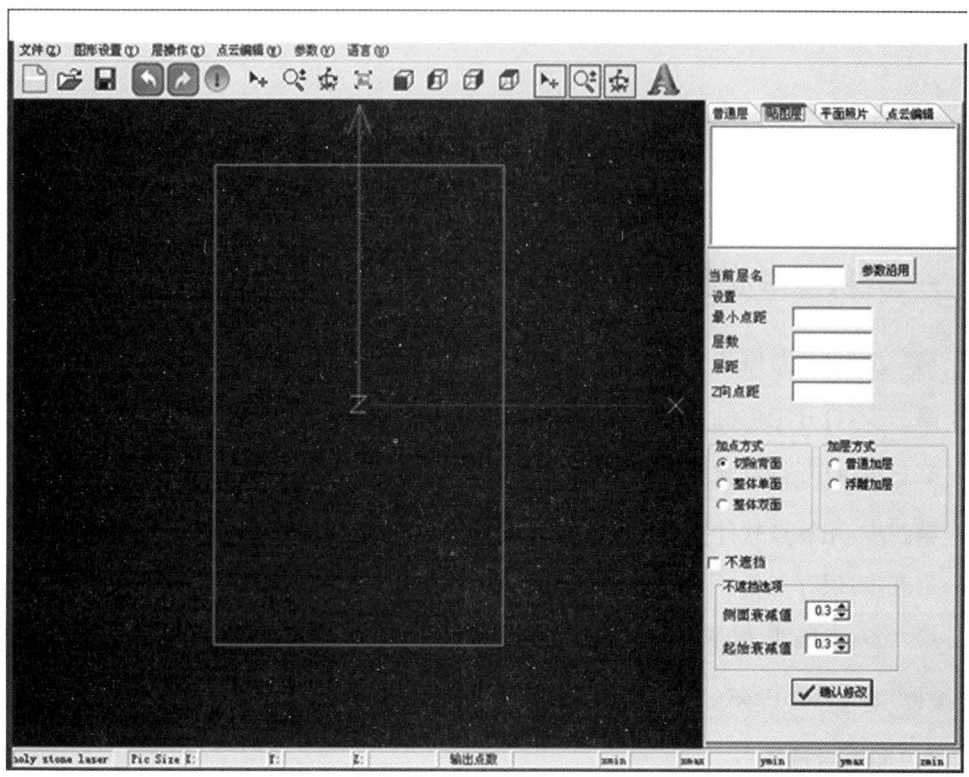

图 13-5　主功能窗口

（三）打开文件

打开文件如图 13-7 所示。

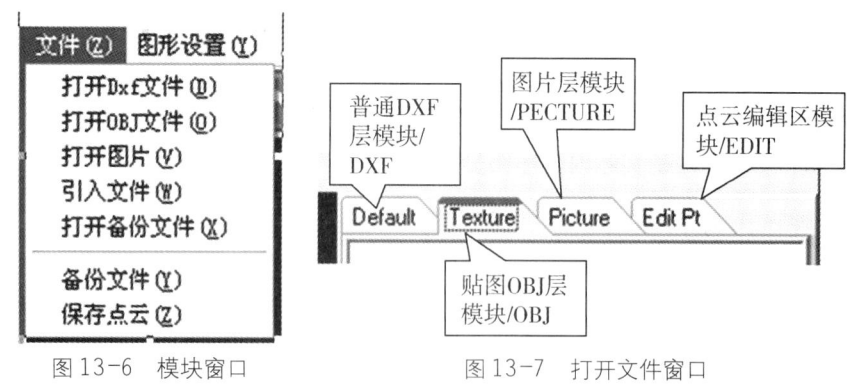

图 13-6　模块窗口　　　　图 13-7　打开文件窗口

（四）图形基本设置

主要操作界面和选项如图 13-8、9、10 所示。需要注意的是，根据素材的情况不同，一些 3D 图需要进行纹理贴图设置，一些二维的平面图不需要进行此项设置。

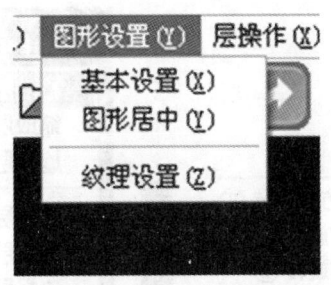

图 13-8　图形设置

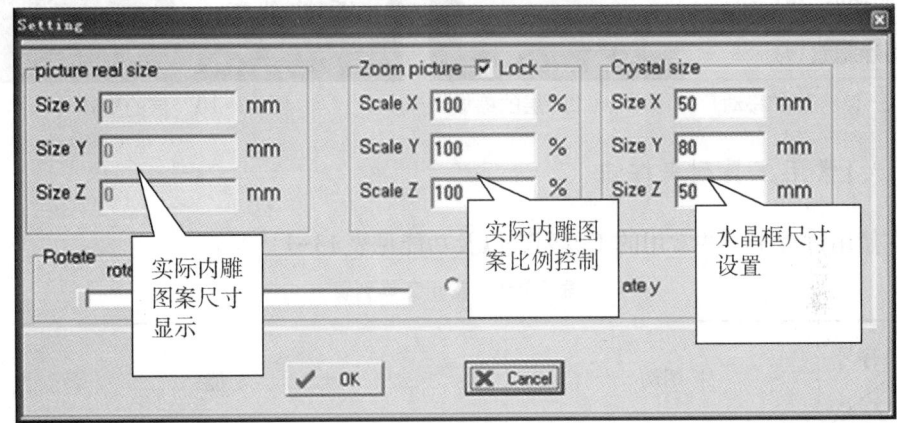

图 13-9　基本尺寸设置

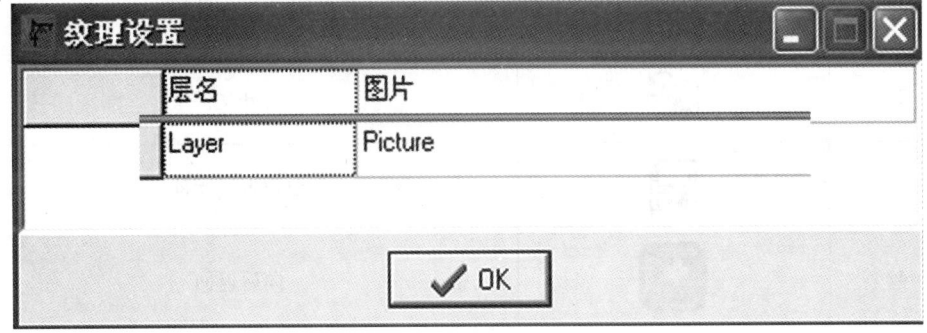

图 13-10　纹理设置

(五)层的各种操作

导入的素材是以层的形式存储在软件中,所以对图形的一些操作则是以层为单位进行操作,常见的层操作有以下几种,操作界面如图 13-11、12、13 所示。

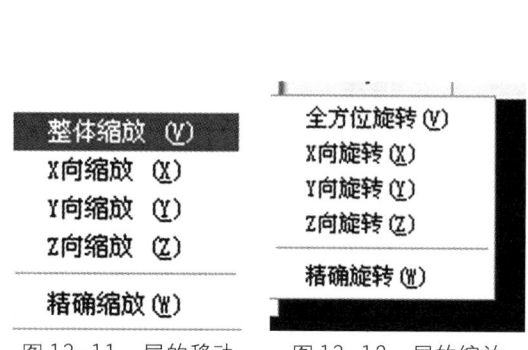
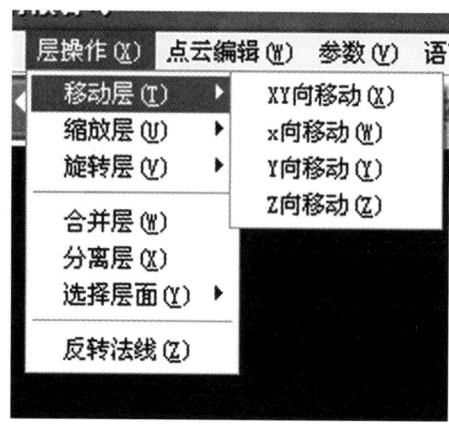

图 13-11 层的移动　　图 13-12 层的缩放　　图 13-13 层的旋转

（六）常用工具列表按钮

在使用过程中一些常用的工具列表以及功能见表 13-1。

表 13-1 常用工具列表

序号 内容	图例	功能
1		清空工作区域
2		打开文件
3		保存点云文件
4		向后返回
5		向前返回
6		开始产生点云
7		显示界面移动
8		显示界面放大缩小
9		显示界面旋转

内容 \ 序号	图例	功能
10		双击鼠标左键界面居中
11	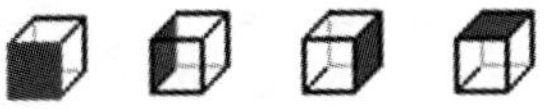	视图显示:正/左侧/右侧/顶面显示
12		移动所选图层
13		缩放选中的图层:控制内雕图案的大小比例
14		旋转选中的图层:一般我们不用这个,用精确旋转工具
15		输入文字

(七)对于贴图层的算点参数设置

贴图层参数界面以及数值设置如图13-14所示。

对于一些3D的素材来说,需要表面进行贴图处理。

关于一些参数的含义如下:

(1)最小点距和层数:控制内雕图案点数。

(2)层距:是指侧面算点加的层的距离。

(3)加点方式:

①切除背面:180°算点模式。

②整体单面:360°成点,只有前面180°是贴图。

③整体单面:前后贴图,360°贴图。

(4)加层方式:普通加层和浮雕加层效果一样。

(5)不遮挡:是对贴图文件有遮挡部分起做用,一般不打勾。

(八)对于图片层的算点参数设置

图片层参数设置界面以及数值设置如图13-15所示。

对于一些平面图片类的素材来说,不需要表面进行贴图处理,关于一些参数的含义如下:

(1)最小点距和层数:控制点数。

(2)层距:是侧面加层的层之间距离。

(3)缩放系数:控制内雕图片尺寸大小。

(4)加层方式:选择凸形加层。

(5)图形灰度优化:调节图片清晰度。

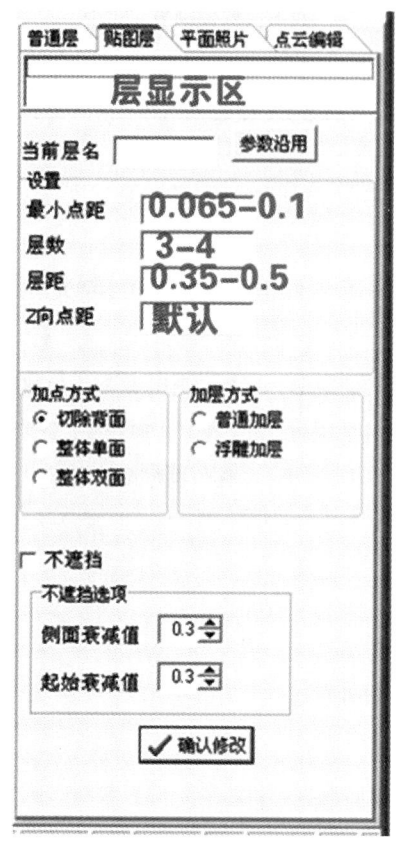

图13-14　贴图层主要参数　　图13-15　图片层主要参数

(九)生成点云并保存

我们点击工具栏中的"生成点云",运算结束后,点击"文件菜单"选项中"保存点云",为下一步打点软件做准备。

三、打点软件程序功能说明

(一)主界面

打点软件主界面如图13-16所示。

第十三章　激光内雕

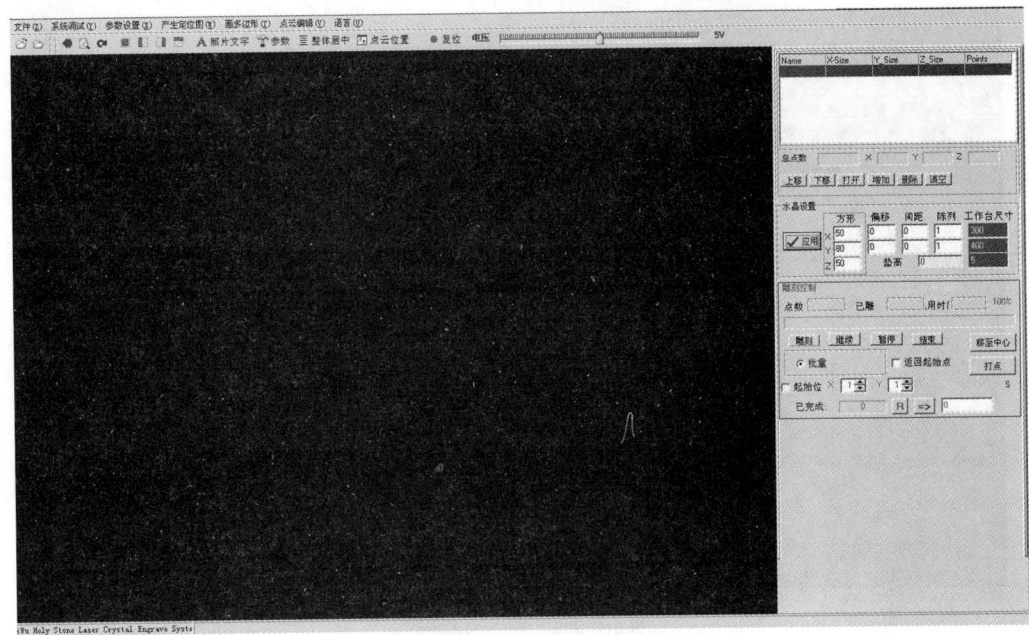

图 13-16　打点软件主界面

软件的主界面可分为几个部分,首先是标题栏,接下来是菜单栏和工作栏,黑色区域为加工文件的显示界面。具体说明如下：

主菜单可以分为文件、系统调试、参数设置、产生定位图、点云编辑、语言,内容如图 13-17 所示。

图 13-17　主菜单

其中文件菜单分为打开、照片文字、产生试机数据、退出,内容如图 13-18 所示。

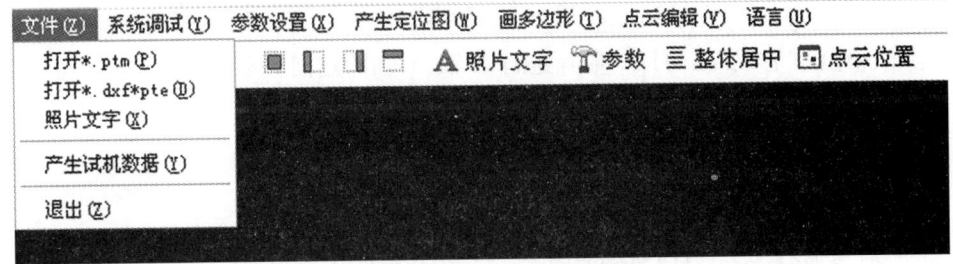

图 13-18　打点软件主界面

接下来常用的为"打开＊dxf＊pte",pte 表示保存的加工文件参数可修改。此处的 dxf 文件为上一步算点软件生成的形成点云的文件。

(二)素材导入

打开 DXF 文件后,界面如图 13-19 所示。

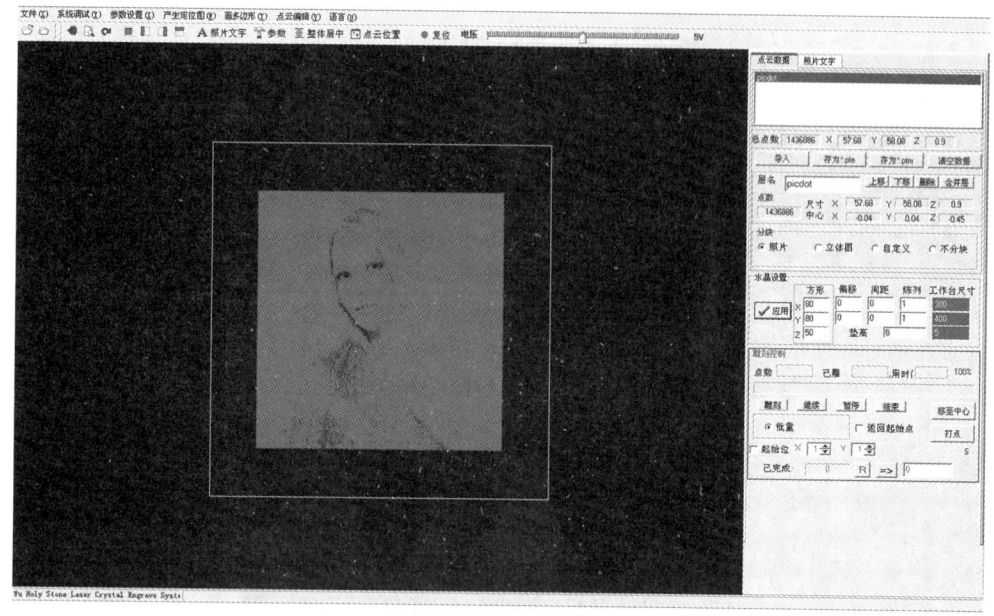

图 13-19　导入素材界面

点击图层名称,即选中图层,就可以对内容进行编辑,具体操作界面内容如图 13-20 所示。

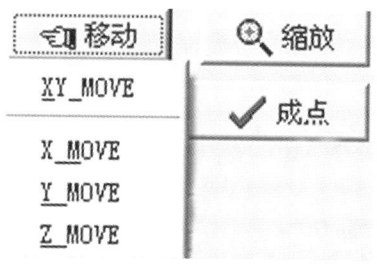

图 13-20　移动图层素材

点击图中的"移动"。可以对照片进行 X 轴、Y 轴的定向移动,也可以进行无规则的移动。

(三)输入文字

如果需要输入文字,可以通过如图 13-21 所示界面来输入文字。

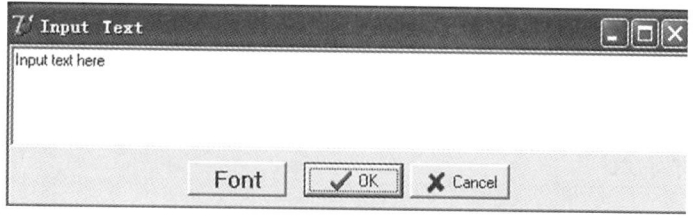

图 13-21　输入文字

(1)在空白的地方输入所需要的文字。

(2)"font"选择需要的字体和文字的大小。

(四)点云数据参数

点云数据界面内容如图 13-22 所示。

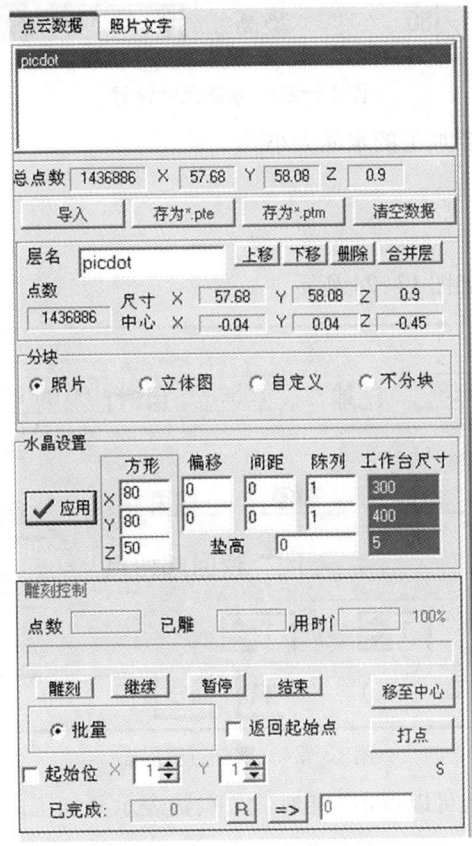

图 13-22　点云数据参数

(1)点数:表示点云文件有多少点。

(2)X,Y,Z:表示点云文件的实际尺寸。

(3)层名是点云文件的名称,上下移是需要有两个点云文件时的操作,它可以移动某个点云文件的位置,在上的先雕。合并层表示把两个或多个点云文件合并为一个文件。

(五)水晶尺寸设置

水晶规格尺寸设置界面内容如图 13-23 所示。

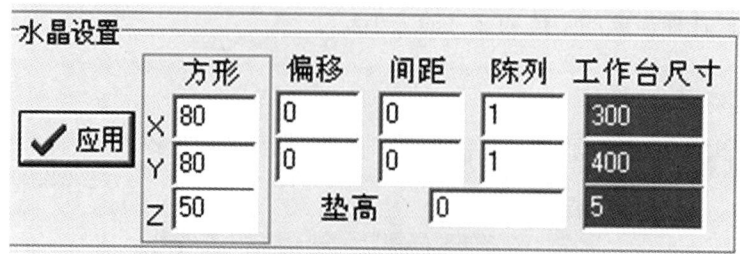

图 13-23 水晶尺寸设置

水晶尺寸就是所需要加工的水晶大小。

(六)雕刻过程

雕刻进度过程内容如图 13-24 所示。

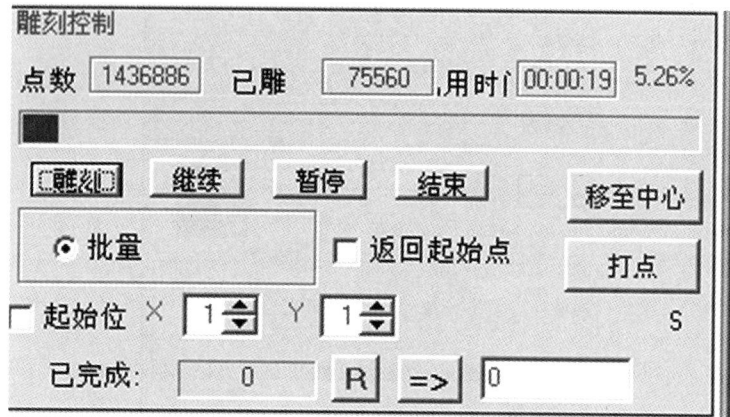

图 13-24 雕刻过程界面

所有参数设置完毕就可以点击"雕刻"了,点数表示要加工图的点数,已雕表示在已雕时间里所雕刻的点数。时间后显示的是已雕占总数的百分比,如果中途有暂停,点击继续即可。

四、工具栏主要功能说明

工具栏的主要内容和功能见表 13-2。

表 13-2 工具栏主要功能

内容 \ 序号	图例	功能
1		表示打开文件,对应菜单栏的文件设置
2		表示选中文件可以对文件进行移动、缩放和旋转

序号 内容	图例	功能
3	 ■ ▮ ▯ ▭	代表加工文件的四个视图 从左向右分别为前视图、左视图、右视图、顶视图（显示界面只能显示一个视图）
4	 A文字	对应菜单文件里的照片文字
5	 参数	对应菜单参数设置里的运动参数
6	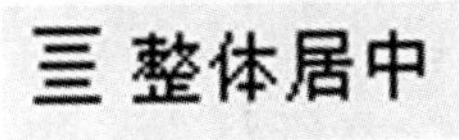 整体居中	表示所加工的点云文件到需要加工水晶的正中心
7	 点云位置	精确显示点云文件在上下、左右、前后方向距离水晶的数值，更直观地显示点云文件是否在水晶中心
8	 复位	表示系统重新计算原点（注意：开机后、断电后重启必须复位一次）

五、关机顺序

第一步：关闭打点软件和算点软件。
第二步：关闭电脑。
第三步：关激光电源开关，再关总电源开关，最后按急停开关。
注：激光内雕机的开关机顺序务必要按照开关机流程进行，严禁直接关闭总电源开关，不可随意误操作，否则会损坏设备。

第四节　工件制作

一、激光内雕水晶的制作

从图库中选择一素材，进行激光内雕水晶制作。
第一步：水晶放入平台右上角，具体如图13-25所示。

图13-25　水晶放入平台

第二步：按照步骤打开激光内雕机。

第三步：打开算点软件并导入素材，具体如图13-26所示。

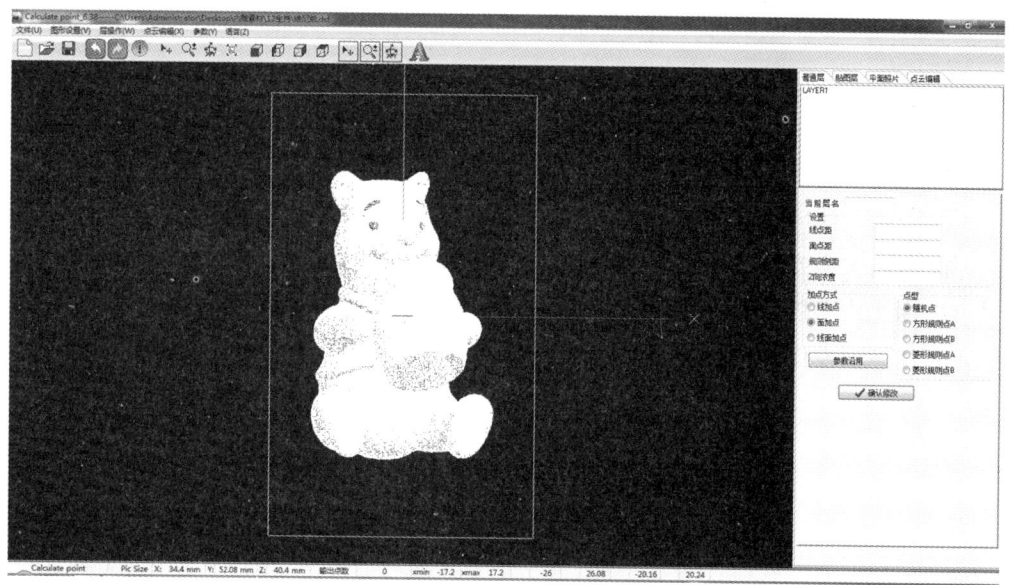

图13-26　算点软件

第四步：算点并保存点云，具体如图13-27、28所示。

图13-27　工具栏中的算点按钮

第十三章　激光内雕

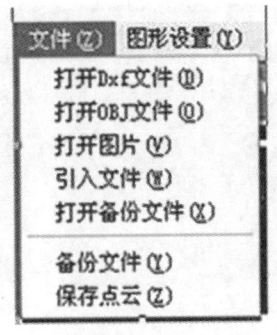

图13-28　文件菜单

(1) 首先先点击算点按钮,运算开始。

(2) 运算完毕后点击保存点云,把运算好的DXF文件保存到电脑中。

第五步:打开打点软件并导入素材,具体如图13-29所示。

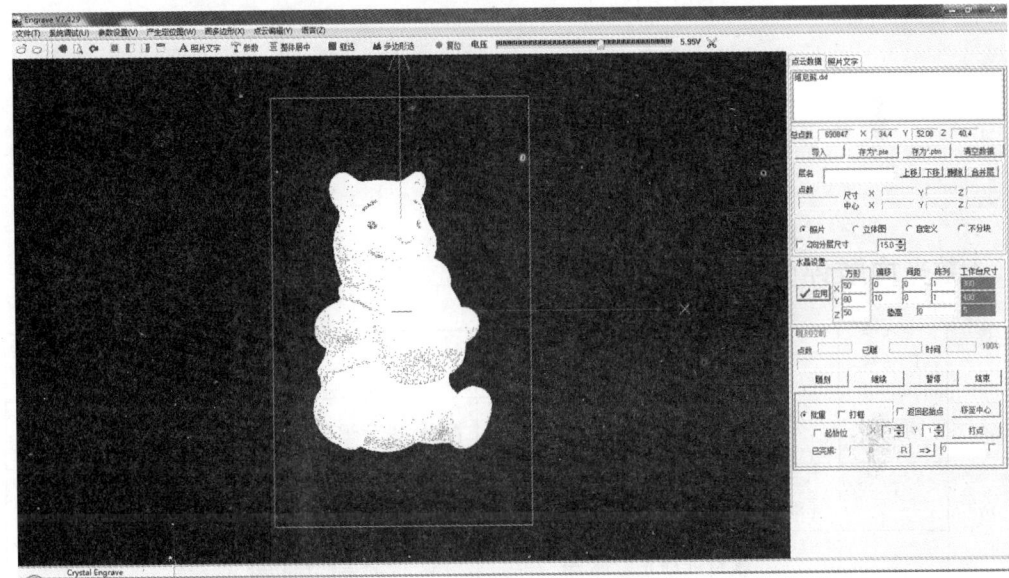

图13-29　打点软件

第六步:开始雕刻,具体如图13-30所示。

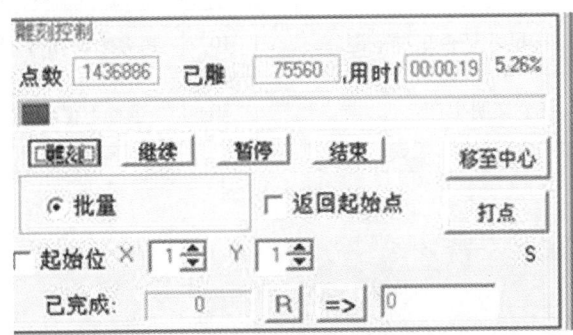

图13-30　雕刻过程

第七步:取出工件成品并严格按照步骤过程关闭激光内雕机,成品如图13-31所示。

229

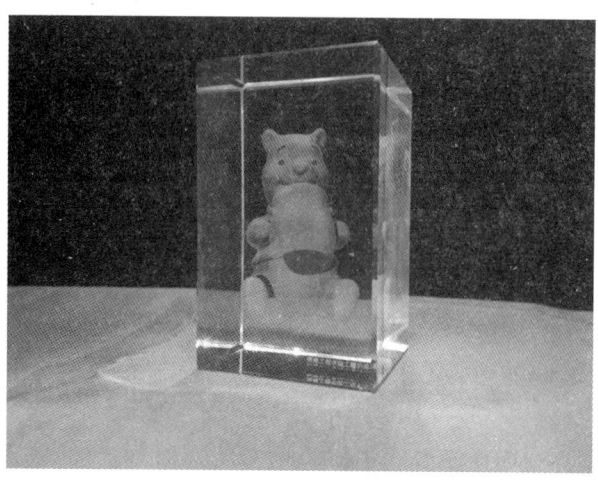

图 13-31 成品图

第五节 评分标准

激光内雕评分标准

	工位号		学号		姓名		总得分	
成绩评定	项目	质量检测内容		配分	评分标准		实测结果	得分
	1	雕刻素材选择是否得当		15	超差酌情扣分			
	2	素材处理光影得当		15	超差酌情扣分			
	3	雕刻内容是否有爆点		30	超差酌情扣分			
	4	尺寸是否超过范围		10	超差酌情扣分			
		安全文明生产		30	违者不得分			
	现场记录:							

思考题

1. 如何批量一次性雕刻多个工件作品？

2. 二维和三维的图形雕刻过程有哪些异同点？为什么会有这样的分别？出来效果会有何不同？

3. 在算点过程中，点距、层距和层数之间有什么关系？最终出来的图像效果是由哪几个参数影响的？如何影响？

第十四章　非金属激光切割机

【教学目标】

知识目标

1. 了解非金属激光切割机的安全操作规程、加工原理及大致工作流程。
2. 了解非金属激光切割机设备的基本知识。
3. 了解非金属激光切割机基本操作工艺。

能力目标

1. 初步掌握非金属激光切割机的使用方法和使用流程。
2. 能够完成素材的打印任务。

第一节　概述

一、安全操作规程

(1) 如果切割时材料散发出来的烟很大,可另配空压机使用,防止切边发黄发黑,例如纸,木,竹,PVC,PC……

(2) 鉴于目前技术上的限制,部分图形切割时会产生微量变形,请降低速度改善效果。

(3) 激光器的工作电流尽量不要超过 24mA(看电流表)。电流不超标,则激光器耐用。

(4) 使用机器前提前 1 分钟开冷水机。使用完先关闭机器,1 分钟后再关冷水机。排风机及气泵连接机器后面的排插。冷水机则需要另外接电源。

(5) 注意定期更换冷却水,一般为 60 天。需定期检查水量并加水。

(6) 定期(7 天)用无水酒精擦拭反射镜及激光头里的聚焦镜。机器导轨注意清洁并润滑(7~12天),可使用防锈润滑油。

(7)由于激光对材料的热效应,材料在切割时都会在切面产生一条切缝,大小因材料不同而不同,会造成在切割一份材料时面积比激光软件中的输入值少一些。所以需要在输入值上面增加零点几毫米做为补偿值。如果需要切割得到一个25×25mm的材料,则需要在软件上填入25.5×25.5mm的切割数值才能得到,不同材料增加的值也不同。

(8)由于不同的激光器性能存在差异,以上参数仅供参考,具体参数以实际为准。

二、加工原理

非金属激光切割机,就是切割金属以外材料的激光切割机,如皮革、布料、工艺品、亚克力、刀模板、大理石等。

所谓非金属激光切割就是利用激光束照射到非金属材料表面时释放的能量来使工件融化并蒸发,以达到切割和雕刻的目的。其具有精度高,切割快速,不局限于切割图案限制,自动排版节省材料,切口平滑,加工成本低等特点。工作原理如图14-1所示。

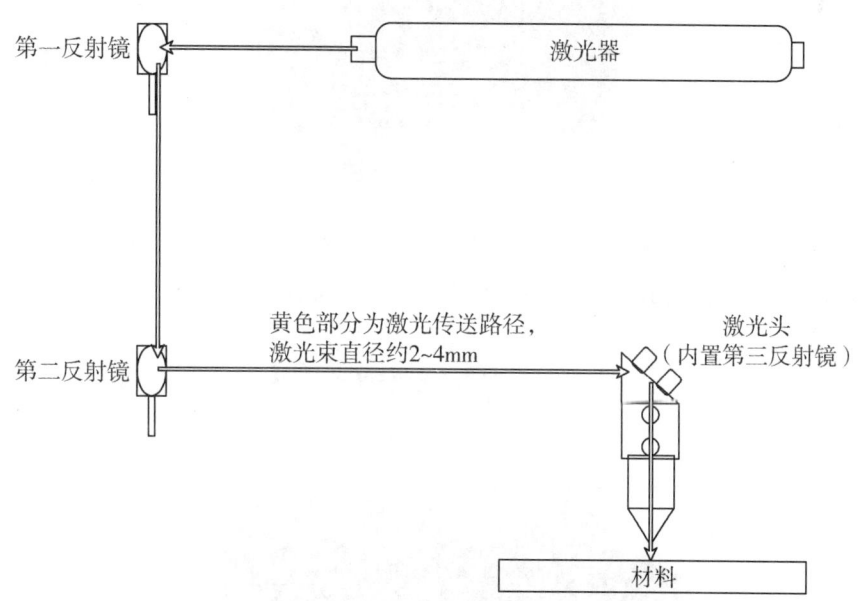

图14-1 非金属激光切割机工作原理图

三、工作流程步骤

非金属激光切割机的工作大致流程分为以下三个步骤:

(1)在使用前,请确认已经接上设备的电源线、气泵、抽风机和冷水机,并用随机配带的数控连接线连接激光机(PC端口)及电脑,并打开各个设备及配件的电源。

(2)软件安装。在电脑上放进随机光盘,依次打开 software—triumphlaser—setup;选择"安装驱动"及"安装软件",按照提示选择即可安装完成。

(3)切割。打开软件,导入一个图形。接下来转到机器操作部分,把要切割的材料放至切割机平台上,具体内容见后续章节的操作流程。调整好相关参数后进行切割。

第二节 非金属激光切割机设备使用介绍

一、机器整体结构

设备外观如图14-2所示。

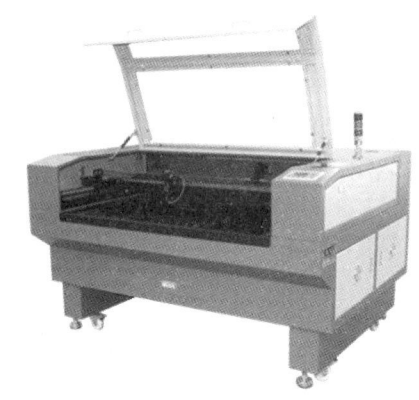

图14-2 TR-1390系列非金属激光切割机正面图

该机主要由主机、气泵、抽风机、冷水机等部件组成,其整体结构如图14-3所示。

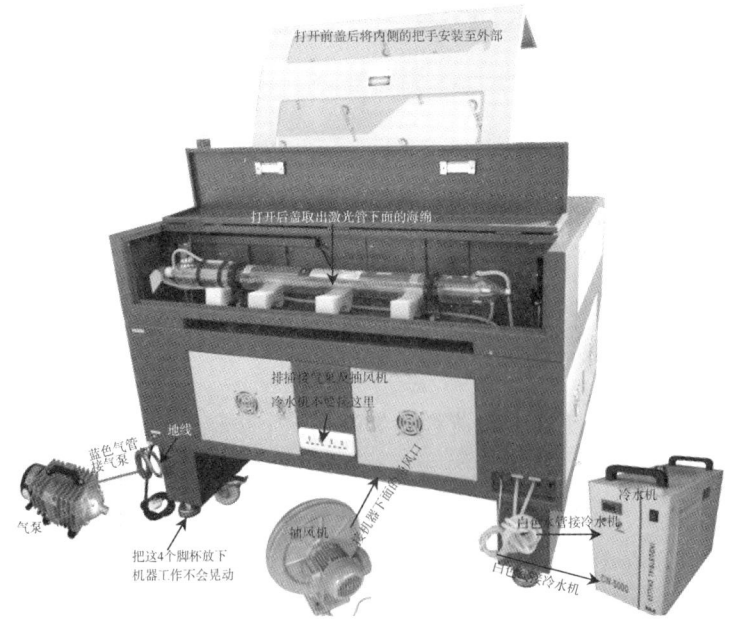

图14-3 机器结构

切割机上部指示灯亮起代表的状态如图14-4所示。

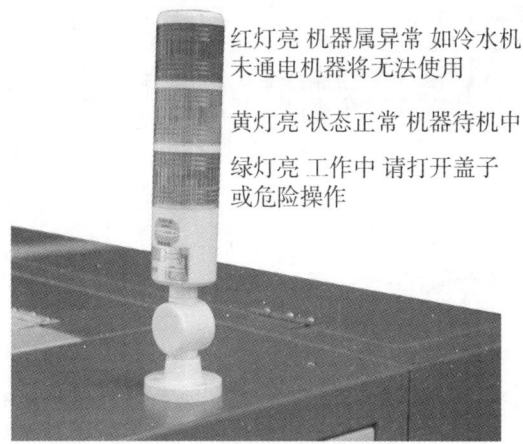

图14-4 状态指示灯说明

二、工作平台

工作平台用来摆放被雕刻的物品，如图14-5所示。这里常使用有木料、皮革、布料、亚克力等材料。

图14-5 非金属激光切割机工作平台

第三节 非金属激光切割机基本操作工艺

一、切割

切割操作的基本步骤如下：

工程训练教程

(1) 打开软件，如图14-6所示。

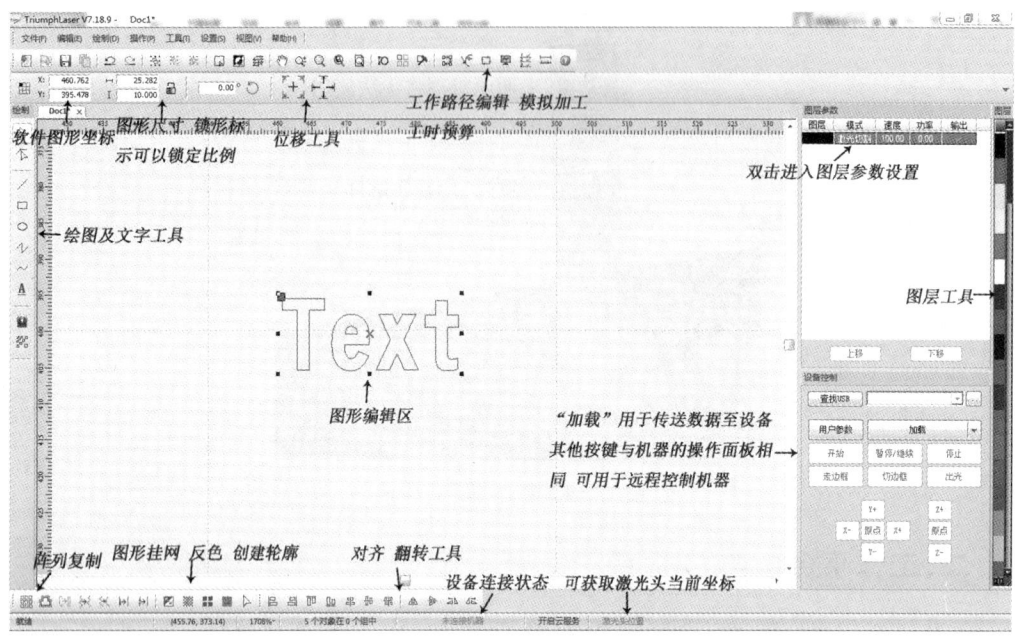

图14-6　切割软件界面

(2) 点击"文件"—"导入"一个图形，如图14-7所示。

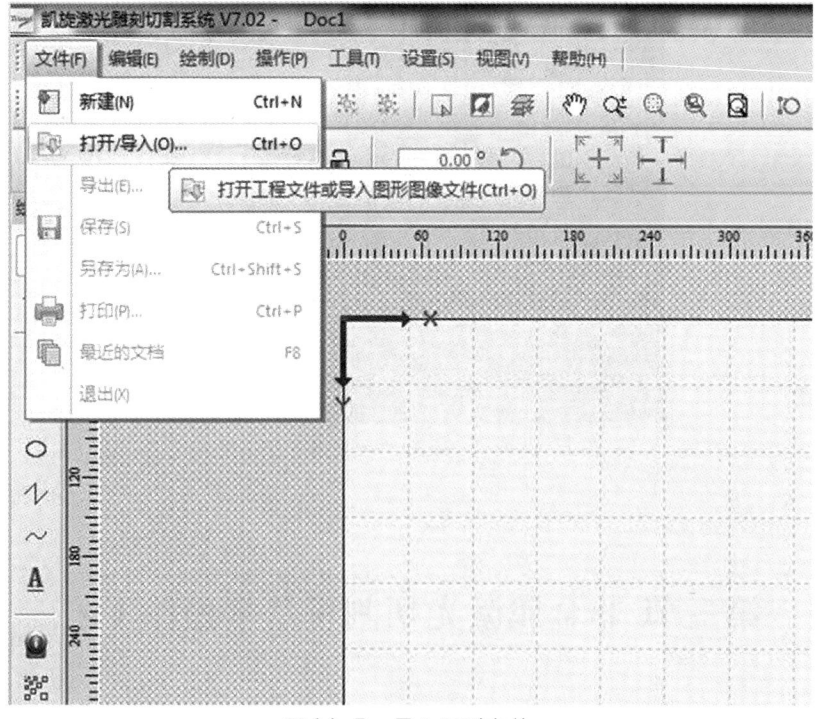

图14-7　导入图形文件

(3) 点击界面锁型标示(锁头)，并调好需要切割图形的大小(单位 mm)，如图14-8所示。

第十四章　非金属激光切割机

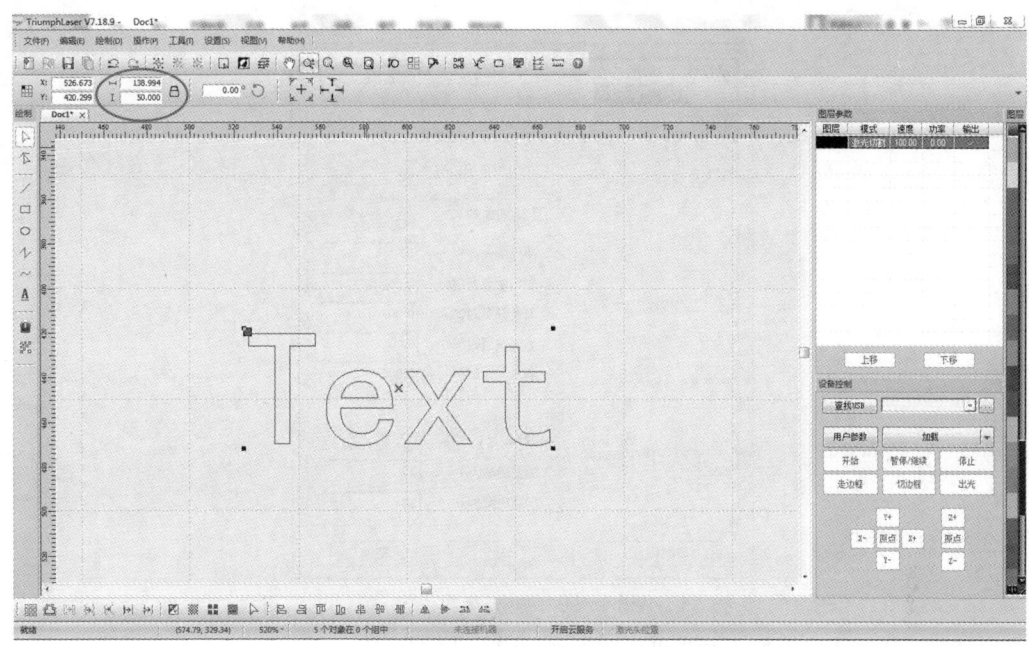

图 14-8　调整切割图形大小

(4)双击界面右侧图层参数下面的图层,如图 14-9 所示。

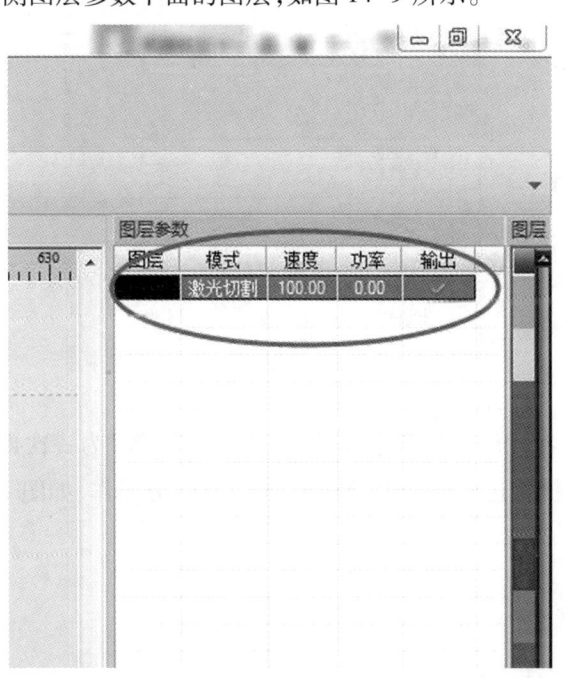

图 14-9　图层界面

依次设定下面的几个参数(具体参数请参考第四节"操作参数设定"部分):"加工方式"(选择"激光切割")、"速度"、"加工功率"及"拐弯功率",再点击确定。其他参数默认不用修改。如图 14-10 所示。

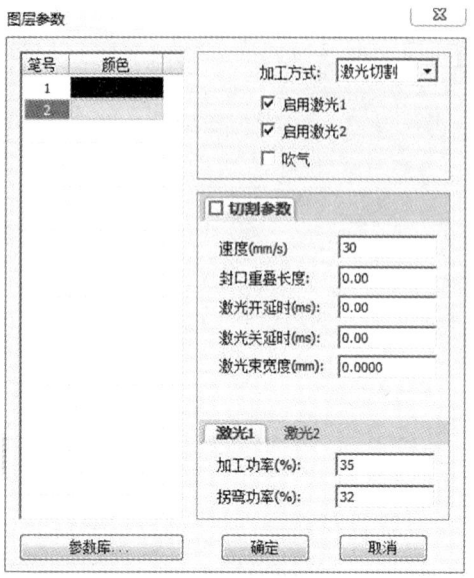

图 14-10　图层参数设定

（5）点击软件界面右下角"加载"项，如图 14-11 所示。

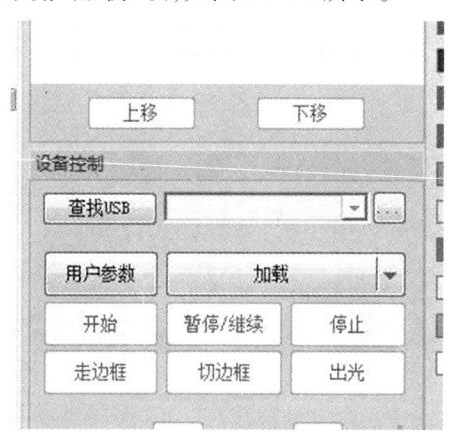

图 14-11　加载界面

设定一下"文件名"（只能为数字及英文），"加工次数"为一次即可，再点击"加载当前文档"就可以将数据传送到机器上，至此完成软件部分操作，如图 14-12 所示。

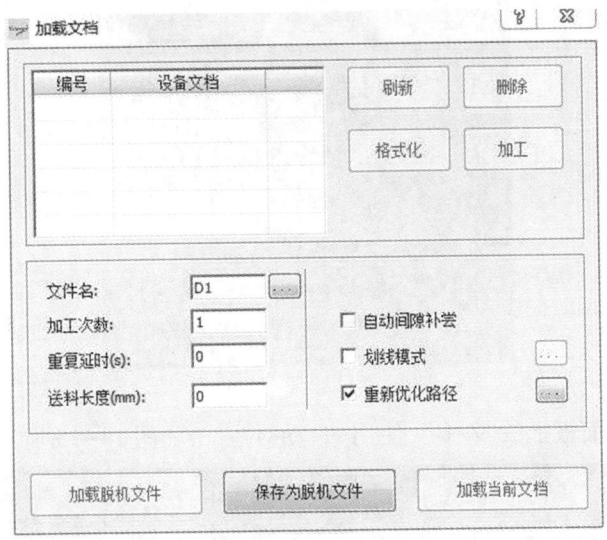

图14-12 加载文档

（6）接下来转到机器操作部分。把要切割的材料放置在激光切割机平台上，使用面板上的"上下左右"按钮移动激光头至需要在材料上作业的位置，按下控制面板上的"Z/U"按钮，将随机配送的焦距尺放至材料与激光头之间并使用面板上的"左右"按钮完成手动对焦。如图14-13、14所示。

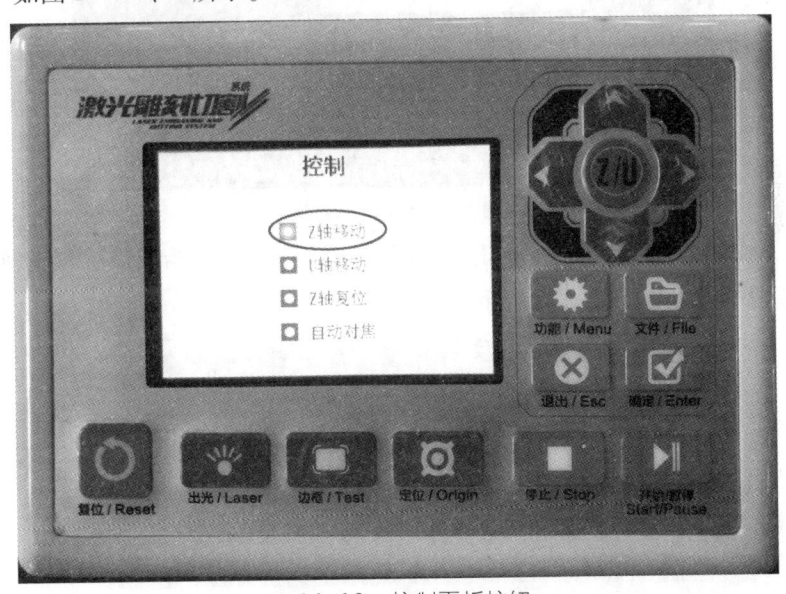

图14-13 控制面板按钮

图 14-14　手动对焦

或者按下控制面板上的"Z/U",使用"自动对焦",如图 14-15 所示。

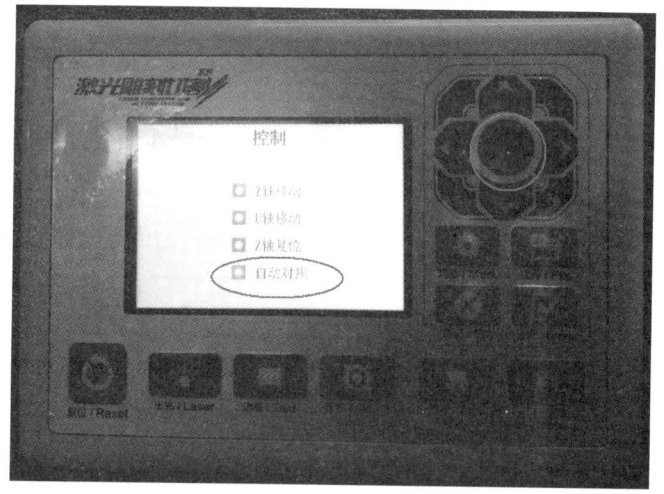

图 14-15　自动对焦

(7)接下来如图 14-15 所示,点击"定位"按钮,再点击"开始"按钮,激光切割机开始工作。样件切割效果如图 14-16 所示。

图 14-16　样件切割效果

二、雕刻

(1)点击"文件"—"导入"一个图形,雕刻时按以下步骤进行,如图 14-17 所示。

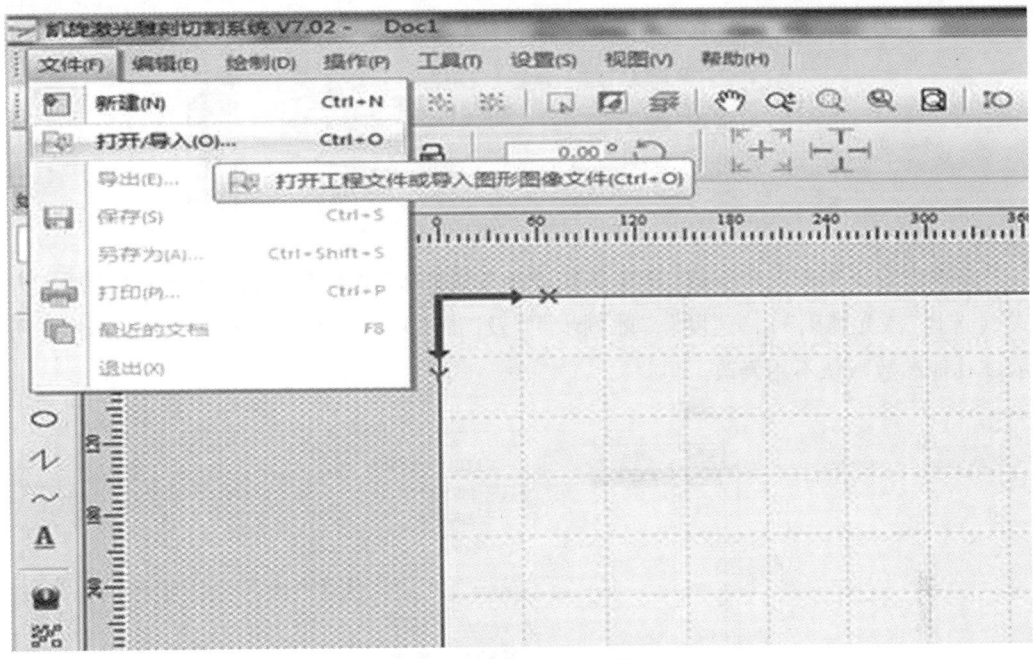

图 14-17　导入图形

(2)点击界面锁型标示(锁头)并调好需要雕刻图形大小(单位 mm),如图 14-18 所示。

图 14-18　调整图形大小

(3)双击界面右侧图层参数下面的图层,如图 14-19 所示。

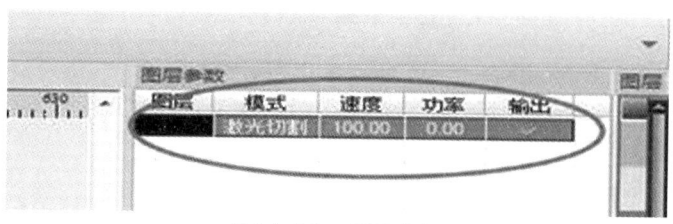

图 14-19　图层参数

依次设定下面的几个参数(具体参数请参考第四节"操作参数设定"部分):"加工方式"(选择"激光雕刻")、"速度"、"雕刻步距"及"加工功率",再点击确定,如图 14-20 所示。其他参数默认不用修改。

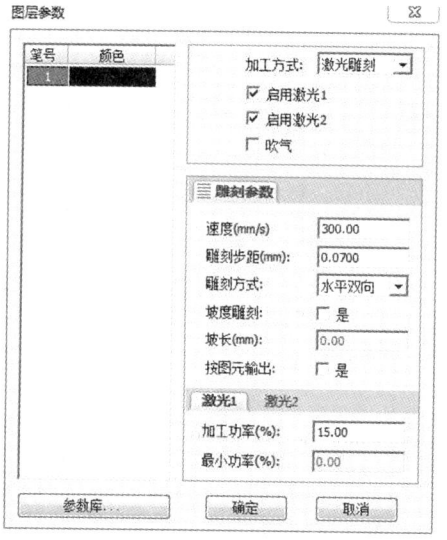

图 14-20　图层参数设定

(4)点击软件界面右下角的"加载"项,如图 14-21 所示。

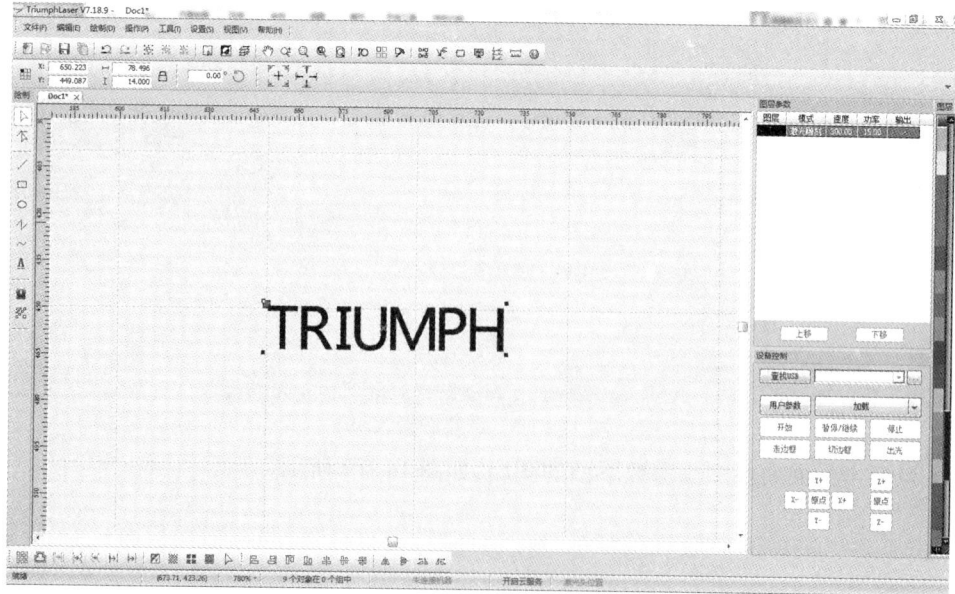

第十四章　非金属激光切割机

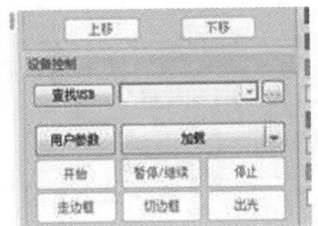

图 14-21　加载项

设定"文件名"（只能为数字及英文），"加工次数"为一次即可，再点击"加载当前文档"就可以将数据传送到激光机上，至此完成软件部分操作，如图 14-22 所示。

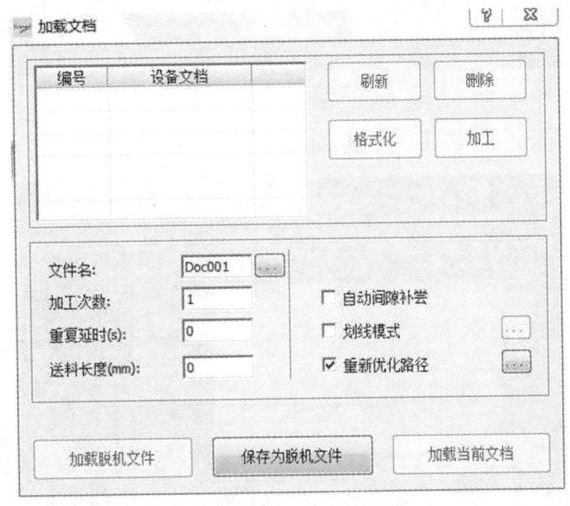

图 14-22　加载文档

(5)接下来转到机器操作部分，把要切割的材料放置在激光切割机平台上，使用面板上的"上下左右"按钮移动激光头至需要在材料上作业的位置，按下控制面板上的"Z/U"按钮，将随机配送的焦距尺放至材料与激光头之间并使用面板上的"左右"按钮完成手动对焦"，如图 14-23、24 所示。

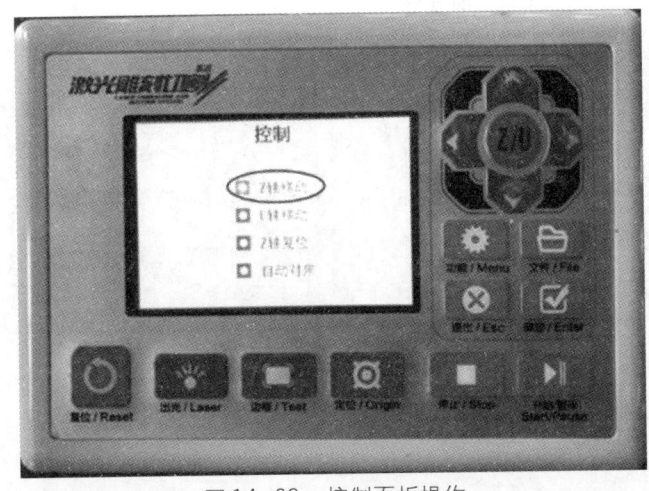

图 14-23　控制面板操作

243

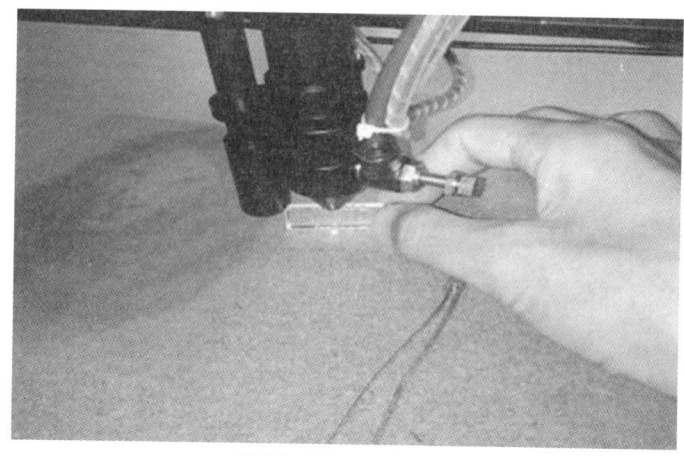

图 14-24 手动对焦

或者按下控制面板上的"Z/U"按钮,如图 14-25 所示,使用"自动对焦"。

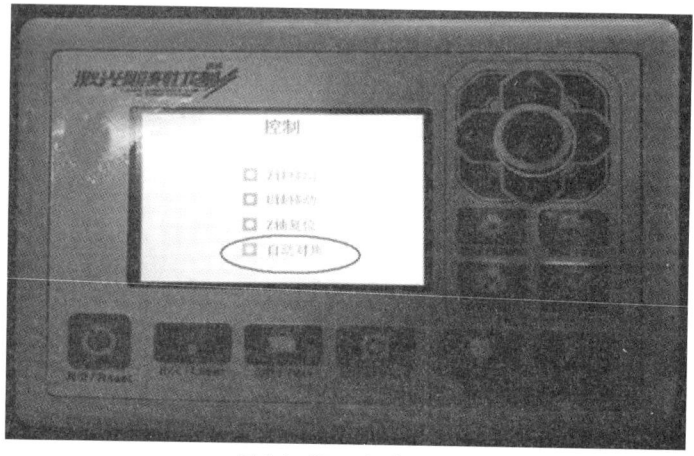

图 14-25 自动对焦

(6)接下来如图 14-25 所示,点击"定位"按钮,再点击"开始"按钮,激光切割机开始工作,样件雕刻效果如图 14-26 所示。

图 14-26 样件雕刻效果

三、雕刻+切割(多图层操作)

(1)打开软件,点击"文件"—"导入"一个图形,如图 14-27 所示。

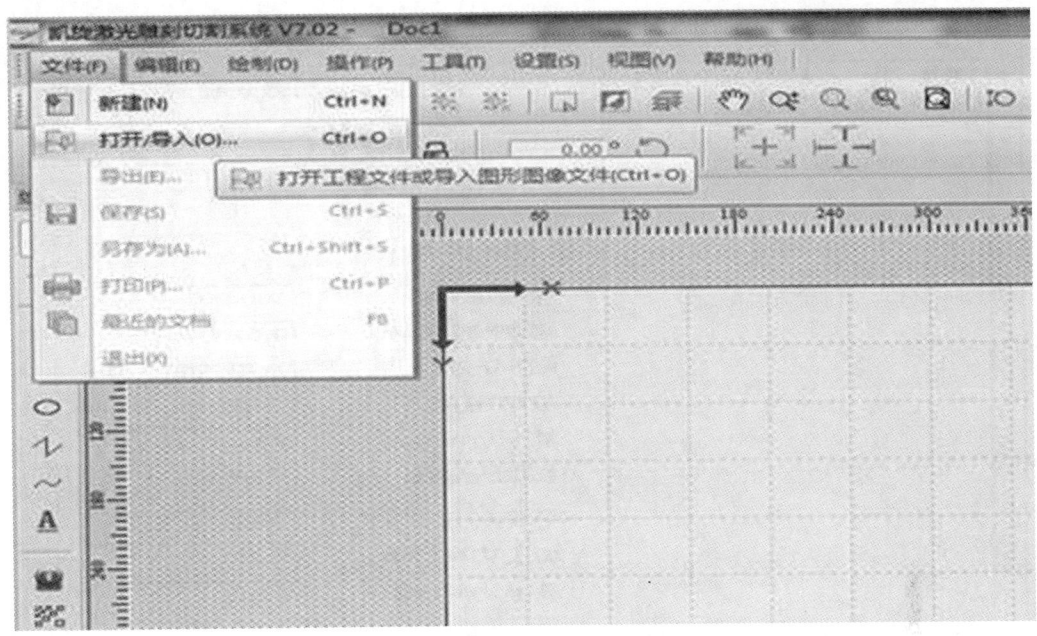

图 14-27 导入图形界面

（2）点击界面锁形标示（锁头）并调好需要操作图片大小（单位 mm），如图 14-28 所示。

图 14-28 调整图片大小

（3）点击界面右侧的图层并设置相应的参数并确定，如图 14-29 所示。

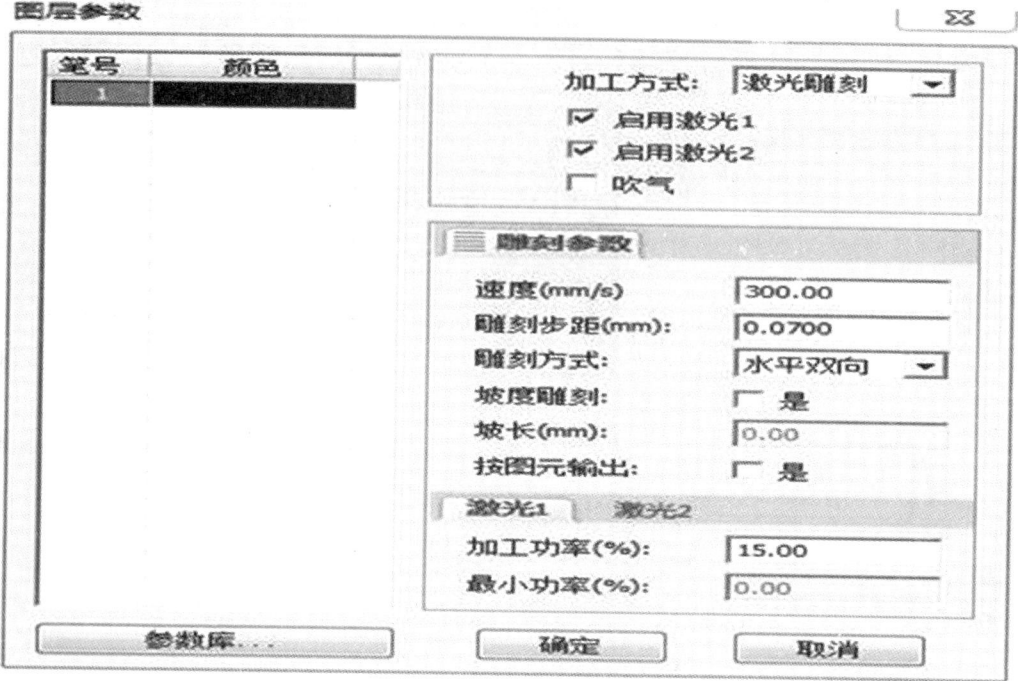

图 14-29　图层参数设置

（4）使用绘图工具在原来的图形基础上多画一个方框，如图 14-30 所示。

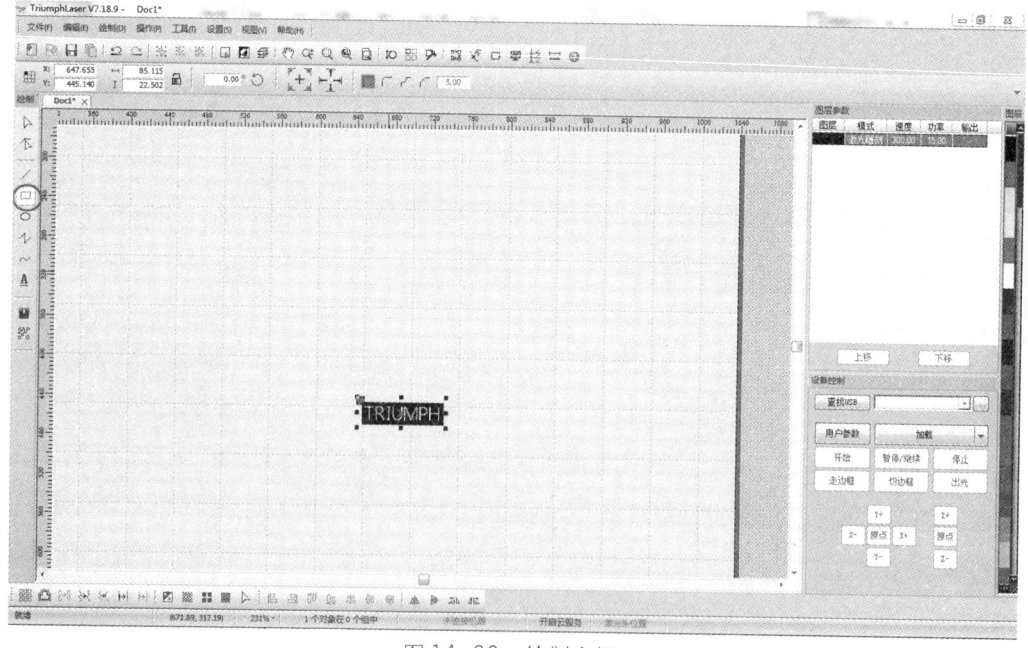

图 14-30　绘制方框

（5）点击右侧的图层工具上的一个颜色，新建一个图层，如图 14-31 所示。

第十四章　非金属激光切割机

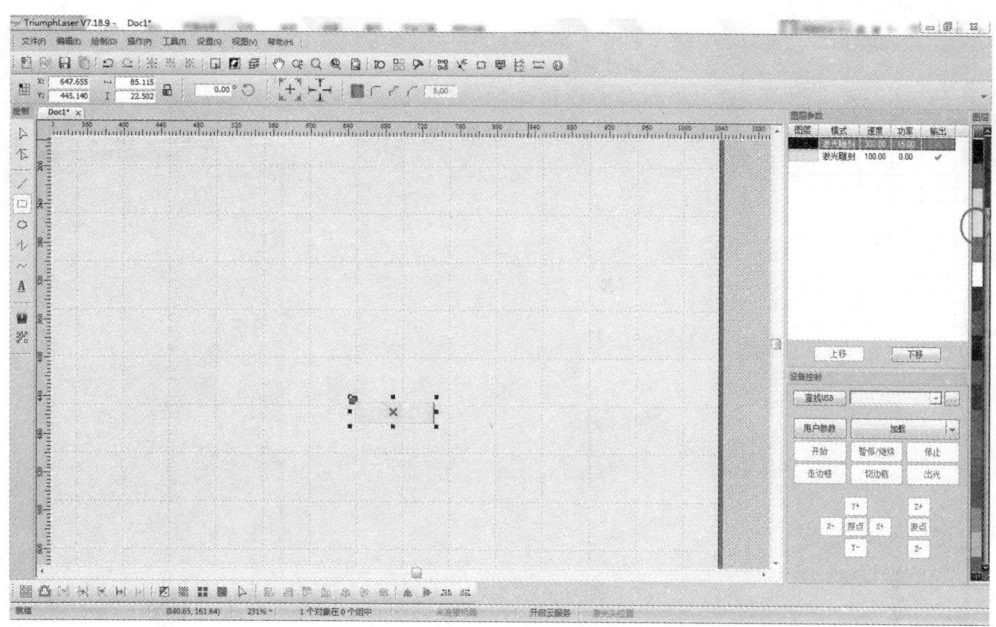

图 14-31　新建图层

并设置它的参数,如图 14-32 所示。

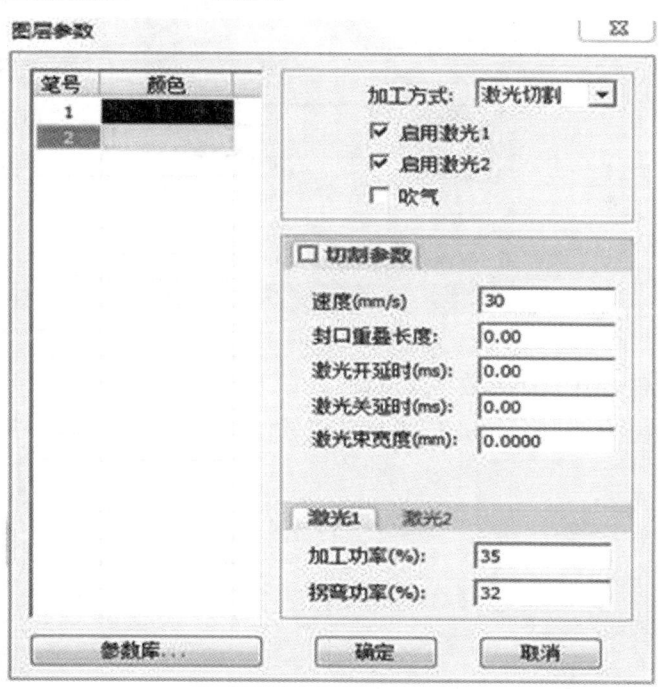

图 14-32　图层参数设置

(6)点击软件界面右下角"加载"按钮,如图 14-33 所示。

工程训练教程

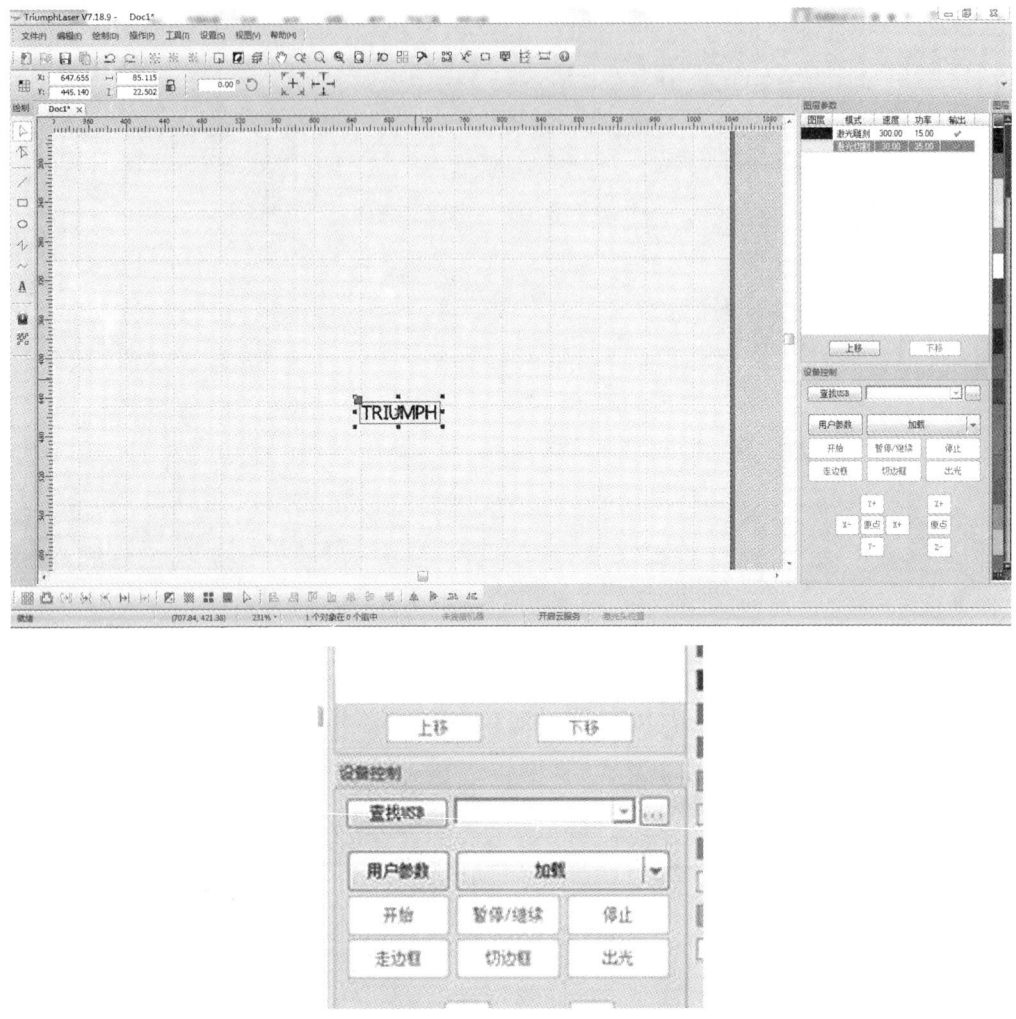

图14-33 加载按钮

(7) 设定"文件名"(只能为数字及英文),"加工次数"为一次即可,再点击"加载当前文档"就可以将数据传送到激光机上,至此完成软件部分操作,如图14-34所示。

第十四章　非金属激光切割机

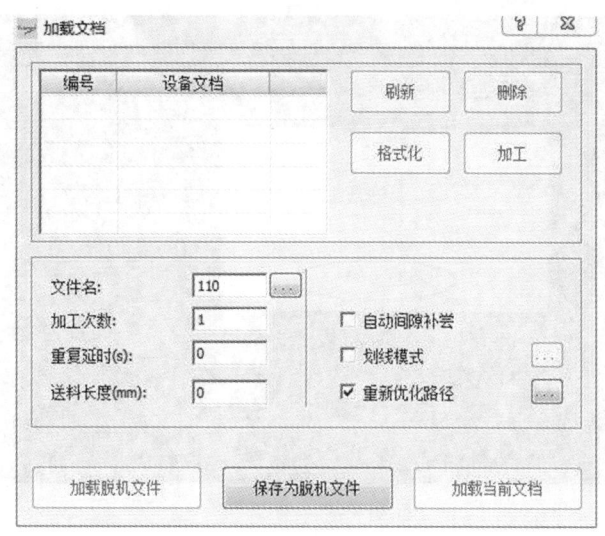

图14-34　加载文档参数设置

（8）接下来转到机器操作部分，把要切割的材料放置在激光切割机平台上，使用面板上的"上下左右"按钮移动激光头至需要在材料上作业的位置，按下控制面板上的"Z/U"按钮，将随机配送的焦距尺放至材料与激光头之间并使用面板上的"左右"按钮完成手动对焦"，如图14-35所示。

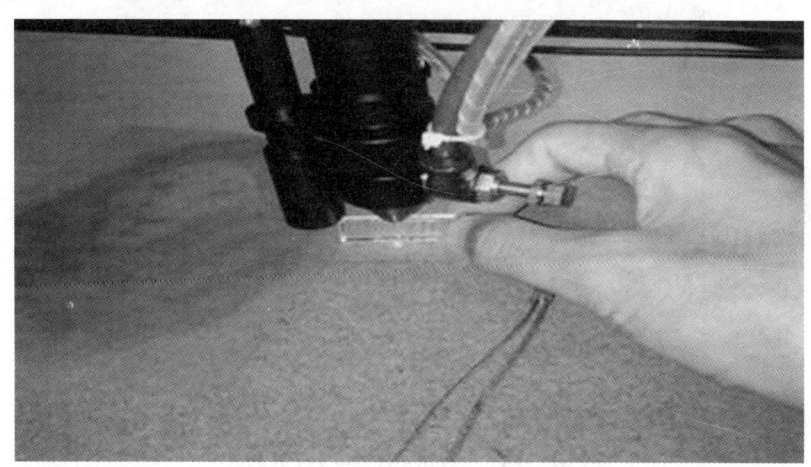

图14-35　手动对焦

或者按下控制面板上的"Z/U"按钮，使用"自动对焦"，如图14-36所示。

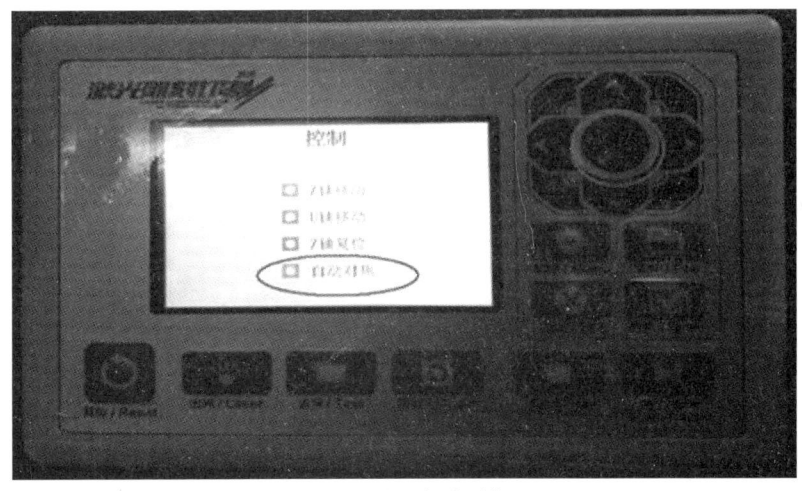

图 14-36　自动对焦

（9）接下来如图 14-36 所示，点击"定位"按钮，再点击"开始"按钮，激光切割机开始工作，样件雕刻及切割效果 14-37 所示。

图 14-37　样件雕刻及切割效果

第四节　操作参数设定

非金属激光切割机进行分割、雕刻、打孔的参数设定，参考值如下。

（1）切割参数设定见表 14-1。

表 14-1　切割参数

参数范围(mm)	速度(1-300mm/s)	功率 7-100%
EPE（珍珠棉）50mm	23mm/s	64%

参数范围(mm)	速度(1-300mm/s)	功率7-100%
胶合木板 4mm	32mm/s	60%
胶合木板 5mm	25mm/s	60%
胶合木板 11mm	11mm/s	40%
胶合木板 13mm	3mm/s	40%
EVA30mm,硬度45mm	10mm/s	40%
亚克力 5mm	15mm/s	40%
亚克力 10mm	6mm/s	40%
亚克力 20mm	2mm/s	40%
密度板 3mm	22mm/s	40%
硅胶 1mm	28mm/s	60%
蜂窝纸板 10mm	4mm/s	57%

(2)雕刻参数设定见表14-2。

表14-2 雕刻参数

参数范围	速度(50-500mm/s)	功率(7-15%)	雕刻步距(0.06mm)
EVA	500mm/s	7-10%	0.08mm
木板	500mm/s	10%	0.06mm
皮革	500mm/s	8%	0.06mm
竹板	500mm/s	10%	0.06mm
纸板(卡纸)	500mm/s	7.5-12%	0.06mm
玻璃	500mm/s	13%	0.06mm
陶瓷	500mm/s	13%	0.06mm
人像雕刻	500mm/s	13-16%	0.07mm

(3)打孔参数设定。打孔参数范围:速度300mm/s,功率7%~30%,最小孔距1mm以上,出光时间0.01~1s。

第五节 评分标准

非金属激光切割操作评分标准

工位号		学号		姓名		总得分	
项目	质量检测内容		配分	评分标准		实测结果	得分
成绩评定	雕刻素材选择是否得当		15	超差酌情扣分			
	素材处理得当		15	超差酌情扣分			
	成品切边光滑程度		10	超差酌情扣分			
	尺寸是否符合标准		30	超差酌情扣分			
	安全文明生产		30	违者不得分			
	安全文明生产		30	违者不得分			
现场记录：							

思考题

1. 如何批量一次性雕刻多个工件作品？

2. 材料在进行切割时都会在切面产生切缝，大小会因材料而不同，成品面积会比需要的小一些，如何避免误差？

第十五章　激光打标

【教学目标】
　知识目标
　1. 了解激光打标机的安全操作规程、加工原理及工作流程。
　2. 了解激光打标机设备构造和使用方法。
　能力目标
　1. 初步掌握激光打标机的使用方法和使用流程。
　2. 能够完成已有素材的打印任务。

第一节　概述

一、安全操作规程

（1）机器不要随便搬动，如需搬动必须关掉所有电源。搬动后一定要检查清楚各接头是否连接好，无松动后再接好电源。

（2）工作环境要求最好在空调环境下，无尘、防潮，室温在20℃～28℃为最佳工作状态。气温过高或湿度过大都可能会导致激光器损坏。

（3）若发生漏电触电事故，应立即按下操作面板上的急停开关，切断总电源。待检修后方可使用。

（4）每次工作完成之后，首先做好环境清洁，使工作环境无尘、洁净；然后做好设备的清洁，包括主机外表面、主控柜外表面、光学系统罩壳、工作台面等，要无杂物、无尘、洁净。

（5）相对其他类型的激光机，打标机是更为安全的设备。由于机器发出的激光束为不可见光，需要注意以下几个地方：如机柜后部和侧部在机器工作时严禁打开；工作台面严禁触摸等。

二、激光打标机的分类和加工原理

激光打标机属于固态激光组。它们通过激光器产生激光束,并在专门设计的玻璃纤维中放大,玻璃纤维通过泵浦二极管提供能量。光纤激光器的波长为 $1.064\mu m$,焦距非常小,因此它们的强度比具有相同发射平均功率的 CO_2 激光器的强度高 100 倍。激光打标机是采用激光在各种不同物质表面打上永久的标记。其效应是通过表层物质的蒸发露出深层物质,或是通过光能导致表层物质的化学物理变化而"刻出"痕迹;或是通过光能烧掉部分物质,从而显出所需刻蚀的图案或文字。激光打标机主要分为 CO_2 激光打标机、半导体激光打标机、光纤激光打标及 YAG 振镜型激光打标机等。激光打标机主要应用于一些要求更精细、精度更高的场合。打标机通常是免维护的,并且具有至少 100,000 激光小时的长使用寿命。

三、工作流程

激光打标机的工作流程分以下三个步骤:

(1)使用前,需确认已经做好接上设备的电源线、打开总电源开关等准备工作。(具体内容见本章第三节)。

(2)标刻。标刻是利用激光束在材料表面进行永久性标记的过程(具体内容见本章第三节)。

(3)刻线。刻线就是在材料上用激光进行矢量图绘制的过程(具体内容见本章第三节)。

第二节 光纤激光打标机

TR—F20MS 光纤激光打标机的外观如图 15-1、2、3 所示。该激光打标机主要由激光电源、光纤激光器、振镜扫描系统、聚焦系统、计算机控制系统和材料平台等组成。

一、激光电源

激光电源是为光纤激光器提供动力的装置,其输入电压为 AC220V 的交流电。安装于打标机控制盒内。

二、光纤激光器

光纤激光打标机采用脉冲式光纤激光器,其输出激光模式好,使用寿命长。其安装于打标机机壳内。

三、振镜扫描系统

振镜扫描系统是由光学扫描器和伺服控制系统两部分组成。

光学扫描器采用动磁式偏转工作方式的伺服电机,具有扫描角度大、峰值力矩大、负载惯量大、机电时间常数小、工作速度快、稳定可靠等优点。精密轴承消隙机构提供了超低轴向和径向跳动误差。"电子扭力棒"取代传统弹性材料扭力棒,大大提高了使用寿命和长期工作的可靠性。任意位置零功率保持工作原理既降低了使用功耗,又减少了器件的发热效应,省却了恒温装置。先进的高稳定性精密位置检测传感技术提供高线性度、高分辨率、高重复性、低漂移的性能。

光学扫描器分为 X 方向扫描系统和 Y 方向扫描系统,每个伺服电机轴上固定着激光反射镜片。每个伺服电机分别由计算机发出数字信号控制其扫描轨迹。

四、聚焦系统

聚焦系统的作用是将平行的激光束聚焦于一点。主要采用 f-θ 透镜,不同的 f-θ 透镜的焦距不同,打标效果和范围也不一样,其标准配置的透镜焦距 f=160mm,有效扫描范围 Φ110mm。用户可根据需要选配型号的透镜。

可选配的 f-θ 透镜有:

f=100mm,有效聚焦范围 Φ65mm。

f=160mm,有效聚焦范围 Φ110mm。

五、计算机控制系统

计算机控制系统是整个激光打标机的控制和指挥中心,同时也是软件安装的载体。通过对声光调制系统、振镜扫描系统的协调控制完成对工件的打标处理。

计算机控制系统主要包括机箱、主板、CPU、硬盘、内存条、D/A 卡、显示器、键盘、鼠标等。

六、材料平台

激光打标机的材料平台用来摆放被雕刻的物品,可雕刻金属及多种非金属材料。

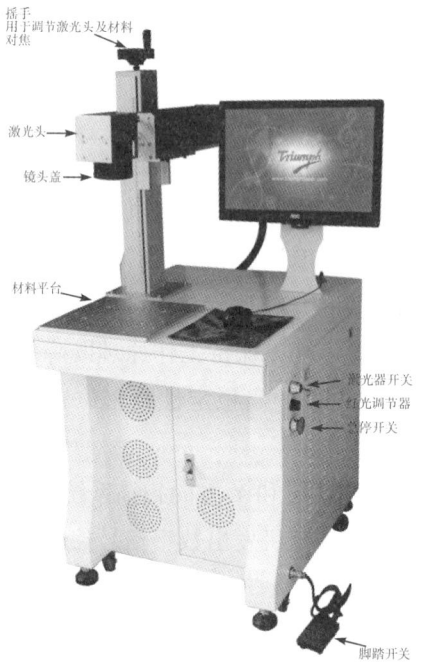

图 15-1　TR-F20MS 系列激光打标机正面图

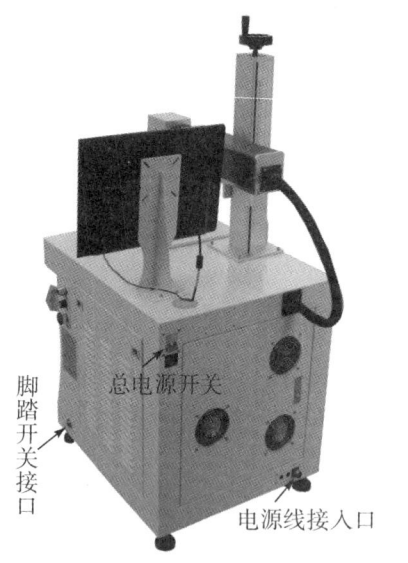

图 15-2　TR-F20MS 系列激光打标机背面图

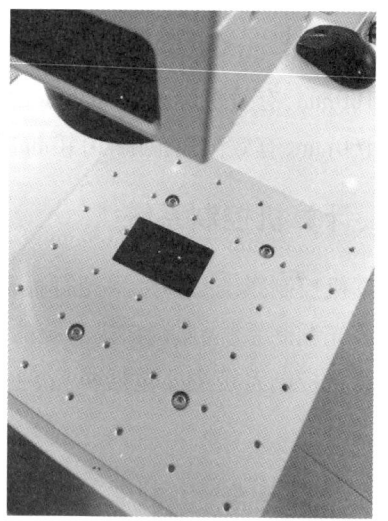

图 15-3　材料平台

第三节　激光打标机基本操作

一、使用前准备

使用前，请确认已经接上设备的电源线、脚踏开关，电脑主机插上 USBKEY（一般出厂默认会插于电脑主机上，如图 15-4 所示），并确认镜头盖已打开，总电源开关、激光器电源、急停开关、电脑处于开启状态。

图 15-4　USBKEY

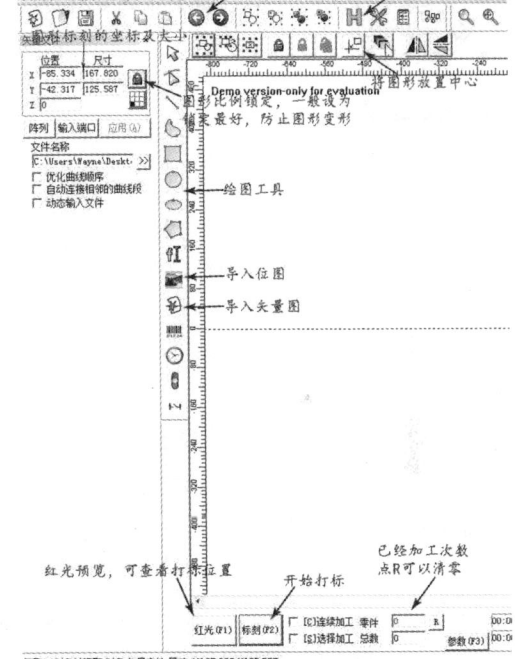

图 15-5　软件操作界面

二、标刻过程

标刻是利用激光束在材料表面进行永久性标记的过程。

(1)软件操作界面及参数设置介绍如图 15-5、6 所示。

工程训练教程

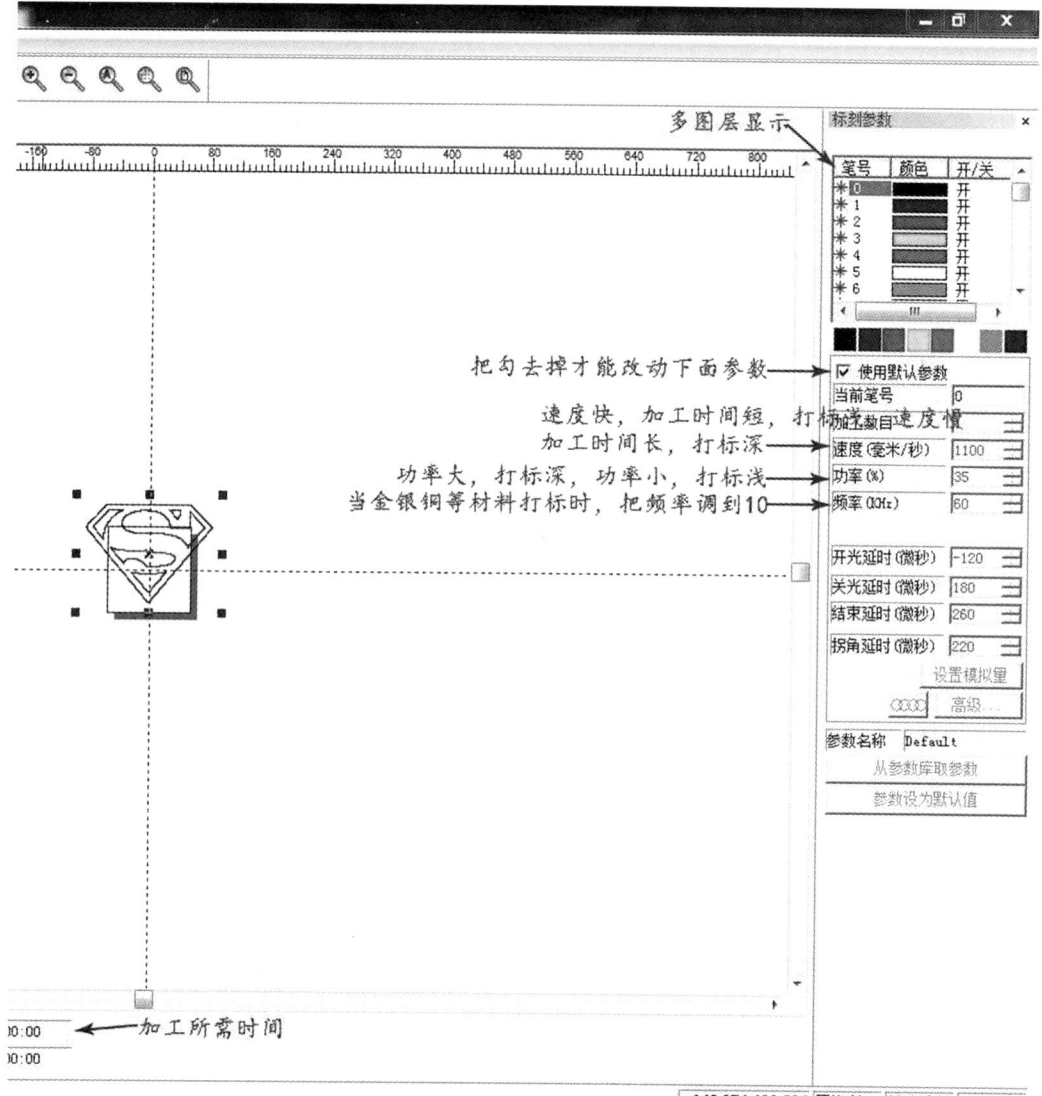

图 15-6　参数设置界面

（2）打开软件界面后，点 ![] 导入一张图片，锁定比例并设置图片大小（单位：mm） ![尺寸 167.820 125.587]，点旁边的 ![应用(A)]，然后再点 ![] 将图片放至中心点，如图 15-7 所示。

第十五章　激光打标

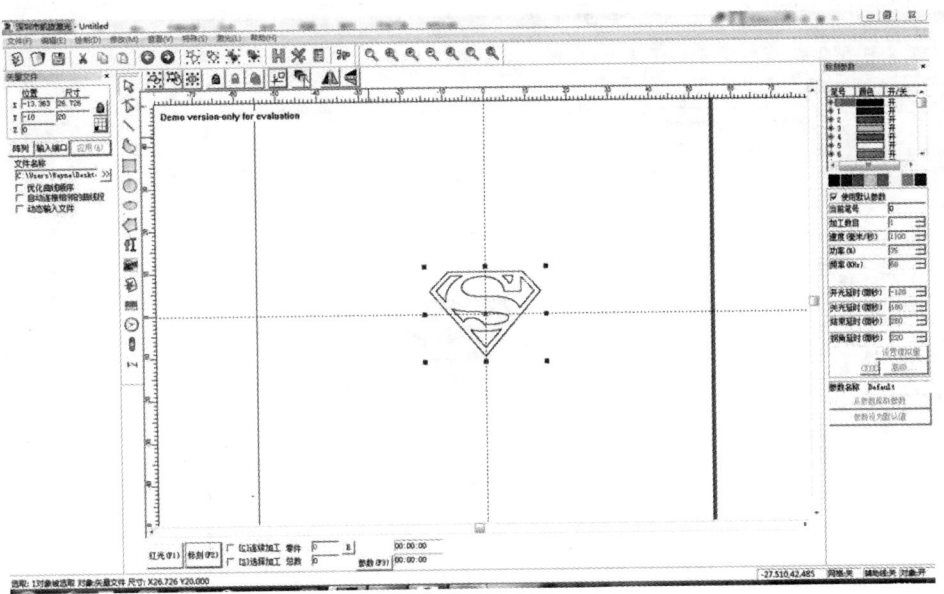

图 15-7　导入图片并进行设置

(3) 点击 ![H]，按下图设置图形的填充参数并确定，如图 15-8、9 所示。

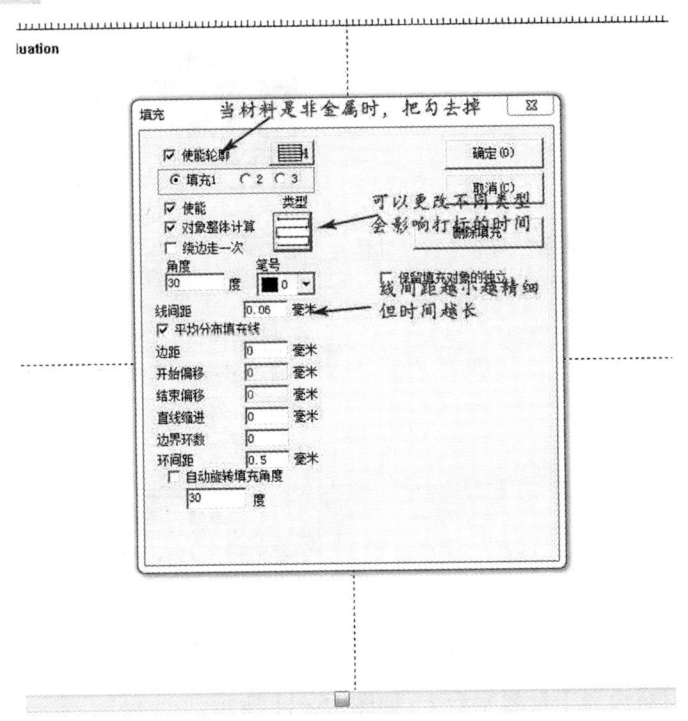

图 15-8　参数设置

259

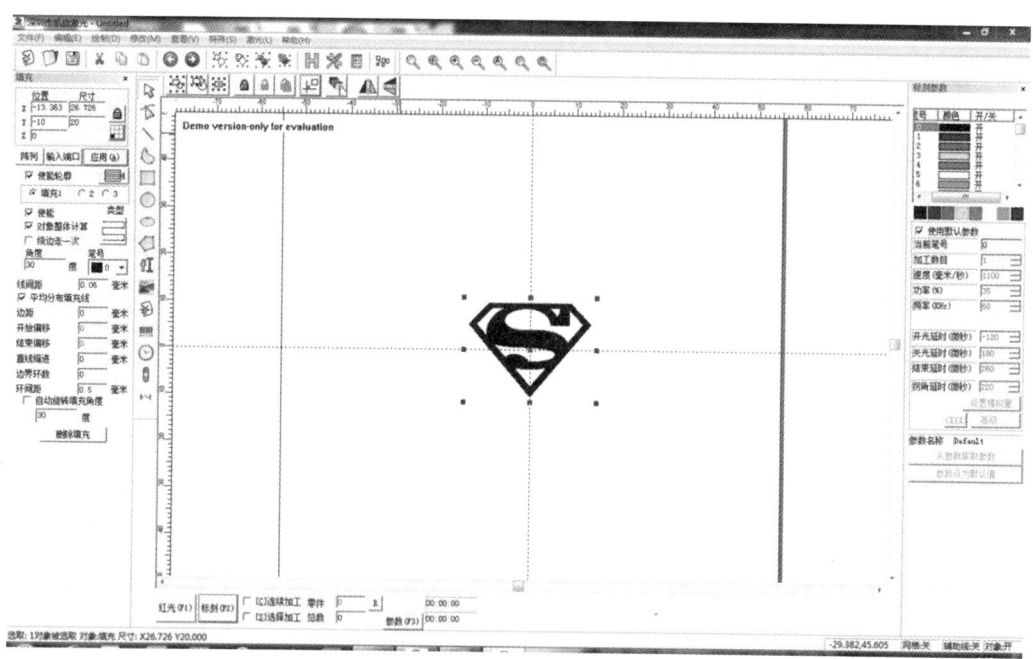

图 15-9　参数设置后效果

（4）接着按照图 15-10 所示设置好打标参数。

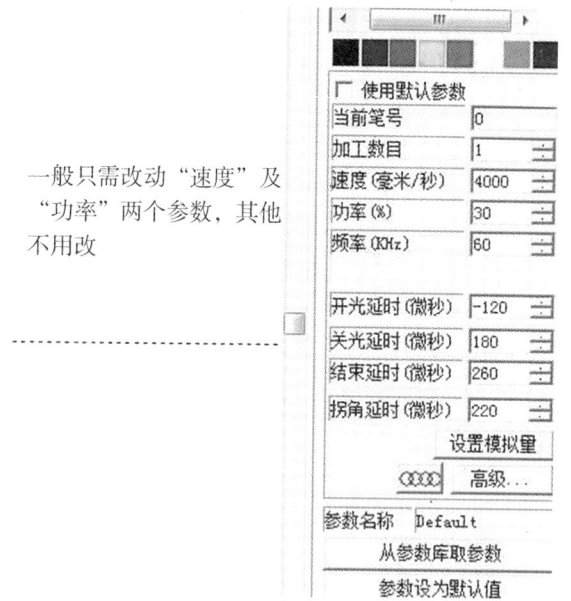

图 15-10　打标参数设置

（5）将打标材料放置于材料平台上，如图 15-11 所示。

（6）转动打标机的摇手 进行对焦，直至材料上的两点红光变成一点即可完成对焦，如图 15-12 所示。

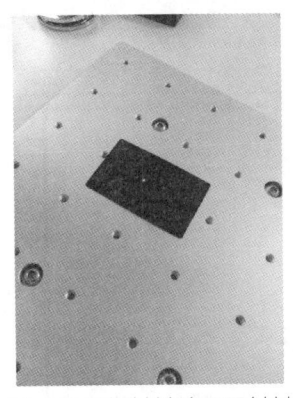
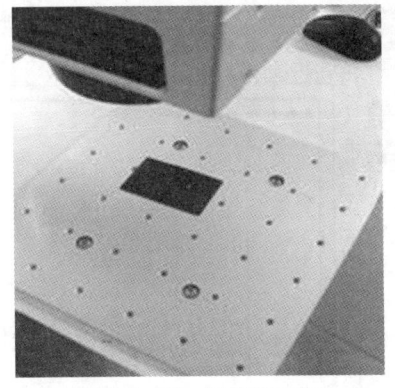

图 15-11　将打标材料放置于材料平台上　　图 15-12　打标机对焦

(7)点击  平台上会出现一个红色框,核对材料打标的位置是否正确,如图 15-13 所示。

(8)确定无误后,点击 标刻(F2) 或者用脚踩一下脚踏开关,打标机开始工作,至此完成打标过程,打标效果如图 15-14 所示。

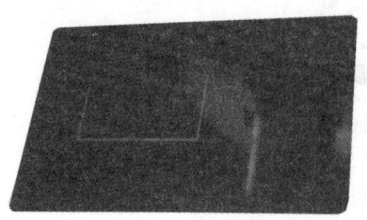

图 15-13　确定打标位置　　　　图 15-14　打标效果

三、刻线

刻线就是利用激光束在材料上进行矢量图绘制的过程。

(1)打开软件界面后,点 导入一张图片或者使用绘图区的工具画一个图形,锁定比例并设置图片大小(单位:mm) ,点旁边的 应用(A) ,然后再点 将图片放至中心点,如图 15-15 所示(使用工具 可以输入文字)。

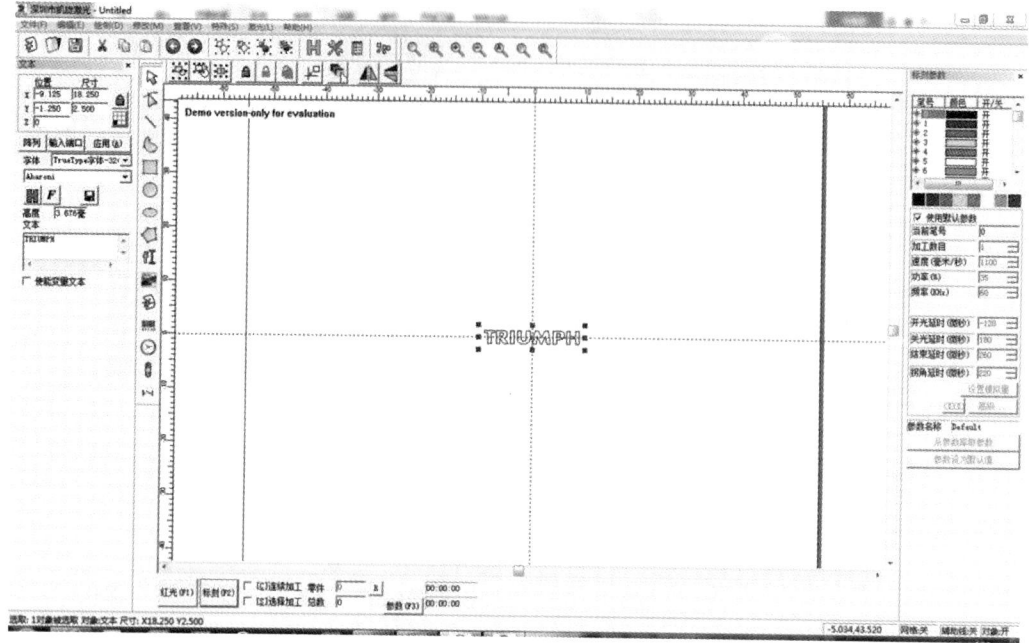

图 15-15　绘制图形或输入文字

（2）接着再如图 15-16 所示设置好打标的参数。

图 15-16　设置打标参数

（3）把材料放在打标机平台，如图 15-17 所示。

（4）转动打标机的摇手进行对焦，直至材料上的两点红光变成一点即可完成对焦，如图 15-18 所示。

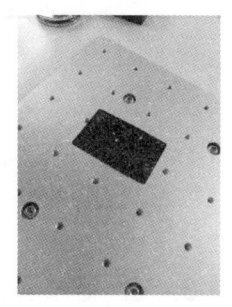
图15-17　材料放在打标机平台

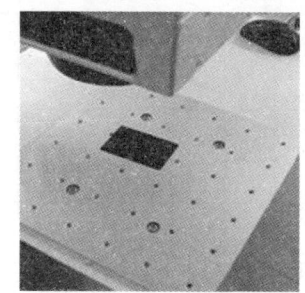
图15-18　对焦过程

以上的参数仅为参考值,具体参数请参考20W光纤激光打标机工作参数设定。

(5)点击  平台上会出现一个红色框,核对材料打标的位置是否正确,如图15-19所示。

(6)确定无误,点击 [标刻(F2)] 或者用脚踩一下脚踏开关，打标机开始工作,至此完成刻线过程,打标效果如图15-20所示。

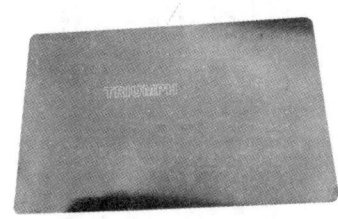
图15-19　标定过程

图15-20　打标效果

以上的参数仅为参考值,具体参数请参考20W光纤激光打标机工作参数设定见表15-1。

表15-1 20W光纤激光打标机工作参数设定（工作幅面：110×110mm）（供参考）

材料	填充1（角度-45度）线间距（mm）	填充2（角度-45度）线间距（mm）	自动旋转填充角度（°）	速度（mm/s）	功率（%）	频率（KHz）	加工数目
304不锈钢	0.01-0.03	0.02-0.03		1000-3000	15-90	30-60	1
推荐参数	0.03	0.03		2000	20-50	50-60	1
铝	0.002	/		600	40	80	1
推荐参数	0.02	0.02	10	1000	80-90	30	30-1000
铜	0.01-0.01	0.01-0.03		1500	35	50-60	1
推荐参数	0.03	0.03		2000	20-50	50-60	1
钛合金	/	/		1000	80	30	1
推荐参数	0.02	0.02	10	1000	80-90	30	1-1000
合金	0.01-0.03	0.01-0.03		4000	30-80	30-80	1
推荐参数	0.01	0.02		3000	50	50	1
陶瓷	0.01-0.03	0.02-0.03		1000-5000	35-40	60	1
推荐参数	0.02	0.03		1000-5000	35-40	60	1
塑料	0.001	/		400	20	80	1
光滑皮革表面	0.02	0.02		1000	50	30	2-4
	0.03-0.06	/	请参考"铝"材料参数设置	500-1000	15-30	60-80	1
	0.06-0.08	/		1000	15-60	30-80	1

第四节　评分标准

激光打标评分标准

	工位号		学号		姓名		总得分	
成绩评定	项目	质量检测内容		配分	评分标准		实测结果	得分
		素材选择是否得当		20	超差酌情扣分			
		成品质量		50	超差酌情扣分			
		安全文明生产		30	违者不得分			
	现场记录：							

思考题

1. 激光打标机的区别？
2. 不同种类的激光打标机的适用范围分别是什么？

第十六章 电火花与线切割

【教学目标】

知识目标

1. 了解电火花线切割加工安全操作守则。
2. 了解电火花线切割的种类、特点及应用。
3. 熟悉线切割机床的结构和工作原理。

能力目标

1. 掌握线切割机床的基本操作步骤。
2. 会使用线切割机床按图样要求进行工件加工。

第一节 概述

一、电火花线切割加工安全操作守则

(1) 操作者必须穿好工作服,戴好防护用品。不得穿凉鞋、拖鞋、高跟鞋、背心、裙子和戴围巾进入车间。

(2) 严禁在车间内追逐、打闹、喧哗,阅读与实习无关的书刊、接打手机等。

(3) 应在指定的机床、工具上进行实习,未经允许,其他机床、工具或电器开关等均不得乱动;机床附近不得放置易燃、易爆物品,防止因工作液一时供应不足产生的放电火花引起事故。

(4) 使用机床前必须在老师的现场指导下,熟悉线切割机床的操作技术、线切割机床加工工艺,恰当地选取加工参数,按照机床的操作规程进行操作,防止造成断丝等故障。

(5) 开机前应按设备润滑要求,对机床有关部位注润滑油。

(6) 手摇柄操作储丝筒后,应及时将摇柄拔出,防止储丝筒转动时将摇柄甩出伤人。

装卸电极丝时,注意防止电极丝扎手。换下来的废丝要放在规定的容器内,防止混入电路和走丝系统中,造成了电器短路、触点和断丝等事故。注意防止因丝筒惯性造成断丝及传动碰撞。

(7)正式加工工件之前,应确认工件位置已安装正确,防止碰撞丝架和超程撞坏丝杆、螺母等转动部件。机床工作时,操作人员不得离开现场,当发生断丝时应将断丝清理干净,以免损坏运丝装置。

(8)启动电源开关后,应让机床空载运行,观察该部分工作状态是否正常,控制柜(机)必须正常工作10分钟以上,方可进行加工操作。

(9)禁止用湿手按开关或接触电源部分。防止工作液等导电物质进入电器部分,一旦发生因电器短路造成火灾时,应首先切掉电源,立即使用合适的灭火器,不准用水救火。

(10)停机时,应先停高频率脉冲电源,后停工作液,让电极丝运行一段时间,并等储丝筒反向后再停走丝。工作结束后,关掉总电源,擦净工作台及夹具,并润滑机床。

(11)在检修机床、机床电器、脉冲电源、控制系统时,应注意适当地切断电源,防止触电和损坏电路元件。

(12)定期检查机床的保护接地是否可靠,注意各部位是否漏电。机床正常使用情况下,冷却液每一周更换一次。

二、电火花加工原理

与金属切削加工的原理完全不同,电火花加工是通过工具电极和工件电极(正、负电极)间脉冲放电时的电腐蚀作用来蚀除多余的金属,以达到对工件的尺寸、形状及表面质量预定的加工要求的一种工艺方法。电火花加工又称放电加工(Electrical Discharge Machining,简称EDM)或电蚀加工,由于放电过程中可见到火花,故称之为电火花加工。

电火花加工的原理如图16-1所示。工件与工具电极分别连接到脉冲电源的两个不同极性的电极上,当两电极间加上脉冲电压后,使工件和电极间保持适当的间隙时,就会把工件与工具电极之间的工作液介质击穿,形成放电通道。放电通道中产生瞬时高温,使工件表面材料熔化甚至汽化,同时也使工作液介质汽化,在放电间隙处迅速热膨胀并产生爆炸,工件表面一小部分材料被蚀除抛出,形成微小的电蚀坑。脉冲放电结束后,经过一段时间间隔,使工作液恢复绝缘。脉冲电压反复作用在工件和工具电极上,上述过程不断重复进行,工件材料就逐渐被蚀除掉。伺服系统不断地调整工具电极与工件的相对位置,自动进给,保证脉冲放电正常进行,直到加工出所需要的零件。

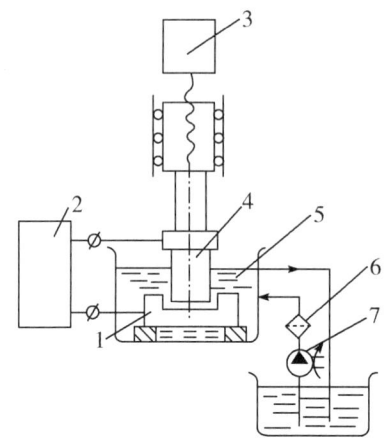

图16-1 电火花加工的原理
1-工件电极 2-脉冲电源 3-自动进给装置(伺服系统)
4-工具电极 5-工作液 6-过滤器 7-工作液泵

工具电极常用导电性良好、熔点较高、易加工的耐电蚀材料,如铜、石墨、铜钨合金和钼等。在加工过程中,工具电极也有损耗,但小于工件金属的蚀除量,甚至接近于无损耗。

工作液作为放电介质,在加工过程中还起着冷却、排屑等作用。常用的工作液是粘度较低、闪点较高、性能稳定的介质,如煤油、去离子水和乳化液等。

三、电火花加工的分类与特点

（一）电火花加工分类

根据电火花加工工艺的不同,电火花加工可分为电火花线切割加工、电火花穿孔成形加工、电火花磨削和镗磨、电火花表面强化和刻字等。

目前电火花加工技术已广泛用于加工各种高熔点、高强度、高韧性材料,如淬火钢、不锈钢、模具钢、硬质合金等,以及用于加工模具等具有复杂表面和特殊要求的零件。

本单元主要介绍利用电火花加工原理制成的电火花线切割加工设备。

（二）电火花加工的特点

1. 电火花加工的优势

电火花加工不用机械能量,不靠切削力去除金属,而是直接利用电能和热能来去除金属。相对于机械切削加工而言,电火花加工具有以下一些特点:

（1）适合于用传统机械加工方法难以加工的材料加工,表现出"以柔克刚"的特点。因为材料的去除是靠放电热蚀作用实现的,材料的加工性主要取决于材料的热学性质,如熔点、比热容、导热系数(热导率)等,几乎与其硬度、韧性等力学性能无关。工具电极材料不必比工件硬,所以电极制造相对比较容易。

(2) 可加工特殊及复杂形状的零件。由于电极和工件之间没有相对切削运动,不存在机械加工时的切削力,因此适宜于低刚度工件和细微加工。由于脉冲放电时间短,材料加工表面受热影响范围比较小,所以适宜于热敏性材料的加工。此外,由于可以简单地将工具电极的形状复制到工件上,因此特别适用于薄壁、低刚性、弹性、微细及复杂形状表面的加工,如复杂的型腔模具的加工。

(3) 可实现加工过程自动化。加工过程中的电参数易于实现数字控制、智能化控制,能方便地进行粗、半精、精加工各工序,简化工艺过程。在设置好加工参数后,加工过程中无须进行人工干涉。

(4) 可以改进结构设计,改善结构的工艺性。采用电火花加工后可以将拼镶、焊接结构改为整体结构,既大大提高了工件的可靠性,又大大减少了工件的体积和质量,还可以缩短模具加工周期。

(5) 可以改变零件的工艺路线。由于电火花加工不受材料硬度影响,所以可以在淬火后进行加工,这样可以避免淬火过程中产生的热处理变形。

2. 电火花加工局限性

电火花加工有其独特的优势,但同时电火花加工也有一定的局限性,具体表现在以下几个方面:

(1) 主要用于金属材料的加工。不能加工塑料、陶瓷等绝缘的非导电材料。

(2) 加工效率比较低。一般情况下,单位加工电流的加工速度不超过 $20\text{mm}^3/(\text{A}\cdot\text{min})$。相对于机加工来说,电火花加工的材料去除率是比较低的。因此经常采用机加工切削去除大部分余量,然后再进行电火花加工。此外,加工速度和表面质量存在着突出的矛盾,即精加工时加工速度很低,粗加工时常受到表面质量的限制。

(3) 加工精度受限制。电火花加工中存在电极损耗,由于电火花加工靠电、热来蚀除金属,电极也会遭受损耗,而且电极损耗多集中在尖角或底面,影响成形精度。虽然最近的机床产品在粗加工时已能将电极的相对损耗比降至1%以下,精加工时能降至0.1%,甚至更小,但精加工时的电极低损耗问题仍需深入研究。

(4) 加工表面有变质层甚至微裂纹。由于电火花加工时在加工表面产生瞬时的高热量,因此会产生热应力变形,从而造成加工零件表面产生变质层。

(5) 最小角部半径的限制。通常情况下,电火花加工得到的最小角部半径略大于加工放电间隙,一般为0.02~0.03mm,若电极有损耗或采用平动头加工,角部半径还要增大,而不可能做到真正的完全直角。

(6) 外部加工条件的限制。电火花加工时放电部位必须在工作液中,否则将引起异常放电,这给观察加工状态带来麻烦,工件的大小也受到影响。

(7) 加工表面的"光泽"问题。加工表面是由很多个脉冲放电小坑组成。一般精加工后的表面也没有机械加工后的那种"光泽",需经抛光后才能发"光"。

(8)加工技术问题。电火花加工是一项技术性较强的工作,掌握的好坏是加工能否成功的关键,尤其是自动化程度低的设备,工艺方法的选取、电极的装夹与定位、加工状态的监控、加工余量的确定与操作人员的技术水平有很大关系。因此,在电火花加工中经验的积累是至关重要的。

第二节 线切割所用的设备

一、线切割机床的组成和工作原理

(一)线切割机床的组成

线切割机床整体构造如图16-2所示,主要由五部分组成:工作台、走丝机构、供液系统、脉冲电源、控制系统。

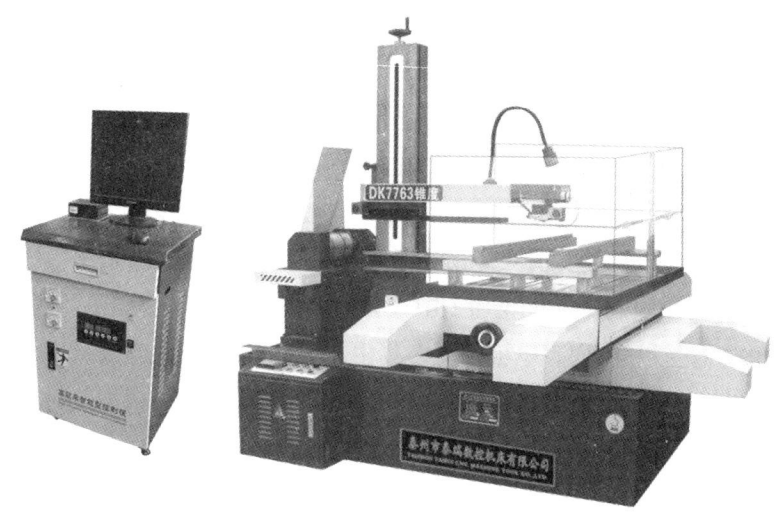

图16-2 线切割机床结构

(1)工作台:由工作台面、中托板和下托板组成,工作台面用以安装夹具和被切割工件,中托板和下托板分别由步进电动机拖动,通过齿轮变速机滚珠丝杠传动,完成工作台面的纵向和横向运动。

(2)走丝机构:走丝机构主要由储丝筒、走丝电动机和导轮等部件组成。储丝筒安装在储丝筒托板上,由走丝电动机通过联轴器带动,正反转动。

(3)供液系统:供液系统由工作液箱、液压泵、喷嘴组成,为机床的切割加工提供足够、合适的工作液。

(4) 脉冲电源：脉冲电源是产生脉冲电流的能源装置。

(5) 控制系统：对整个线切割加工过程和钼丝轨迹做数字程序控制，主要由计算机主机、显示器及绘图、控制程序软件组成。多数采用 X8 或 4B 格式的加工指令控制切割。

(二) 线切割机床工作原理

线切割机床工作原理如图 16-3 所示，电火花线切割加工（Wire Cut Electrical Discharge Machining，简称 WEDM），有时又称线切割。其基本工作原理是利用连续移动的细金属丝（电极丝）作电极，对工件进行脉冲火花放电蚀除金属、切割成型。直流脉冲电源的一极（通常是负极）通过进电装置 1 与电极丝 3 连接，另一极（通常是正极）接工件 4，绕在运丝筒上的电极丝 3 经过若干个导轮 2 沿运丝筒的回转方向以一定的速度移动，装在机床工作台上的工件 4 由工作台按预定控制轨迹（微机控制器按照程序控制 X 轴步进电机 5、Y 轴步进电机 6 旋转分别带动横向工作台 7、纵向工作台 8）相对与电极丝做成型运动。在工件与电极丝之间总是保持一定的放电间隙且喷洒工作液，当刀具和工件之间的距离足够近时（约 0.01mm），电压击穿冷却切削液介质，在电极丝和工件靠近的全长上均匀放电，高能量密度电火花放电瞬间温度可以达到 7000℃ 或更高，高温使被切削金属瞬间汽化，生成金属氧化物，熔融于切削液中被带走，从而得到工件的形状。

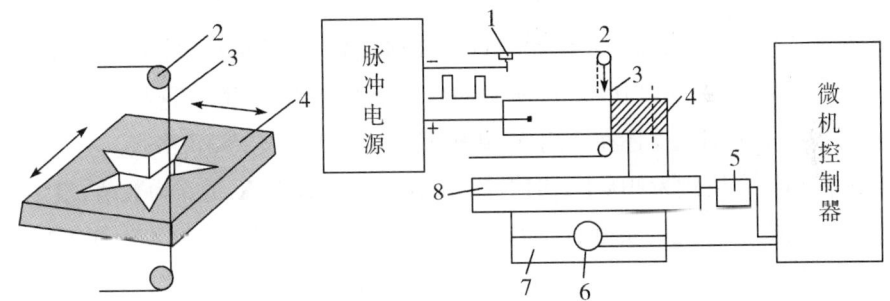

图 16-3 线切割机床工作原理

1—进电装置　2—导向轮　3—电极丝（金属丝）　4—工件　5—X 轴步进电动机
6—Y 轴步进电动机　7—横向工作台　8—纵向工作台

二、线切割机床的分类

根据电极丝的运行速度不同，电火花线切割机床通常分为三类：一类是高速走丝电火花线切割机床（WEDM-HS），其电极丝作高速往复运动，一般走丝速度为 8~10m/s，电极丝可重复使用，加工速度较高，但快速走丝容易造成电极丝抖动和反向时停顿，使加工质量下降；另一类中速走丝电火花线切割机床，其原理是对工件作多次反复的切割，开头用较快丝筒速度、较强高频来切割，最后一刀则用较慢丝筒速度、较弱高频电流来修光，从而提高了加工光洁度；第三类是低速走丝电火花线切割机床，其电极丝作低速单向运动,一般走丝速度低于 0.2m/s,电极丝放电后不再使用,工作平稳、均匀、抖动小、加工质量较好,但加工速度较低。

根据对电极丝运动轨迹的控制形式不同,电火花线切割机床又可分为三种:一种是模仿形控制,其在进行线切割加工前,预先制造出与工件形状相同的模,加工时把工件毛坯和模同时装夹在机床工作台上,在切割过程中电极丝紧紧地贴着模边缘作轨迹移动,从而切割出与模形状和精度相同的工件来;另一种是光电跟踪控制,其在进行线切割加工前,先根据零件图样按一定放大比例描绘出一张光电跟踪图,加工时将图样置于机床的光电跟踪台上,跟踪台上的光电头始终追随墨线图形的轨迹运动,再借助于电气、机械的联动,控制机床工作台连同工件相对电极丝做相似形的运动,从而切割出与图样形状相同的工件来;第三种是数字程序控制,采用先进的数字化自动控制技术,驱动机床按照加工前根据工件几何形状参数预先编制好的数控加工程序自动完成加工(工件相对于电极丝在 X、Y 平面内作数控运动),电极丝沿其轴向(垂直或 Z 方向)作走丝运动,不需要制作模样板也无需绘制放大图,比前面两种控制形式具有更高的加工精度和广阔的应用范围,目前国内外电火花线切割机床基本都是这一种。

三、线切割的数控系统

(一)3B、4B 格式程序指令

3B 格式及带补偿功能的 3B 格式(也称 4B 格式)程序结构简单,以 X 向或 Y 向溜板进给计数的方法决定是否到达终点,使用的控制器功能有限,而且这种格式支持快走丝的线切割,当前部分旧机器还在应用,而新机型往往也可以支持 3B 格式。

3B 编程和指令格式为:BX BY BJ G Z,其中 B 为分隔符;X、Y、J 为数值,最多 6 位,而且都要取绝对值,即不能为负数;G 为计数方向,有 GX 和 GY 两种;Z 为加工指令码,有 12 种,即 L1、L2、L3、L4、NR1、NR2、NR3、NR4、SR1、SR2、SR3、SR4。

X、Y、J 均取绝对值,加工直线时,X、Y 为相对于起点的终点坐标值;加工圆弧时,X、Y 为起点相对圆心的坐标值。计数长度 J 取值从起点到终点的溜板移动总长度,即被加工曲线在计数方向上的总投影长度。例如,起点为(2,3)、终点为(7,10)的直线的 3B 指令是 B5000B7000B7000GYL1;半径为 9.22mm、圆心坐标为(0,0)、起点坐标为(-2,9)、终点坐标为(9,-2)的圆弧 3B 指令是 B2000B9000B25440GYNR2。

线切割指令中的坐标值单位为 μm,而不是 mm,并且不允许使用小数,对于大部分以 mm 为单位的图样或图形,应将其转换成 μm 为单位,如 30.66 应该写成 B30660。

3B 格式程序以 DD 表示程序结束。

(二)ISO 代码指令格式

一般数控切割机床编程系统采用的代码是国际通用 ISO 代码。其指令有很多,这里

仅介绍几种：

1. 快速定位指令 G00

G00 指令可使指定的某轴以最快速度移动到指定位置，不进行加工。

其程序段格式为：G00 X__Y__。

2. 直线插补指令 G01

直线插补指令 G01 的程序段格式为：

G01 X_ Y_ U_ V_；常规方式。

G01 X_ Y_ A_；锥度方式。

在常规方式下，G01 命令 X、Y、U、V 按加工速度从起点到终点作直线联动。在锥度方式下，U、V 轴的位移由斜度参数决定。

3. 圆弧插补指令 G02、G03

圆弧插补指令 G02、G03 指令格式为：

G02/G03 X_ Y_ I_ J_；常规方式。

G02/G03 X_ Y_ I_ J_ A_；锥度方式。

4. 丝半径补偿建立、取消指令 G41/G42、G40

G41 为左偏补偿指令，其程序段格式为：G41 D__。

G42 为右偏补偿指令，其程序段格式为：G42 D__。

5. 绝对坐标和增量坐标指令 G90、G91

程序格式为：G90/G91 X_ Y_。

式中 X、Y 是基准平面 X、Y 坐标系中终点坐标（G90）或终点相对起点的坐标增量（G91）。

6. 坐标系设定指令 G92

G92 是设定当前电极丝位置的指令，程序段格式为：G92 X_ Y_(W_ H_ R_)。

式中，X 和 Y 值确定了电极丝相对于编程起始点位置。W 给出基准平面（X、Y 轴确定的平面）与工件底面之间的距离，H 给出工件的高度，R 确定基准平面与第二平面之间（U、V 轴确定的平面）的距离。坐标轴如图 16-4 所示。

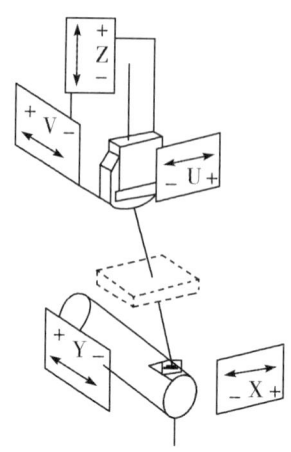

图 16-4 坐标轴方向

(三)X8 线切割数控自动编程软件系统

X8 线切割数控自动编程软件系统,是一个高智能化的图形交互式软件系统,是基于 Linux 平台的线切割编控系统,用户用 X8 软件根据加工图纸绘制加工图形,生成线切割加工的二维数据,并进行零件加工。在加工过程中,本系统能够智能控制加工速度和加工参数,完成对不同加工要求的加工控制。这种以图形方式进行加工的方法是线切割领域内的 CAD 和 CAM 系统的有机结合。系统具有切割速度自适应控制、切割进程实时显示、加工预览等便捷的操作功能。同时,对于各种故障(断电、死机等)提供了完善的保护,防止工件报废。X8 系统主要功能如下:

(1)支持图形驱动自动编程,用户无需接触代码,只需要对加工图形设置加工工艺便可进行加工,同时,支持多种线切割软件生成的 3B 代码、G 代码等加工代码。

(2)多种加工方式可灵活组合加工(连续、单段、正向、逆向等加工方式)。

(3)实时监控线切割加工机床的 X、Y、U、V 四轴加工状态。加工预览、加工进程实时显示。

(4)可放大、缩小观看图形,可从主视图、左视图、顶视图等多角度观察加工情况。

(5)可进行多次切割,以提高光洁度。

(6)带有用户可维护的工艺数据库功能,使多次加工变得简单、可靠。锥度工件的加工,采用四轴联动控制技术,可以方便地进行上下异形面加工,使复杂锥度图形加工变得简单而精确。

(7)具有自动报警功能,在加工完毕或故障时自动报警,报警时间可设置。

(8)支持清角延时处理,在加工轨迹拐角处进行延时,以改善电极丝弯曲造成的偏差。

(9)支持齿隙补偿功能,可以对机床的丝杆齿隙误差进行补偿,以提高机床精度。

(10)支持光栅补偿,能够对机床的定位误差进行实时补偿。

(11) 断电时自动保存加工状态,上电恢复加工,短路自动回退等故障处理。

四、影响快走丝线切割加工工艺指标的主要因素

(1) 放电脉冲参数。主要包括脉冲电流大小 I、脉冲电流宽度 t_i、脉冲电流间隔 t_0、脉冲电压 V、功率管。脉冲电流越大,放电能量越强,火花放电的凹坑越大,表面粗糙度值大;脉冲电流越小,排屑不充分,加工不稳定,易断丝。脉冲电流宽度越大,单次放电时间越长,产生的高温持续时间长,容易灼烧工件断面,影响断面质量。放电间隔时间长,精度不易控制。为了提高精度和表面质量,应尽量选择较小的脉冲电流,较小的脉宽。采用乳化液介质时,脉冲电压通常在 60~120V 范围内选取。在精加工时,通常将脉冲宽度限制在 20μs 内,一般加工可在 20~60 μs 内选择。脉冲间隔一般在 10~250μs 范围内选取,且与工件厚度有关系,厚度越大,脉冲间隔也越大。快走丝线切割加工脉冲参数的选择见表 16-1。

表 16-1 快走丝线切割加工脉冲参数的选择

加工要求	电流峰值(A)	脉冲宽度(μs)	脉冲间隔(μs)	加工电压(V)
粗加工 Ra>2.5μm 快速切割或大厚度工件	>12	20~40μs	为实现稳定加工,推荐选择:脉冲间隔/脉冲宽度 = 3~4 以上	60~120
半精加工 Ra=1.25~2.5μm	6~12	6~20		
精加工 Ra<2.5μm	<6	2~6		

(2) 电极丝及其移动速度。电极丝直径 0.1~0.2mm,移动速度 DK7763 型为 11~11.5m/s。

(3) 进给速度。

(4) 工件材料及其厚度。不同的金属材料,如铝、碳钢、合金钢其可加工性不同;工件厚度不同,选择电参数不同。

(5) 工作液。工作液对切割速度、加工精度、表面粗糙度有较大影响,加工时必须正确选配。常用的工作液是乳化液和去离子水。对于快走丝机床,目前最常用的是乳化液。对加工表面粗糙度和精度要求较高的工件,乳化液的配比可适当浓些;对要求切割速度快或大厚度工件,其配比可淡一些,以利于加工稳定、减少断丝。

第三节 数控线切割机床的操作

一、基本操作步骤

以 DK77 系列电火花数控线切割机床为例。

(1) 打开机床总电源、控制器开关、步进驱动电源开关及脉冲电源开关。

(2) 把加工程序输入控制机。

(3) 开运丝,按下运丝开关,让电极丝空运转,检查电极丝抖动情况和松紧程度。

(4) 装夹工件,注意工件的装夹方法和钼丝直径,选择合理的切入位置。

(5) 开水泵,调整喷水量。开水泵时,先把调节阀调至关闭状态,然后逐渐开启,调节至上下喷水柱包容电极丝,水柱射向切割区即可,水量不必太大。

(6) 选择脉冲电参数。应根据切割效率、精度、表面粗糙度的要求,选择最佳的电参数。电极丝切入工件时,适当增加脉冲间隔,待切入后,稳定时再调节脉冲间隔。

(7) 开启控制机,进入加工阶段。观察电流表在切割工程中,指针是否稳定,精心调节,切忌短路。

(8) 加工结束后应按顺序先关闭机床的高频脉冲开关,水泵开关,再关闭运丝电机开关,检查 X、Y 坐标是否到达终点。正常时,拆下工件,清洗并检查质量。

二、注意事项

(1) 开机前,检查各电器部件是否松动,如有断丝和部件脱落应及时让专业人员维修。

(2) 检查钼丝的张力情况。

(3) 检查导轮是否有损伤并及时调换工作面位置,防止卡断钼丝。

(4) 检查挡丝棒如出现沟槽,应及时调整工作面位置,防止卡断钼丝。

(5) 检查机床润滑部位应有足够的润滑油。

(6) 每个工作日必须清理机床及导轨的污垢,使床身保持清洁。

(7) 工作中有意外情况,按下总电源开关红色按钮即可断电停机。

第四节 工件制作

切割如图 16-5 所示的五角星图形工件,其外接圆直径为 50mm,切割材料 Q235 钢板,厚度 7mm,加工粗糙度 Ra≤2.5μm。机床是 DK77 系列快走丝线切割机床,电极丝是钼丝直径 0.18mm,丝速 11m/s(不可调)。

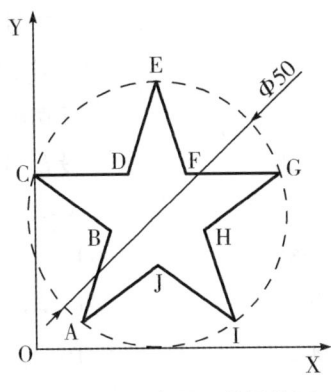

图 16-5 五角星工件零件图

一、加工工艺分析

工件是普通碳素结构钢,厚度只有 7mm,属薄钢板,工件尺寸不大,精度要求低,但加工粗糙度 Ra 要求高。因此使用快走丝线切割加工时,无需考虑电极丝半径及放电间隙,穿丝点和退出点均设在五角星的左下角 O 点,引入点为 A 点,加工路线 A→B→C→D→E→F→G→H→I→J→A。

二、编制加工程序

(1) 用 3B 格式编制程序,加工坐标原点无需指定,程序编制如下:

```
B 0000  B  0000   B  0000  GX   L0;
B 9082  B  4775   B  9082  GX   L1;        //O→A
B 5613  B  17275  B  17275 GX   L1;        //A→B
B 14695 B  10676  B  14695 GY   L2;        //B→C
B 18164 B  0      B  18164 GX   L1;        //C→D
B 5613  B  17275  B  17275 GX   L1;        //D→E
B 5613  B  17275  B  17275 GX   L4;        //E→F
B 18164 B  0      B  18164 GX   L1;        //F→G
```

```
B 14695 B  10676 B  14695 GX  L3;      //G→H
B 5613  B  17275 B  17275 GY  L4;      //H→I
B 14695 B  10676 B  14695 GX  L2;      //I→J
B 14695 B  10676 B  14695 GX  L3;      //J→A
B 9082  B  4775  B  9082  GX  L3;      //A→O
B 0000  B  0000  B  0000  GX  L0;
DD
```

(2) 用 ISO 代码指令格式编制程序,程序编制如下:

```
O0001;                              //程序号
N001 G90;                           //绝对值编程
N002 T84 T84;                       //开切削液、开丝
N004 G92 G00 X0.000 Y0.000;         //设置当前电极丝位置的坐标为(0,0)
N005 G01 X14.695 Y22.049;           //A→B
N006 G01 X0.000 Y4.32.725;          //B→C
N007 G01 X18.164 Y32.725;           //C→D
N008 G01 X23.776 Y50.000;           //D→E
N009 G01 X29.389 Y32.725;           //E→F
N010 G01 X47.553 Y32.725;           //F→G
N011 G01 X32.858 Y22.049;           //G→H
N012 G01 X38.471 Y4.775;            //H→I
N013 G01 X23.776 Y15.451;           //I→J
N014 G01 X9.082 Y4.775;             //J→A
N015 G01 X0.000 Y0.000;             //A→O
N016 T85 T87;                       //关切削液、关丝
N017 M02;                           //程序结束
```

三、加工步骤

(1) 按机床操作步骤开机并导入 DXF 格式图纸文件,设置穿丝点、切入点、切割方向,选择偏移方向,自动生成切割轨迹。

(2) 发送加工任务。

(3) 模拟切割轨迹。

(4) 检查机床传动系统、上丝、运丝并进行电极丝找正。

(5) 装夹工件。

(6) 开启水泵,调整喷水量。

(7) 选择加工参数

脉宽 5,脉冲间隔 6,功放管 4,电流 2.0A。

(8) 检查核对开启控制机进入加工状态,观察加工过程。

(9) 加工结束。

四、凸模零件的加工练习

按照评分表要求,采用数控电火花线切割加工如图 16-6 所示的零件,工件厚度 7mm,加工表面粗糙度为 Ra≤2.5μm,材料为 Q235 钢。

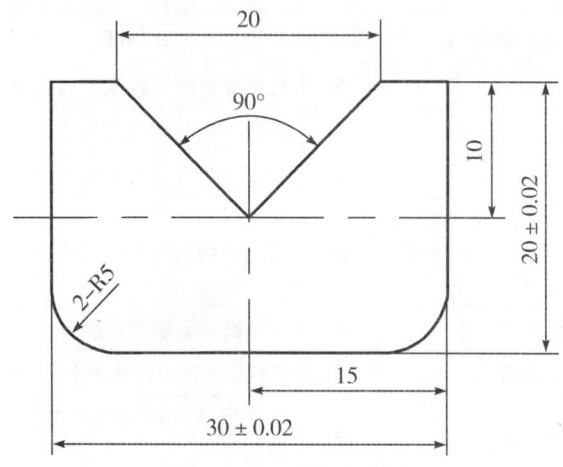

图 16-6　凸模零件图

线切割加工成品零件如图 16-7 所示。

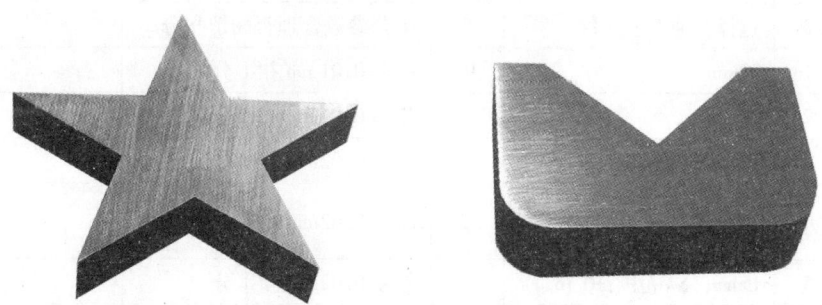

图 16-7　线切割加工成品零件

第五节 评分标准

数控线切割实操考核评分标准

工位号		姓名		学号		总得分	
项目	编号	质量检测内容	配分	评分标准		实测结果	得分
加工前准备工作	1	熟练穿丝	5	根据穿丝熟练程度酌情扣分			
	2	钼丝垂直度的校核	3	操作正确与否酌情扣分			
	3	钼丝的张紧	2	钼丝张紧合适否酌情扣分			
设计加工程序	1	熟练使用 X8 线切割编程系统设计零件图纸,自动生成加工程序	6	系统使用熟练程度酌情扣分			
	2	分析设计加工工艺	4	工艺路线合理酌情扣分			
工件的定位与加紧	1	工件定位合理	6	工件定位是否合理,酌情扣分			
	2	工件正确装夹	4	装夹是否正确,有无干涉,酌情扣分			
机床操作	1	开关机床顺序	5	操作正确与否酌情扣分			
	2	控制面板按钮正确操作	5	操作正确与否酌情扣分			
	3	选择合理工艺参数	5	工艺参数合理否酌情扣分			
工件的尺寸	1	30mm	10	超差 0.01mm 扣 1 分			
	2	20mm	10	超差 0.01mm 扣 1 分			
	3	20mm(公差范围:±0.1mm)	5	超差 0.02mm 扣 1 分			
	4	2 处 R5mm(公差范围:±0.1mm)	5	超差 0.02mm 扣 1 分			
	5	15mm(公差范围:±0.1mm)	5	超差 0.02mm 扣 1 分			
	6	10mm(公差范围:±0.1mm)	5	超差 0.02mm 扣 1 分			
	7	90°	5	超差 0.02° 扣 1 分			
安全文明		根据安全生产和文明生产的规定进行操作	10	整个操作过程应安全文明,未按要求扣 10 分			
其他		额定时间 60min		每超过 1min 扣 1 分			
		现场记录:					

思考题

1. 电火花线切割加工原理是什么？
2. 线切割机床有哪些部分组成？
3. 影响线切割加工工艺指标的主要因素有哪些？

第十七章　3D打印快速成型技术

> 【教学目标】
> **知识目标**
> 1. 了解3D打印实物成型方法。
> 2. 熟悉3D打印快速成型流程。
> 3. 了解3D打印前后期处理工艺。
> 4. 掌握各种3D打印成型技术的工艺原理及工艺特点。
> 5. 掌握熔融沉积成型3D打印机的具体操作。
>
> **能力目标**
> 1. 能按要求独立自主操作3D打印机,将一个STL格式文件进行3D打印。
> 2. 能对3D打印快速成型过程进行工艺分析。

第一节　概述

一、3D打印安全操作守则

(1)未经管理人员允许一律不得私自开启打印机,不得重新安装系统及其他软件,不得私自更改计算机用途。

(2)严禁擅自改动3D打印设备的接线,不得擅自移动或拆卸任何设备及部件,不得擅自把仪器设备及工具拿出3D打印室。

(3)3D打印机使用时应按规定操作,严禁个人私自修改参数程序和3D模型,以免发生危险。

(4)开机前应先观察设备外观有无损坏,连接螺丝有没有松动(螺杆连接升降螺丝帽不能过紧),喷头和打印平台是否位于正常行程范围。

(5)3D 打印设备启动开机后需要对喷头和打印平台进行预热(耗材为 PLA 时,喷头温度设置为 210℃,打印平台为 50℃),打印机喷头位置要归零(X、Y、Z 轴均要归零)。

(6)手动调节打印平台位置时应注意平台行程范围,避免超行程造成的设备损坏和故障。

(7)实习过程中务必保管好工具,结束时须整理好工具(分类整齐摆放好),由实习指导教师统一检查,无误后方可离开。

(8)加工过程中请勿频繁打开成型室门,禁止将头、手或身体其他部位伸入成型室内,防止夹伤、烫伤。

(9)打印完成后喷头仍处于高温状态,禁止身体任何部位触碰喷头以免烫伤,待零件冷却后方可小心剥离零件。

(10)3D 打印设备出现故障时,应先关闭打印机电源并及时上报实习指导教师。

(11)时刻保持 3D 打印室环境卫生,结束实习时应用防尘布将打印机和电脑做防尘处理。

(12)离开 3D 打印室时,必须关好门窗,关闭电脑和 3D 打印机电源。

二、3D 打印技术发展与分类

3D 打印(3D Printing),即快速成型技术的一种,它是一种以数字模型文件为基础,运用粉末状金属或塑料等可粘合材料,通过逐层打印的方式来构造物体的技术。现代的 3D 打印技术已日益成熟,如图 17-1 至图 17-4 所示。

图 17-1　3D 打印的别墅

图 17-2　3D 打印的汽车

图 17-3　3D 打印的战斗机钛合金外挂架翼

图 17-4　3D 打印的航空发动机叶片

3D打印起源可以追溯到19世纪末的美国,但现代化3D打印技术诞生于1984年,当时数字文件打印成三维立体模型的技术被Charles Hull所提出,随后他又提出了光固化成型(SLA)为3D打印技术打开了一扇新的大门,而在我国3D打印的专业学名称为"快速成型技术"。3D打印并不是某一项单一技术,它是一系列快速成型技术的统称(3D打印技术只是快速成型技术中一部分)。

3D打印的工作过程大致分为两个部分:(1)数据处理,利用三维扫描仪和计算机辅助设计获得模型数据,将得到的模型数据进行切片分层处理,将立体的三维模型分成一张张二维的图片;(2)制造过程,其制造过程的基本原理为叠层制造,即3D打印机在X和Y轴坐标方向生成目标物体的截面形状,然后在Z轴坐标间断地做层面厚度的位移,最终形成三维制件。

作为一种打印技术,3D打印和传统打印最主要的区别是在于:3D打印要在电脑上设计出一个完整的三维立体模型,然后再进行打印输出。

由于叠层的形式不同,3D打印机在打印原理以及打印材料上都有所差异,因此可以将3D打印技术大致分为五大类:

(1)光固化成型(SLA)。
(2)叠层实体制造成型(LOM)。
(3)选择性激光烧结成型(SLS)。
(4)熔融沉积成型(FDM)。
(5)三维印刷成型(3DP)。

三、3D打印的优劣势

对比传统制造业3D打印的优势较为明显,主要有以下几个方面:

(一)制造复杂物品和产品多样化不增加制造成本

传统制造业所生产的物体形状越复杂成本就越高,对3D打印而言,制造一个形状相对复杂的物品不会比一个相同体积的物品消耗更多的时间和成本。一台传统的生产设备往往只能加工一种形状的物品,而一台3D打印机可以制造各种形状的复杂物品,同时还省去了设备升级、培训员工的成本。对于不同的物品,只需将新的数据导入打印机即可进行生产。

(二)产品无需组装、缩短交付时间

3D打印机还具备使部件一体化成形的特点,传统的生产是建立在产业和流水线的基础之上,即先生产零件,再将零件统一的组装。组装、运输所消耗的时间和人工成本较高。3D打印可以打印组装好的零件,缩短供应链,节省劳动成本。此外,3D打印机可以按需打印,及时生产,减少企业的库存和运输成本。

(三) 设计空间无限、零技能制造

3D打印机可以打印存在于自然界的一切形状的物体,突破了传统制造业形状瓶颈的束缚。此外,3D打印操作简单,操作者不需要太多的专业技能就可以上手操作,制造出来的物品可以媲美由几十年工龄的老师傅经过调整校准后组合起来的物品。

(四) 不占空间、便携制造

3D打印机可以制造和其打印平台一样大的物品,可以自由地移动。

(五) 节约原材料,使多种材料无限组合

3D打印机制造时产生的副产品很少,几乎是"净形成"制造。传统的制造机器在切割或模具成型过程中难以将多种原材料结合在一起,但是3D打印机则可以将多种材料通过打印组合在一起。

(六) 精确的实体复制

3D打印机可以完成"自我复制"型的生产。配合三维扫描技术,3D打印几乎可以复制任何物品。

3D打印的劣势也是比较明显的,主要有以下几点:

(一) 材料有限

虽然高端工业印刷可以实现塑料、某些金属或者陶瓷打印,但无法实现打印的材料都是比较昂贵和稀缺的。另外,打印机也还没有达到成熟的水平,无法支持日常生活中所接触到的各种各样的材料。

(二) 技术有限

3D打印目前的发展并不完善,集中表现在成像精细度即分辨率太低。3D打印在工艺上还有很大的进步空间。

(三) 机器的限制

3D打印技术在重建物体的几何形状和机能上已经获得了一定的水平,几乎任何静态的形状都可以被打印出来,但是那些运动的物体和它们的清晰度就难以实现了。

四、3D 打印主要成型工艺

(一)光固化成型(SLA)

光固化成型技术(Stereo Lithography Apparatus,简称 SLA)又称立体光刻化成型法。主要采用液态光敏树脂原料,通过 3D 设计软件设计出三维数字模型,利用离散程序将模型进行切片处理,设计扫描路径,按设计的扫描路径照射到液态光敏树脂表面,分层扫描固化叠加成三维工件。

光固化成型技术是基于液态光敏树脂的光聚合原理工作的。这种液态材料在一定波长和强度的紫外光的照射下能迅速发生光聚合反应,材料也就从液态转变成固态。液槽中盛满液态光固化树脂,激光束在偏转镜作用下在液态树脂表面扫描,光点照射到的地方,液体就固化。

如图 17-5 所示,成型开始时,工作平台在液面下一个确定的深度,聚焦后的光斑在液面上按计算机的指令逐点扫描固化。当一层扫描完成后,未被照射的地方仍是液态树脂。然后升降台带动平台下降一层高度,刮板在已成型的层面上又涂满一层树脂并刮平,然后再进行下一层的扫描,新固化的一层牢固地粘在前一层上,如此重复直到整个零件制造完毕,得到一个三维实体模型。

光固化成型工艺的优点是精度很高(每层厚度可达 0.05mm)表面质量好,原材料利用率高,所以这种工艺适合比较复杂的中小型零件的制作。但这种方法也有缺陷,如材料种类少、成品容易翘边变形等。

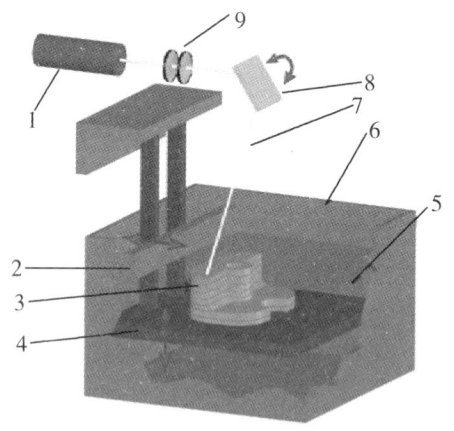

图 17-5 光固化成型原理图

1-激光器 2-水平刮片 3-打印模型 4-打印平板 5-液态树脂
6-打印池 7-激光束 8-偏振镜 9-透镜

(二)叠层实体制造成型(LOM)

叠层实体制造成型(Laminated Object Manufacturing,简称 LOM)又称分层实体制造

法。叠层实体制造成型技术曾经是最成熟的快速成型制造技术之一。但是随着其他工艺技术的迅速发展,LOM 技术的优势越来越不明显,甚至逐渐被淘汰。

叠层实体制造成型工艺采用薄片材料,如纸、塑料薄膜等。如图 17-6 所示,片材表面事先涂覆上一层热熔胶,加工时,热压辊热压片材,使之与下面已成型的工件粘接。用 CO_2 激光器在刚粘接的新层上切割出零件截面轮廓和工件外框,并在截面轮廓与外框之间多余的区域内切割出上下对齐的网格。激光切割完成后,工作台带动已成型的工件下降,与带状片材(料带)分离。供料机构转动收料轴和供料轴,带动料带移动,使新层移到加工区域。工作台上升到加工平面,热压辊热压,工件的层数增加一层,高度增加一个料厚,再在新层上切割截面轮廓。如此反复直至零件的所有截面粘接、切割完,得到分层制造的实体零件。

叠层实体制造成型工艺的优点有:(1)成型速度较快;(2)无需设计和制作支撑结构;(3)可制作尺寸大的原型。这种工艺的缺点是切割的材料无法二次利用,形成材料的浪费且 CO_2 激光器成本高,原材料种类过少,纸张的强度偏弱,容易受潮等。

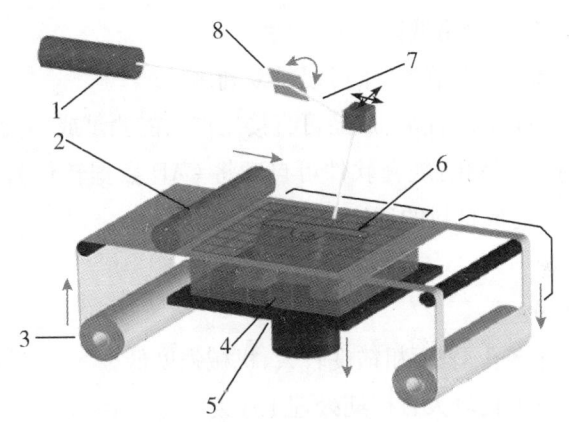

图 17-6　叠层实体制造成型原理图
1-激光器　2-铺纸滚轮　3-供料纸卷　4-已打印模型及支撑结构
5-打印平板　6-切割模型轮廓　7-激光束　8-偏振镜

(三)选择性激光烧结成型(SLS)

选择性激光烧结(Selective Laser Sintering,简称 SLS)是采用激光有选择地分层烧结固体粉末,并使烧结成型的固化层层层叠加生成所需形状的零件。整个工艺过程包括 CAD 模型的建立及数据处理、铺粉、烧结以及后处理等。

选择性激光烧结工艺是利用粉末状材料(主要有塑料粉、蜡粉、金属粉、覆膜金属等)在激光照射下烧结的原理,如图 17-7 所示,在计算机控制下按照界面轮廓信息进行逐点扫描、烧结。完成一个层面后工作台下降一个高度,滚动铺粉机构在已烧结的表面再铺一层粉末进行下一层烧结。

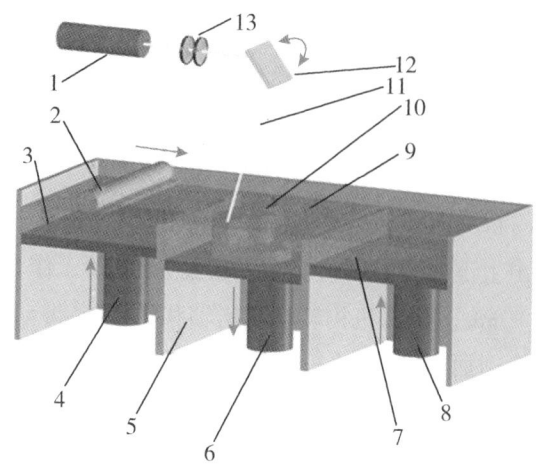

图 17-7 选择性激光烧结原理图

1—激光器 2—铺粉滚筒 3—供粉仓 4—供粉仓升降平台 5—打印仓 6—打印仓升降平台 7—供粉仓
8—供粉仓升降平台 9—打印平台 10—已烧结模型 11—激光束 12—偏振镜 13—透镜

选择性激光烧结成型工艺的优点有以下几点:

(1)成型材料多样性,价格低廉。

(2)材料利用率高:未烧结的粉末可以重复利用。

(3)制件具有较好的力学性能:成品可直接用作功能测试或小批量使用。

(4)实现设计制造一体化:配套软件可自动将 CAD 数据转化为分层 STL 数据,生成数控代码,驱动成型机完成材料的逐层加工和堆积。

缺点有以下几点:

(1)设备成本高昂。

(2)制件内部疏松多孔,表面粗糙度较大,机械强度低。

(3)成型过程能量消耗较大且后期处理工序复杂。

(四)熔融沉积成型(FDM)

熔融沉积快速成型(Fused Deposition Modeling,简称 FDM)是继光固化快速成型和叠层实体快速成型工艺后的另一种应用比较广泛的快速成型工艺。该技术也是当前全世界应用最为广泛的一种 3D 打印技术,熔融沉积 3D 打印机如图 17-8、9 所示。

第十七章 3D打印快速成型技术

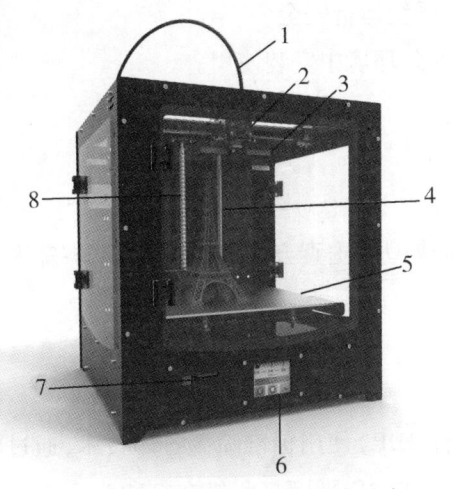 

图17-8 熔融沉积3D打印机　　　　　图17-9 熔融沉积3D打印机

1—进料管　2—喷头　3—喷头散热扇　4—光轴　5—打印平台　6—LED触控板　7—SD插口　8—丝轴
9—步进电机　10—步进电机　11—3D打印机开关　12—打印模型　13—背部进料器固定板

熔融沉积又叫熔丝沉积，它是将丝状的热熔性材料加热熔化，通过带有一个微细喷嘴的喷头挤喷出来。喷头可沿着X、Y轴方向移动，而工作台则沿Z轴方向移动。如果热熔性材料的温度始终稍高于固化温度，而成型部分的温度稍低于固化温度，就能保证热熔性材料挤出喷嘴后，立即与前一层面熔结在一起。一个层面沉积完成后，工作台按预定的增量下降一个层的厚度，再继续熔喷沉积，直至完成整个实体造型，如图17-10所示。

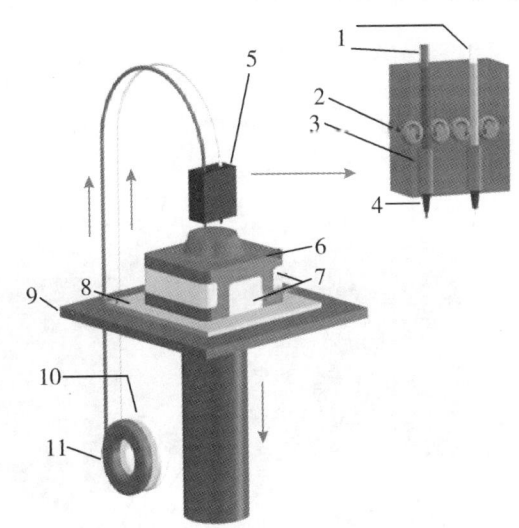

图17-10 熔融沉积成型原理图

1—材料管　2—进料轮　3—加热器　4—打印喷嘴　5—打印头　6—打模型体　7—支撑
8—加热平台　9—打印平板　10—支撑材料　11—模型材料

熔融沉积成型工艺的优点有：

(1)系统构造原理和操作简单,维护成本低,系统运行安全。
(2)可以使用无毒的原材料,设备系统可在办公环境中安装使用。
(3)原材料在成型过程不变形。
(4)原材料利用率高,且材料寿命长。
(5)支撑去除简单,无需化学清洗,容易分离。

其缺陷是成型件的表面有较明显的条纹;沿成型轴垂直方向的强度比较弱;需要设计与制作支撑结构;成型时间较长。

(五)三维印刷成型(3DP)

三维印刷工艺(Three Dimension Printing,简称3DP)使用标准喷墨打印技术,通过将液态连结体铺放在粉末薄层上,逐层创建各部件。与2D平面打印机在打印头下送纸不同,3D打印机是在一层粉末的上方移动打印头,打印横截面数据。

三维印刷工艺与选择性激光烧结工艺类似,采用粉末材料成形,如陶瓷粉末、金属粉末。所不同的是材料粉末不是通过烧结连接起来的,而是通过喷头用粘接剂(如硅胶)将零件的截面"印刷"在材料粉末上面。用粘接剂粘接的零件强度较低,还须后处理。

具体原理如图17-11所示,上一层粘结完毕后,成型缸下降一个距离,供粉缸上升一高度,推出若干粉末,并被铺粉辊推到成型缸,铺平并被压实。喷头在计算机控制下,按下一建造截面的成形数据有选择地喷射粘结剂建造层面。铺粉辊铺粉时多余的粉末被集粉装置收集。如此周而复始地送粉、铺粉和喷射粘结剂,最终完成一个三维粉体的粘结。

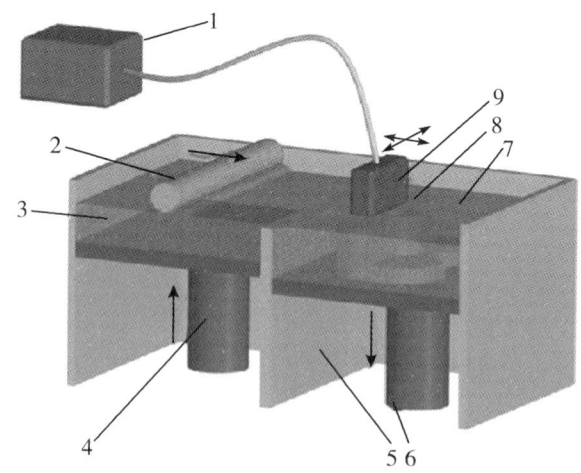

图17-11 三维印刷成型原理图

1—胶水供给 2—水平压辊 3—供粉仓 4—供粉仓升降平台 5—打印仓
6—打印升降平台 7—打印平台 8—已粘结模型 9—胶水打印头

三维印刷成型工艺的优点有:

(1) 成型速度快,成型材料价格低,适合做桌面型的快速成型设备。
(2) 在粘结剂中添加颜料,可以制作彩色原型,这是该工艺最具竞争力的特点之一。
(3) 成型过程不需要支撑,多余粉末的去除比较方便,特别适合于做内腔复杂的原型。

其缺点是三维打印成型技术在操作过程中强度较低,只能做概念性模型,而不能做功能性试验。

第二节 3D打印基本处理流程

通常来讲,3D打印的制造工艺可以分为前期处理、快速成型加工和后期处理三个部分,如图17-12所示。

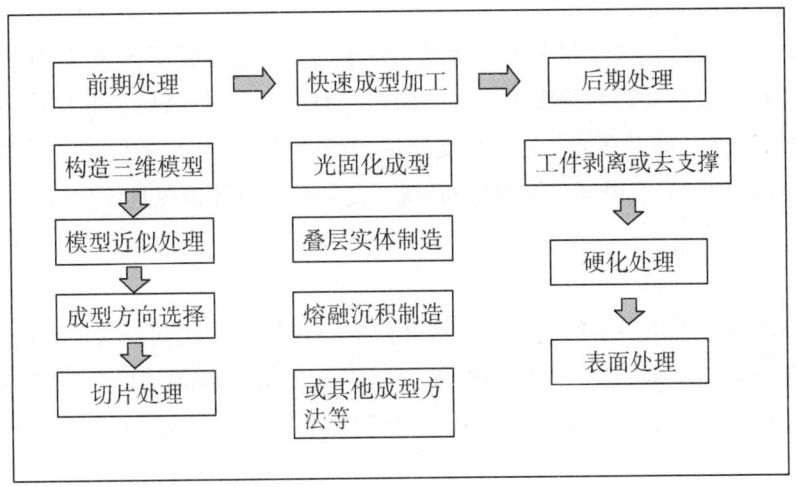

图17-12 3D打印基本处理流程图

一、前期处理

前期处理包括构造三维模型、模型近似处理、成型方向选择和切片处理四个部分。

(一)构造三维模型

三维模型的得到一般有三种方法。

方法一:三维设计

用设计软件构建三维模型,常用的软件有 UG、Pro/Engineering、Solidworks、MasterCAM 和 Auto-CAD 等。

方法二：三维转换

将已有的二维图样进行转换进而得到三维模型。

方法三：三维扫描

对模型实体进行激光扫描、CT断层扫描，得到点云数据，然后利用反求工程的方法来构造三维模型。

（二）模型近似处理

构造的三维模型经常有一些不规则的自由曲面，加工前需要对模型进行近似处理。我们一般将三维模型保存为STL格式文件进行模型的近似处理（UG、Auto-CAD等软件均可另存为STL格式），其原理就是用无数个小三角形平面逼近原模型。

（三）成型方向选择

成型方向的选择至关重要，它不仅决定着制作的效率还影响制品的表面质量和打印过程中支撑材料的数量。

成型方向的选择有三种方法：(1)将尺寸最小的方向作为叠层方向，这样可以缩短制作时间提高制作效率；(2)将最大的尺寸方向作为叠层方向，提高原型制作质量和关键尺寸、形状的精度；(3)倾斜摆放——减少支撑量，节省材料，方便后期处理。成型方向的选择没有固定的答案，只能根据三维模型的形状、复杂程度具体情况具体分析。

（四）切片处理

在成型的高度上用一定的间隔对模型进行平面切割的方式就是切片处理，间隔一般为 0.05~0.5mm（即为打印每一层的厚度），间隔越小精度越高，但加工的时间也越长。切片处理完成的文件格式应该为G-code（G代码或G指令），以便3D打印机识别。

二、打印后期处理

打印完成后，打印制件需要与打印机剥离开，除了去除废料和支撑材料，还需要对制件进行固化、修补和打磨等处理，这些都是打印后期的工艺。

第三节　3D打印样件制作

一、3D模型切片处理

我们以Cura软件来详细介绍3D打印切片处理的具体操作。

(一)Cura 操作界面介绍

打开一个 STL 格式的 3D 模型,如图 17-13 所示。

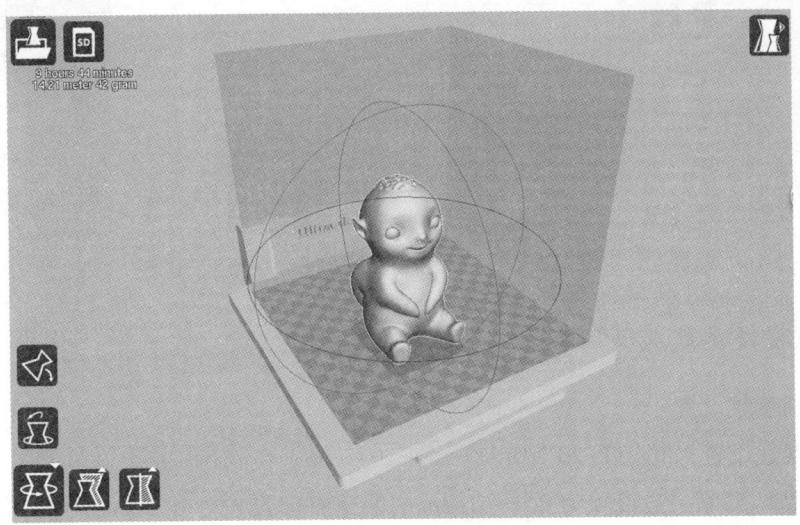

图 17-13　Cura 软件界面

选中模型后出现的图标分别是:

(1)旋转,如图 17-14 所示,可以让选取的模型在三个坐标轴进行旋转或倾斜。

(2)尺寸,如图 17-15 所示,可以控制调整模型长宽高各个尺寸,既可以整体等比例放大或缩小,也可以单独调整某一尺寸。

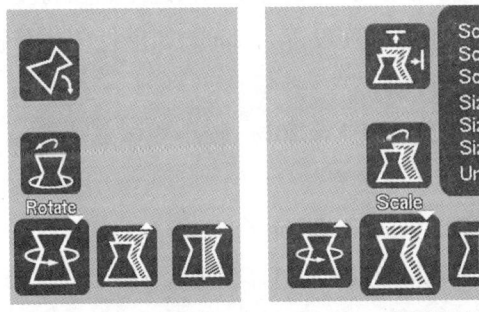

图 17-14　旋转　　　　图 17-15　尺寸

(3)镜像,如图 17-16 所示,可以让模型进行镜像变换。

(4)加载,如图 17-17 所示,加载 STL 或者 G-code 文件。

(5)保存至 SD 卡,如图 17-18 所示,将切片完毕的模型转化为 G-code 文件并保存于 SD 卡。

(6)视图,如图 17-19 所示,如普通视图、悬空视图、透明视图、X 射线视图和图层视图。

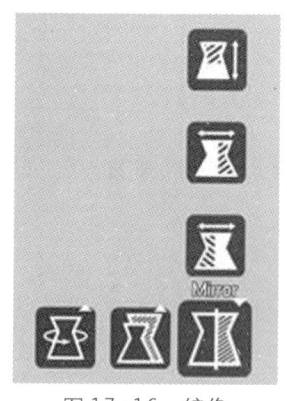   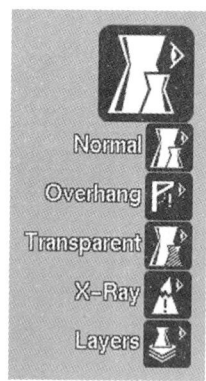

图 17-16　镜像　　图 17-17　加载　　图 17-18　保存至 SD 卡　　图 17-19　视图

(二)软件参数及其调整

1. 基础参数设置

基础参数设置,如图 17-20 所示。

(1)层厚:层厚一般设置为 0.1~0.2mm,快速打印设置为 0.2mm 为宜,可以减少打印时间,但打印出的模型会有明显的层次感,精细打印设置为 0.1mm,打印表面会很光滑,但打印时间会加长。

(2)壁厚:壁厚设置为 0.4mm 的倍数(因为喷嘴直径为 0.4mm),例如设置为 0.4、0.8、1.2、1.6 等。

(3)开启回退可以避免打印拉丝的情况,回退速度和回退距离在高级设置里可调。

(4)底层:打印一般模型,底层/顶层厚度设置为 1mm,如果打印较薄物体,出现上表面有未填充实在的情况,可适当增大此值。

(5)填充密度:填充密度一般设置为 5%~20%,较小物体或单壁模型可以设置为 100% 填充,较大密封模型也可设置为 0% 填充。

(6)打印速度:打印速度设置为 30mm/s~80mm/s 不等。

(7)打印温度:打印温度是指喷嘴温度,PLA 打印设置为 210℃,ABS 设置为 240℃。

(8)热床温度:热床温度 PLA 打印设置为 50℃即可。

(9)支撑类型分为:无支撑 None,半支撑 Touching buildplate,全支撑 Everywhere。打印模型有腾空部分或较大的斜面需要开启支撑功能,半支撑是指在平台和模型之间生成支撑,全支撑是指除了在平台和模型之间生成支撑外,还会在模型内部生成支撑,具体选择看模型的摆放方向。

(10)粘附平台:粘附平台类型一般选择为 None,打印模型与平台接触面较小,而打印模型高度又较高时可以开启附着。

(11)线径:线径默认 1.75mm,可以根据实际材料的线径填写。

(12)流量:流量默认 100%,如遇到劣质耗材,线径不足 1.75mm 而导致打印模型表面填充不实时可适当加大此值。

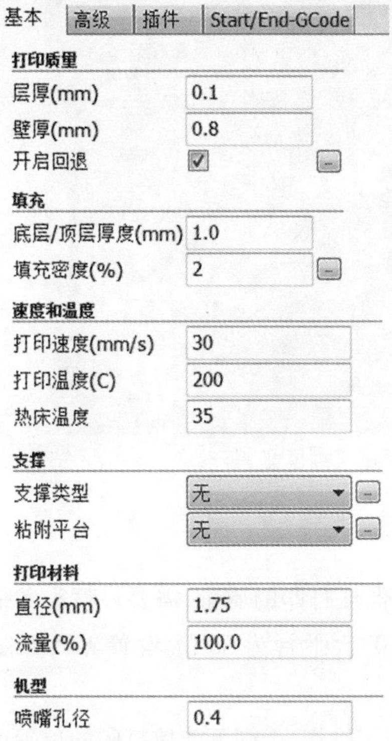

图 17-20　基础参数 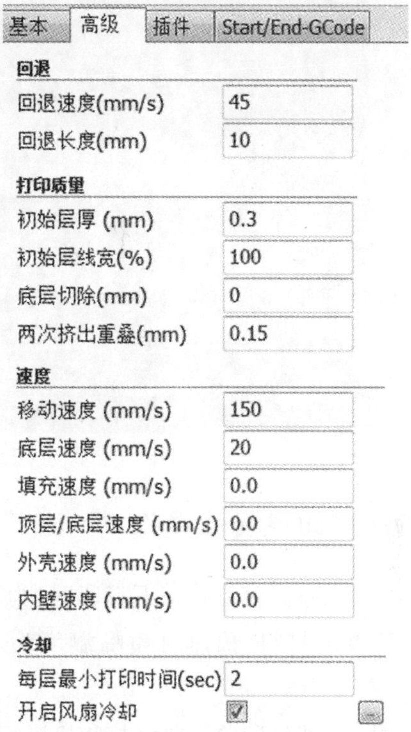　　　图 17-21　高级参数

2. 高级参数设置

高级参数设置界面，如图 17-21 所示。

（1）回退速度：回退速度默认为 40mm/s，出现打印拉丝较严重情况可调大此值，建议不超过 80mm/s。

（2）回抽长度：回抽长度默认为 4.5mm，如遇到拉丝较严重情况可调大此值。

（3）初始层厚：初始层厚为 0.3mm，平台调整好的，也可设置为 0.1mm、0.2mm。

（4）底层切除：底层切除可以使模型下沉功能实现模型的衔接打印。

（5）速度：速度调为默认速度，如遇到打印间隔较大的物体时可适当增加移动速度。

（6）其他值使用默认值即可。

调整完参数后直接保存至 SD 卡（软件自动转化为 G-code 格式）或者输出为 G-code 格式，这样切片操作就完成了，如图 17-22 所示为切片完成后的效果。

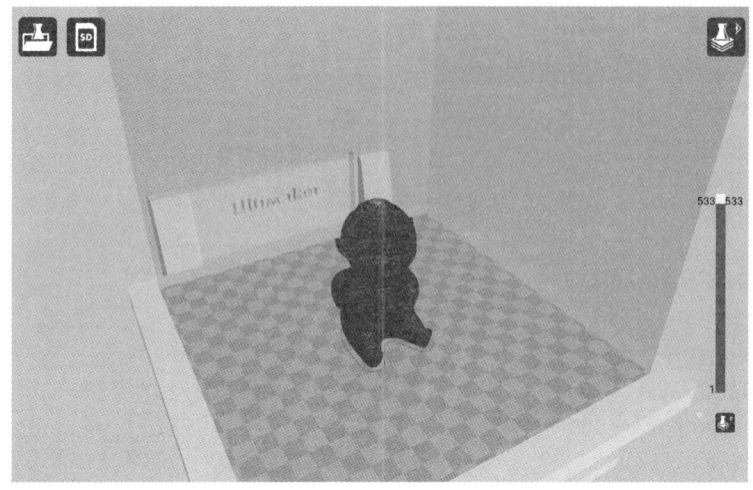

图 17-22　切片后的三维模型

二、3D 打印机具体操作

(1)预热:在室温较低状态下打印时,为了保证打印的质量,需要对喷头和平台进行预热。对于 PLA 材料,预热时喷嘴温度为 210℃,平台为 50℃,设置界面如图 17-23 所示。

(2)归零:正式打印前需要将打印机进行归零操作,否则可能使打印的位置产生偏差导致打印失败甚至损坏 3D 打印机,设置界面如图 17-24 所示。

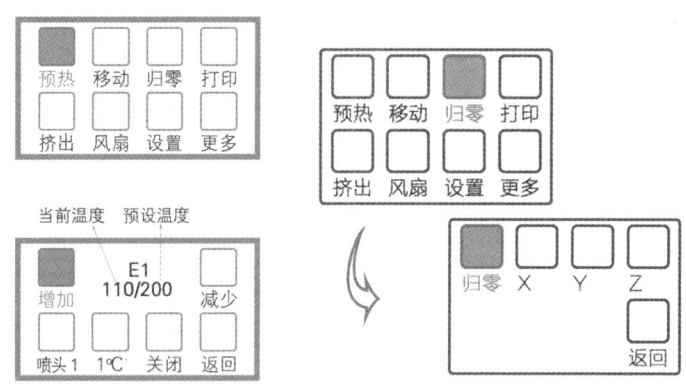

图 17-23　设置预热　　　图 17-24　设置归零

(3)调整打印平台的水平:打印平台的水平需通过手动移动打印机的喷头来调整,所以需要先关闭打印机的电机,设置界面如图 17-25 所示。

手动移动喷头到平台各个位置(一般先沿 X 轴移动,再沿 Y 轴移动),保证喷头在各个位置可以正常移动且距离平台的高度为 0.1~0.2mm 即可。喷头和平台的高度是通过旋转平台底部四个螺母来实现的,如图 17-26 所示。

第十七章　3D打印快速成型技术

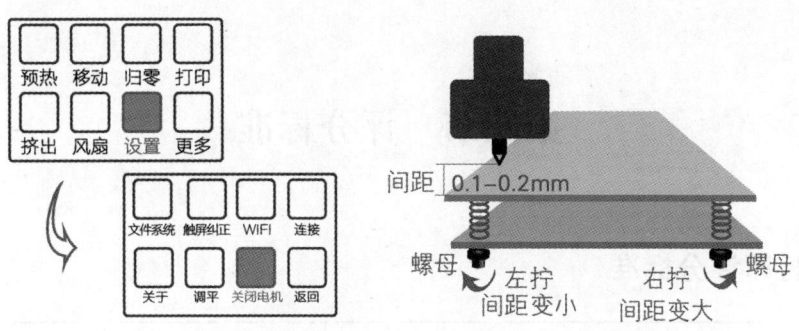

图 17-25　关闭电机　　　　图 17-26　调平打印平台

（4）打印：点击3D打印机的触控面板选择打印文件开始进行打印，设置界面如图17-27所示。

打印结果如图17-28所示：

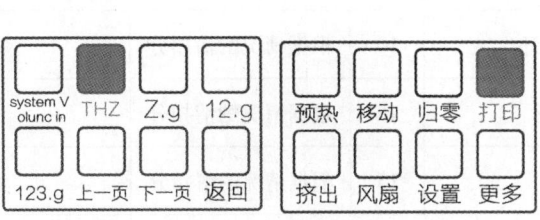

图 17-27　选择打印　　　　图 17-28　3D打印效果图

第四节 评分标准

3D 打印评分标准

	工位号		学号		姓名			总得分	
	项目		质量检测内容		配分	评分标准		实测结果	得分
成绩评定	3D 打印		切片流程是否正确		10	根据情况酌情扣分			
			打印表面是否光滑平整		10	根据情况酌情扣分			
			模型是否有错位		10	根据情况酌情扣分			
			是否有拉丝		15	根据情况酌情扣分			
			是否有翘边		15	根据情况酌情扣分			
			是否完成打印		20	根据完成情况给分			
			安全文明生产		20	违者不得分			
现场记录:									

思考题

1. 什么是 3D 打印成型?
2. 实物成型的方法有哪些?各有什么特点?
3. 3D 打印成型前的处理工序有哪些?
4. 3D 打印成型后的处理工序有哪些?
5. 简述熔融沉积成型的原理。
6. 熔融沉积成型有何特点?
7. 简述光固化成型的原理。
8. 3D 打印过程中安全注意事项有哪些?

第十八章　工业机器人

【教学目标】
知识目标
1. 熟悉工业机器人的系统组成。
2. 了解工业机器人的主要技术参数。
3. 熟悉工业机器人的使用安全。
4. 熟悉机器人常用操作设备。
5. 了解工业机器人的坐标变换和设定。
6. 了解机器人四项基础运动指令。
7. 了解工业机器人搬运、焊接的运动轨迹设定。

能力目标
1. 能够对机器人设备进行开/关机与重启等简单的标准操作。
2. 能够看懂机器人关节、线性、圆弧、绝对指令的含义。

第一节　概述

一、工业机器人的特点

工业机器人是一种通过重复编程和自动控制，能够完成制造过程中某些操作任务的多功能、多自由度的机电一体化自动机械装备和系统。它结合制造主机或生产线，可以组成单机或多机自动化系统，在无人参与下，实现搬运、焊接、装配和喷涂等多种生产作业。当前，工业机器人技术和产业迅速发展，在生产中应用日益广泛，已成为现代制造生产中重要的高度自动化装备。自20世纪60年代初第一代机器人在美国问世以来，工业机器人的研制和应用有了飞速的发展，但工业机器人最显著的特点归纳起来有以下几个。

(一)可编程

工业机器人可随其工作环境变化的需要而再编程,因此它在小批量多品种的柔性制造过程中能发挥很好的功用,是柔性制造系统(FMS)中的一个重要组成部分。

(二)拟人化

工业机器人在机械结构上有类似人的大臂、小臂、手腕、手爪等部分,控制上采用电脑控制。此外,智能化工业机器人还有许多类似人类的"生物传感器",如皮肤型接触传感器、力传感器、负载传感器、视觉传感器、听觉传感器等。传感器提高了工业机器人对周围环境的自适应能力。

(三)通用性

除了专门设计的工业机器人外,一般工业机器人在执行不同的作业任务时具有较好的通用性。比如,更换工业机器人手部末端的操作器(手爪、工具等)便可执行不同的作业任务。

(四)机电一体化

工业机器人技术涉及的学科相当广泛,但是归纳起来是机械学和微电子学的结合——机电一体化技术。第三代智能机器人不仅具有获取外部环境信息的各种传感器,而且还具有记忆能力、语言理解能力、图像识别能力、推理判断能力等人工智能,这些都和微电子技术的应用,特别是计算机技术的应用密切相关。因此,机器人技术的发展将带动其他技术的发展,机器人技术的发展水平也体现了一个国家科学技术和工业技术的发展水平。

二、工业机器人的主要技术参数

工业机器人的种类、用途以及用户要求都不尽相同。工业机器人的技术参数主要包括自由度、精度、作业范围、最大工作速度、承载能力和分辨率等。

(一)自由度

自由度是指机器人所具有的独立坐标轴运动的数目,不包括手爪(末端执行器)的开合自由度,如图18-1所示的是工业机器人的自由度。机器人的一个自由度对应一个关节,所以自由度与关节的概念是相等的。自由度是表示机器人动作灵活程度的参数,自由度越多就越灵活,但结构也越复杂,控制难度越大,所以机器人的自由度要根据其用途设计。自由度的选择与生产要求有关,若批量大,操作可靠性要求高,运行速度快,则机器人的自由度可少一些,如果要频于产品更换,增加柔性,则机器人的自由度要多一些。

在三维空间中描述一个物体的位置和姿态需要 6 个自由度。工业机器人一般为 4 ~ 6 个自由度,大于 6 个的自由度称为冗余自由度。冗余自由度增加了机器人的灵活性,可方便机器人避开障碍物和改善机器人的动力性能。人类的手臂(含大臂、小臂、手腕等)共有 7 个自由度,所以工作起来很灵巧,可回避障碍物,并可从不同的方向到达同一个目标位置。

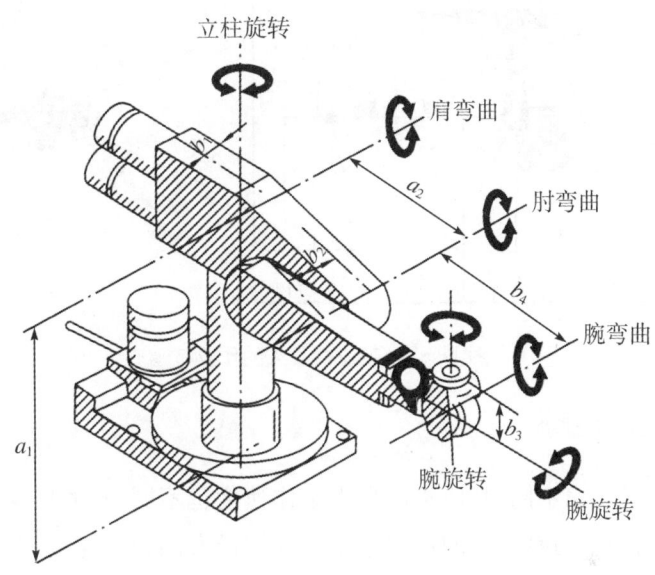

图 18-1　工业机器人的自由度

(二) 定位精度和重复定位精度

定位精度和重复定位精度是机器人的两个精度指标。定位精度是指机器人末端执行器的实际位置与目标位置之间的偏差,由机械误差、控制算法与系统分辨率等部分组成。重复定位精度是指在同一环境、同一条件、同一目标动作、同一命令之下,机器人连续重复运动若干次时,其位置的分散情况,是关于精度的统计数据。因重复定位精度不受工作载荷变化的影响,故通常用重复定位精度这一指标作为衡量示教再现型工业机器人水平的重要指标。

(三) 作业范围

作业范围又称工作空间、工作区域,是机器人运动时手臂末端或手腕中心所能到达的所有点的集合。作业范围的大小不仅与机器人各连杆的尺寸有关,而且与机器人的总体结构形式有关,如图 18-2 所示的是工业机器人的作业范围。机器人所具有的自由度数目及其组合不同,其运动图形也不同,而自由度的变化量(即直线运动的距离和回转角度的大小)则决定着运动图形的大小。

作业范围的形状和大小是十分重要的,机器人在执行某作业时可能会因为存在手部不能到达的盲区(blind zone)而不能完成任务。

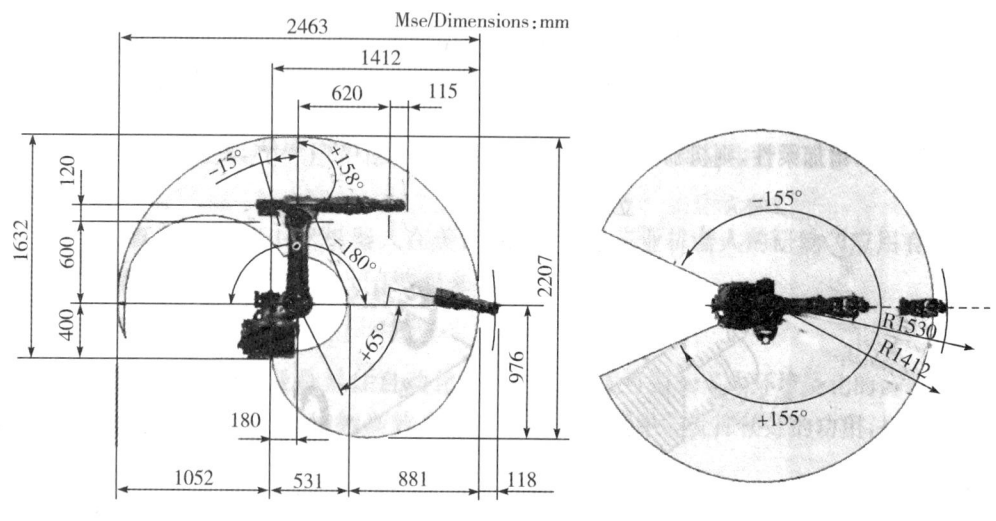

图18-2 工业机器人的作业范围

（四）最大工作速度

生产机器人的厂家不同,其所指的最大工作速度也不同,有的厂家指工业机器人主要自由度上最大的稳定速度,有的厂家指手臂末端最大的合成速度,对此通常都会在技术参数中加以说明。最大工作速度愈快,其工作效率就愈高,但是也要花费更多的时间加速或减速,或者对工业机器人的最大加速率或最大减速率的要求更高。

（五）承载能力

承载能力又称为工作载荷,是指机器人在作业范围内的任何位姿上所能承受的最大质量,常用质量、力矩、惯性矩来表示。负载大小主要考虑机器人各运动轴上所受的力和力矩。承载能力不仅取决于负载的质量,还包括机器人末端执行器的质量,即手部的质量,抓取工件的质量,而且与机器人运行的速度和加速度的大小、方向有关,即与运动速度变化而产生的惯性力和惯性力矩有关。

一般机器人在低速运行时,承载能力大,为安全考虑,规定在高速运行时所能抓取的工件质量作为承载能力指标。即承载能力这一技术指标是高速运行时的承载能力。目前使用的工业机器人,其承载能力,最大可达1000 kg。

（六）分辨率

工业机器人的分辨率由系统设计检测参数决定,并受到位置反馈检测单元性能的影响。

分辨率是指机器人每根轴能够实现的最小运动距离或最小转动角度。分辨率分为编程分辨率与控制分辨率,统称为系统分辨率。

编程分辨率是指程序中可以设定的最小距离单位,又称为基准分辨率。例如:当电动机旋转 $0.1°$,机器人腕点即手臂尖端点直线移动距离为 $0.01mm$ 时,其基准分辨率为 $0.01mm$。

控制分辨率是位置反馈回路能够检测到的最小位移量。例如:每周 800 个脉冲的增量式编码盘与电动机同轴安装,电动机每旋转 $0.45°$编码盘就发出一个脉冲,则该系统的控制分辨率为 $0.45°$。当编程分辨率与控制分辨率相等时,系统性能达到最高。

三、工业机器人的系统组成

工业机器人系统由三大部分六个子系统组成。三大部分是:机械部分、传感部分、控制部分。六个子系统是:机械结构系统、驱动系统、传感系统、控制系统、机器人与环境交互系统、人机交互系统。下面分述六个子系统。

(一)机械结构系统

如图 18-3 所示的工业机器人的机械结构系统,是工业机器人为完成各种运动的机械部件。系统由骨骼(杆件)和连接它们的关节(运动副)构成,具有多个自由度,主要包括手部、腕部、臂部、机身等部件。若机身具备行走部件(mobile mechanism)便构成行走机器人;若机身不具备行走及腰转机构,则构成单机器人臂(single robot arm)。机械手臂一般由上臂、下臂和手腕所组成。

末端执行器是直接装在手腕上的重要部件,它可以是二手指或多指的手爪,也可以是喷漆枪、焊枪等作业工具。工业机器人机械系统的各部件相当于人身体的各部位(骨骼、手、臂、腿等)。

(1)手部:又称为末端执行器或夹持器,是工业机器人对目标直接进行操作的部分,在手部可安装专用的工具,如焊枪、喷枪、电钻、电动螺钉(母)拧紧器等。

(2)腕部:腕部是连接手部和臂部的部分,主要功能是调整手部的姿态和方位。

(3)臂部:用以连接机身和腕部,是支撑腕部和手部的部件,由动力关节和连杆组成。臂部用以承受工件或工具的负载,改变工件或工具的空间位置,并将它们送至指定位置。

(4)机身:是机器人的支撑部分,有固定式和移动式两种。

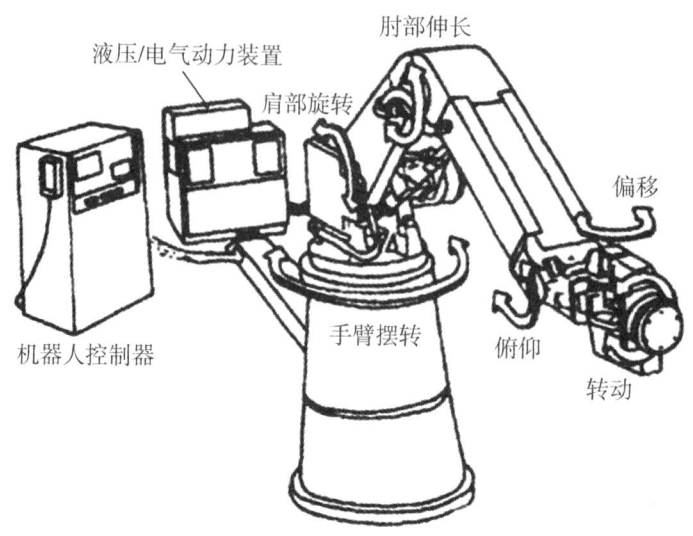

图18-3 工业机器人的机械结构系统

(二) 驱动系统

驱动系统主要是指驱动机械系统动作的驱动装置。根据驱动源的不同,驱动系统可以分为液压、气压、电动三种。

电气驱动系统可分为步进电动机驱动、直流伺服电动机驱动和交流伺服电动机驱动三种驱动形式。早期多采用步进电动机驱动,后来发展了直流伺服电动机驱动,现在交流伺服电动机驱动开始广泛应用。

液压驱动系统最大的优点是运动平稳,且驱动力大,对于重载的搬运和零件加工机器人,采用液压驱动比较合理。但液压驱动存在管道复杂、清洁困难等缺点。因此,它在装配作业中的应用受到限制。

无论电气还是液压驱动的机器人,其手爪的开合都是采用气动形式的。气压驱动机器人结构简单、工作迅速、价格低廉,但由于空气具有可压缩性,其工作速度稳定性差。但是,空气的可压缩性,可使手爪在抓取或卡紧物体时的顺应性提高,防止受力过大而造成被抓物体或手爪本身的破坏。

(三) 传感系统

传感系统由内部传感器和外部传感器组成,其作用是获取机器人内部和外部环境信息,并把这些信息反馈给控制系统。其中,内部状态传感器用于检测各个关节的位置、速度等信息,为闭环伺服控制系统提供反馈信息。

外部传感器用于检测机器人与周围环境之间的一些状态信息,如距离、接近程度和接触情况等,用于引导机器人,便于其识别物体并做出相应处理。外部传感器一方面使机器人更准确地获取周围环境情况,另一方面也能起到纠正误差的作用。该部分的作用相当于人的五官。

(四)控制系统

控制系统的任务是根据机器人的作业指令从传感器获取反馈信号,控制机器人的执行部件,使其完成规定的运动和功能。机器人不具备信息反馈功能的,则该控制系统称为开环控制系统;机器人具备信息反馈功能的,则该控制系统称为闭环控制系统。主要由计算机硬件和软件组成。软件主要由人机交互系统和控制算法等组成。该部分的作用相当于人的大脑。

(五)机器人与环境交互系统

工业机器人与环境交互系统是实现工业机器人与外部环境中的设备相互联系的装置式协调系统。工业机器人与外部设备集成为一个功能单元,如加工制造单元、焊接单元、装配单元等,当然也可以多台机器人、多台机床或者设备、多个零部件存储主装置等集成为一个去执行复杂任务的功能单元。工业机器人与外部交互的环境包括硬件环境和软件环境。

与硬件环境的交互,主要是与外部设备的通信、工作域中障碍和自由空间的描述以及操作对象的描述。与软件环境的交互,主要是与生产单元监控计算机所提供的管理信息系统的通信。

工业机器人要与外部环境进行交互,有可能面临变化的外部环境,在这种情况下,工业机器人仅实现可编程控制是不够的。工业机器人被引导去完成任务时,将实际参数信息与所要求的参数信息进行比较,对外部环境变化产生新的适应性指令,实现其正确的动作功能,这就是工业机器人的在线自适应能力。工业机器人与环境更高一层的交互是从外部环境中感知、学习、判断和推理,实现环境预测,并根据客观环境规划自己的行动。

工业机器人与环境交互是机器人技术的关键,工业机器人在没有人工干预的情况下,对外部环境自我适应,对行动自我规划,将是今后机器人技术及应用的研究方向。

(六)人机交互系统

人机交互系统是使操作人员参与机器人控制,与机器人进行联系的装置。例如计算机的标准终端、指令控制台、信息显示板、危险信号报警器等。

四、工业机器人的使用安全

工业机器人的使用安全,包括操作前、操作中及操作后安全,任何不当的操作都可能引发设备或人身安全事故。下面分别从几个方面进行介绍。

（一）操作者应遵守事项

(1) 穿着规定的工作服、安全靴,戴上安全帽等劳保用品。
(2) 为确保工作场内的安全,请遵守"小心火灾""高压""危险""外人勿进"等规定。
(3) 认真管理好控制柜,请勿随意按下按钮。
(4) 严禁用力摇晃机器人及在机器人上悬挂重物。
(5) 在机器人周围,不得有危险行为或游戏。
(6) 时刻注意安全。

（二）机器人周边防护

(1) 未经许可的人员不得接近机器人和其周边辅助设备。
(2) 绝不能强制扳动机器人的轴。
(3) 在操作期间,绝不允许非工作人员触动机器人操作按钮。
(4) 严禁依靠在控制柜上,不要随意按动操作按钮。
(5) 机器人周边区域必须保持清洁(无油、水及其他杂质)。
(6) 如需要手动控制机器人时,应确保机器人的作业范围内无任何人员或障碍物。
(7) 执行程序前,应确保机器人工作区域内没有无关人员、工具、工件。

（三）机器人操作安全

(1) 在操作机器人前,应先按控制柜前门及示教器右上方的急停按钮,以检查伺服准备的指示灯是否熄灭,并确认其所有驱动器不在伺服投入状态。
(2) 应在机器人的作业范围外进行示教工作,并且应注意以下几点:
① 从机器人的前方进行观察,不得背对机器人进行作业。
② 按预先制定好的操作程序进行操作。
③ 时刻保持预警状态,确保自己在紧急的情况下有退路。
(3) 在操作机器人时示教器上的模式开关应选择手动模式进行动作,不允许在自动模式下操作机器人。
(4) 运行机器人程序时应密切观察机器人的动作,左手应放在急停按钮上,右手应放在停止按钮上,当出现机器人运行路径与程序不符合时或出现紧急情况时应立即按下按钮。
(5) 运行机器人程序时应按照由单步到连续的模式,由低速到高速的顺序进行。
(6) 严禁操作人员在自动运行模式下进入机器人动作范围内,其他无关人员严禁进入机器人的作业范围内。
(7) 在校验机器人机械零点时,必须拔出零标杆后方可操作机器人位置。

(8) 机器人工作时,操作人员要注意查看机器人电缆状况,防止其缠绕在机器人上。

(9) 机器人在发生意外或运行不正常等情况下,均可使用 E-Stop 键,停止运行。

(10) 工作结束时,应使机器人在工作原点位置或安全位置。

(11) 机器人停机时,夹具上不应置物,必须空机。

(12) 离开机器人前应关闭伺服并按下急停开关,并将示教器放置在安全位置。

(13) 突然停电后,要赶在来电之前预先关闭机器人的主电源开关,并及时取下夹具上的工件。

(14) 严格遵守并执行机器人的日常检查与维护。

第二节　工业机器人设备的基本操作

一、机器人操作设备认识

控制柜和示教器(flexpendant)是机器人最常用的两种用户操作设备,如图 18-4 所示的是机器人控制柜与示教器外形图。

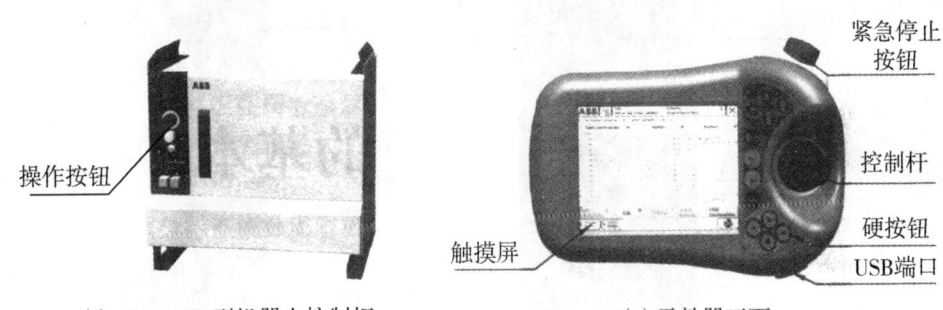

(a) ABB IRC5 型机器人控制柜　　(b) 示教器正面

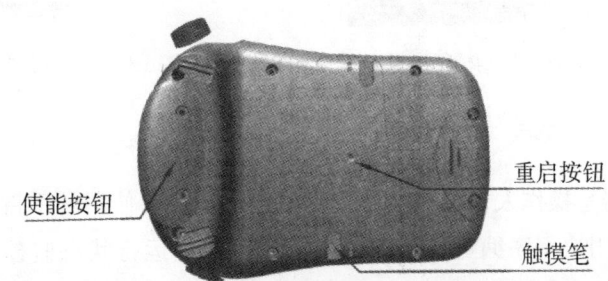

(c) 示教器背面

图 18-4　机器人控制柜与示教器外形图

（一）机器人控制柜

ABB IRC5 型机器人控制柜的左上角集成有总电源旋钮开关、机器人运行模式选择钥匙等功能按钮。如图 18-5 所示的是 ABB IRC5 型机器人控制柜的操作按钮布局及功能。

机器人运行模式钥匙有三种挡位状态：
(1)自动模式(左挡)。
(2)手动减速模式(中间挡)。
(3)手动全速模式(右挡)。

自动模式用于生产过程中自动运行机器人程序，而手动模式是机器人在人工操纵下，通过示教器来控制机器人本体的运动。当机器人处于手动减速模式下，机器人本体的最大运动速度被限制在 250mm/s，而在手动全速模式下，机器人本体将以系统预设速度运行。手动减速模式用于机器人现场编程和调试，而手动全速模式主要用于程序测试。

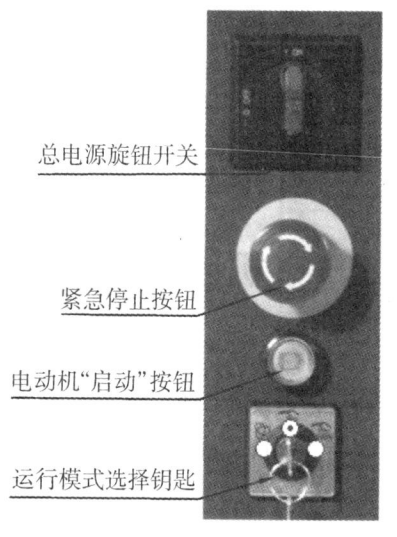
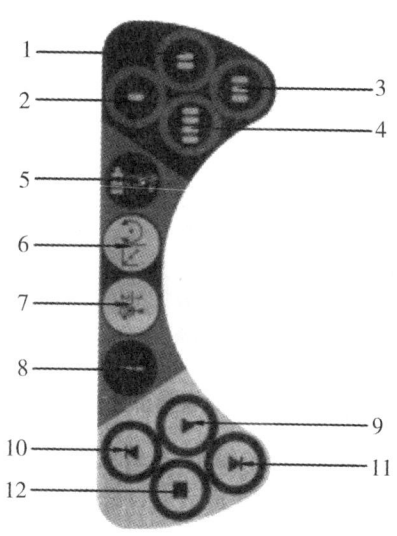

图 18-5　ABB IRC5 型机器人控制柜的操作按钮布局及功能　　图 18-6　示教器专用硬按钮的布置

（二）机器人示教器

机器人示教器是操作人员在机器人现场操作与编程时使用的手持式装置，能够进行手动操纵机器人、用户程序编写与运行、系统参数配置、运行状态监控等诸多操作，如图 18-6 所示的是示教器专用硬按钮的布置，其各按钮的主要功能见表 18-1。

表 18-1　各按钮的主要功能

标号	名称	功能
1~4	预设功能键	客户根据使用需求,自定义按键功能
5	机械单元键	选择控制的机械单元,本体或附加轴(如果有)
6	运动模式键 1	切换运动模式,线性或者重定位
7	运动模式键 2	切换单轴控制、轴 1~3 或者轴 4~6
8	增量切换键	切换增量运动值
9	程序启动	开始执行程序
10	单步后退	程序后退至上一条指令
11	单步向前	程序前进至下一条指令
12	程序停止	停止程序执行程序

图 18-4(b)中示教器紧急停止按钮用于操作人员手动操纵机器人时的紧急停止。控制杆用于手动模式控制机器人的运动,包括上、下、左、右、顺时针、逆时针六种方向控制。USB 端口外接 USB 设备,可以实现系统的备份与恢复。使能按钮位于示教器背面,能够在手动模式下控制机器人电动机的上电(motors on)状态。使能按钮有三个挡位,初始挡位和最终挡位状态下,机器人电动机都处于断电状态。只有将使能按钮置于中间挡位(按下一半),机器人电动机才处于通电状态,示教器状态栏将同时提示"电动机开启"。

示教器上的触摸屏是一块兼具输入/输出功能的重要设备,其作用类似于个人电脑系统的键盘与显示器,操作者可以利用触摸屏直接对机器人系统输入各种参数和指令,机器人的运行状态和坐标位置等数据也同时由触摸屏幕输出显示。如图 18-7 所示的是示教器触摸屏显示信息。

图 18-7　示教器触摸屏显示信息

"ABB 主界面"集成了输入、输出、程序编辑、系统配置等各种操纵与调试机器人所需的功能选项,如图18-8所示。"操作员窗口"主要显示来自程序的信息。当程序中使用了读/写屏幕的编程指令后,该窗口将自动弹出相应的操作界面。"任务栏"以缩略图标的形式存放开启过的功能选项,操作人员可以直接在缩略图标之间切换所需的功能。任务栏最多能够同时存放6个缩略图标,使用"关闭按钮"将当前界面关闭后,才能开启其

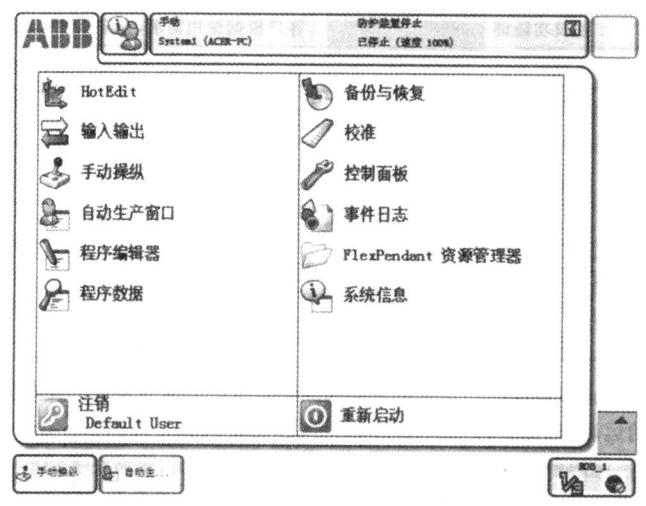

图18-8　ABB软件打开后主界面

他功能的选项界面。"快捷菜单"用于快速设置机器人坐标、速度、工具、模式等各种与机器人运动相关的数据,如图18-9所示的状态栏显示了5个重要的系统状态。ABB IRC5型控制系统可以使用MultiMove功能组成多机器人系统,一个主控制柜最多可以同时控制4台机器人。与系统连接的机器人都会缩略显示在"使用的机械单元"之中,被选中的机械单元会以蓝色的边框标记,而未被启动的机械单元将以灰色显示。

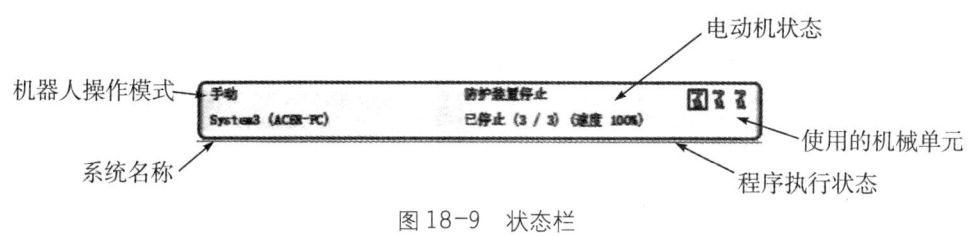

图18-9　状态栏

二、开/关机与重启的标准操作

(一)开机的操作

机器人系统首次开机启动的检查与操作步骤如下:

(1)检查机器人本体和末端执行器的机械安装已经完成。机器人本体、末端执行器、控制柜之间的动力电缆、信号电缆、气路连接已经完成。示教器与控制柜之间的连接已经完成。

(2)机器人系统的安全保护机制以及所需的安全保护电路已经正确连接。

(3)机器人系统上级电源的安全保护电路已经完成施工接线,电压保护、过载保护、短路保护以及漏电保护等功能工作正常。由于机器人型号的不同,目前有两种机器人电源电压:交流220V和交流380V。

(4)按下机器人控制柜上的紧急停止按钮,将控制柜上的总电源旋钮开关切换到ON的状态。

上述步骤为机器人系统首次开机的标准操作流程,日常开机启动可以直接执行第4步操作。需要注意的是,按下紧急停止按钮再启动并不是强制性要求,但是按照先急停、后启动的顺序来启动整个机器人系统能够最大限度地保护操作人员的安全。

(二)关机与重启的操作

关闭机器人系统的标准操作步骤如下:

(1)用示教器上的停止键(STOP)或者程序中的STOP指令来停止所有程序的运行。

(2)在触摸屏上点击"ABB主界面",选中操作窗口中的"重新启动",如图18-8所示,点击"高级"选项卡,出现"高级重启"选项,在"高级重启"选项中选择"关机",示教器上显示"与控制器连接…"。系统将自动保存当前程序以及系统参数,待系统关闭30s后,将控制柜的总电源开关切换到OFF的状态,即可关闭机器人系统的总电源。

机器人系统是可以长时间无人操作自动运行的,并不需要定期重新启动。但是在出现以下4种情况时,需要重新启动机器人系统。

(1)在机器人系统中安装了I/O通信板等新的硬件。

(2)更改了机器人系统的配置文件。

(3)添加了新的系统并准备使用。

(4)出现系统运行故障。

点击机器人系统高级重启选项卡里的"热启动"选项,或者在任意窗口界面下点击"ABB主界面",在弹出的操作窗口中直接选择"重新启动",并确认"热启动"即可重启机器人系统。

(三)急停与恢复操作

机器人操作系统有两个以上的紧急停止按钮,标配的两个紧急停止按钮通常在示教器和机器人控制柜当紧急情况出现时,操作人员应该立即按下最近的紧急停止按钮,让机器人处于紧急停止状态。系统此时自动断开驱动电源与本体电动机的连接。当紧急情况解除要让机器人系统重新恢复运行时,须将紧急停止按钮的"上锁"功能打开,才能解除急停状态。解锁后,示教器状态栏将以红色字体显示"紧急停止后等待电机开启",按下控制柜上的电动机"启动"按钮,机器人系统从紧急停止状态恢复正常操作。

第三节 工业机器人的坐标设定

工业机器人的相邻杆件之间的旋转运动或平移运动在数学上可以用矩阵代数来表达,这种表达称为坐标变换。与旋转运动对应的是旋转变换,与平移运动对应的是平移变换。工业机器人在编程之前需要明确机器人在轨迹运行时工作点(TCP)的位置参数,机器人坐标系之间的转换关系如图 18-10 所示。

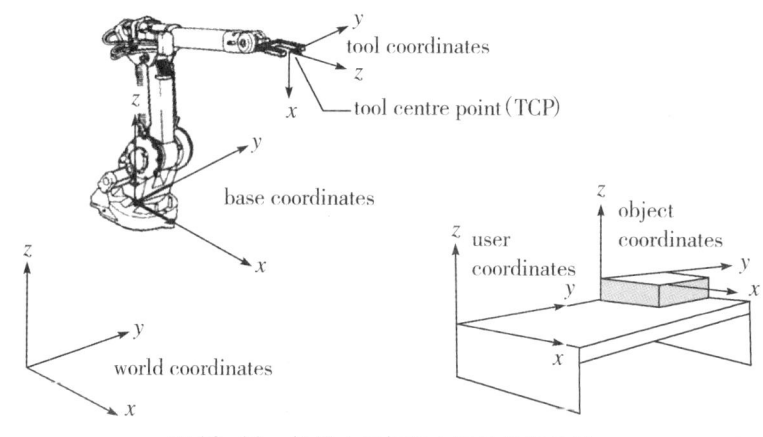

图 18-10 机器人坐标系之间的转换关系

一、工具坐标设定

所有机器人在手腕处都有一个预定义的工具坐标系,该坐标系称之为 tool 0。安装工具之后,需要重新定义工具坐标。在实际应用过程中,机器人所使用的工具多数形状不规则,很难直接计算或测量出新工具坐标与初始工具坐标 tool 0 之间的相对位置关系。

(一)工具数据

工具数据是描述安装在机器人第六轴上的工具的工具中心点(tool center point 即 TCP)、质量、重心等参数的数据。一般不同的机器人应用配置不同的工具,比如焊接机器人一般用焊钳作为工具,搬运机器人用运爪作为工具。默认工具(tool 0)的工具中心点 TCP 位于机器人安装凸缘的中心,z 轴方向垂直于机器人第六轴法兰平面指向外,xy 平面与机器人第六轴法兰平面一致。如图 18-11 所示中 A 点就是 tool 0 的工具中心点,即原始的 TCP。

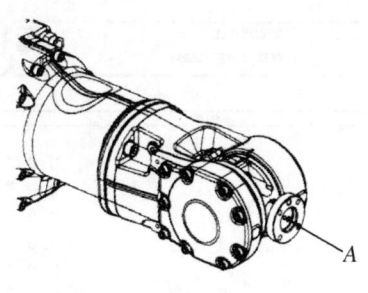
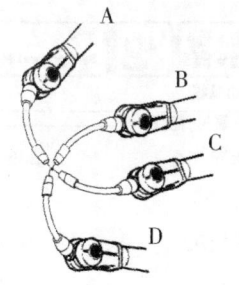

图18-11 工具中心点　　　图18-12 TCP的设定过程

(二)TCP的设定

TCP的设定步骤：

(1)先在机器人的工作范围内找一个非常精确的固定点作为参考点。

(2)然后在工具上确定一个参考点(最好是工具的中心点)。

(3)采用手动操纵的方式,移动工具上的参考点,以四种不同的机器人的姿态尽可能的与固定点刚好碰上,如图18-12所示。

(4)机器人通过这四个位置点的位置数据计算求得TCP的数据。

TCP的设定方法：

(1)4点法,不改变tool 0的坐标方向,只是转换坐标系的位置。

(2)5点法,TCP移至新的设定点位置,同时改变tool 0的z轴方向。第5点的运动方向为即将要设定的TCP的z轴方向。

(3)6点法,TCP移至新的设定点位置,同时改变tool 0的x轴和z轴方向。第5点的运动方向为即将要设定的TCP的T轴方向,第6点的运动方向为即将要设定的TCP的z轴向。

根据机器人使用的工具特点选用不同的TCP设定方法。值得注意的是,在TCP设定过程中使前三个点的姿态相差尽量大些,这样有利于TCP精度的提高。

(三)工具坐标设定

1.创建新的工具坐标项目

首先在"ABB主菜单"界面,点击"手动操纵",进入如图18-13所示的坐标选择界面。点击图18-14中的"工具坐标"选项,进入如图18-14所示的新建工具坐标界面。点击图18-14中的"新建..."选项,打开如图18-15所示的创建工具坐标界面。在此界面中,对工具数据进行设定,输入新创建的工具坐标的名称,选择适用范围、存储类型、适用模块等信息。

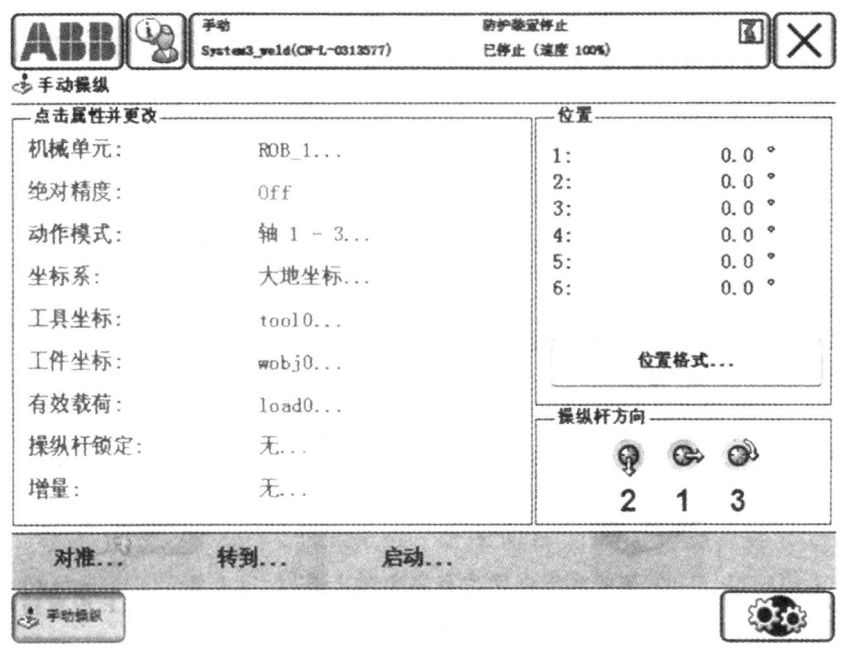

图18-13 坐标选择界面

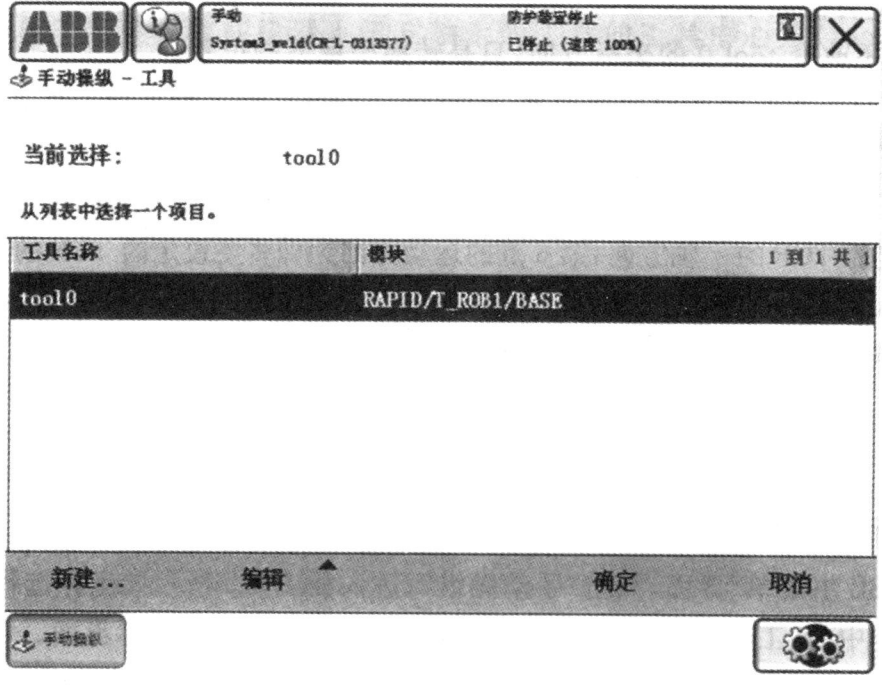

图18-14 新建工具坐标界面

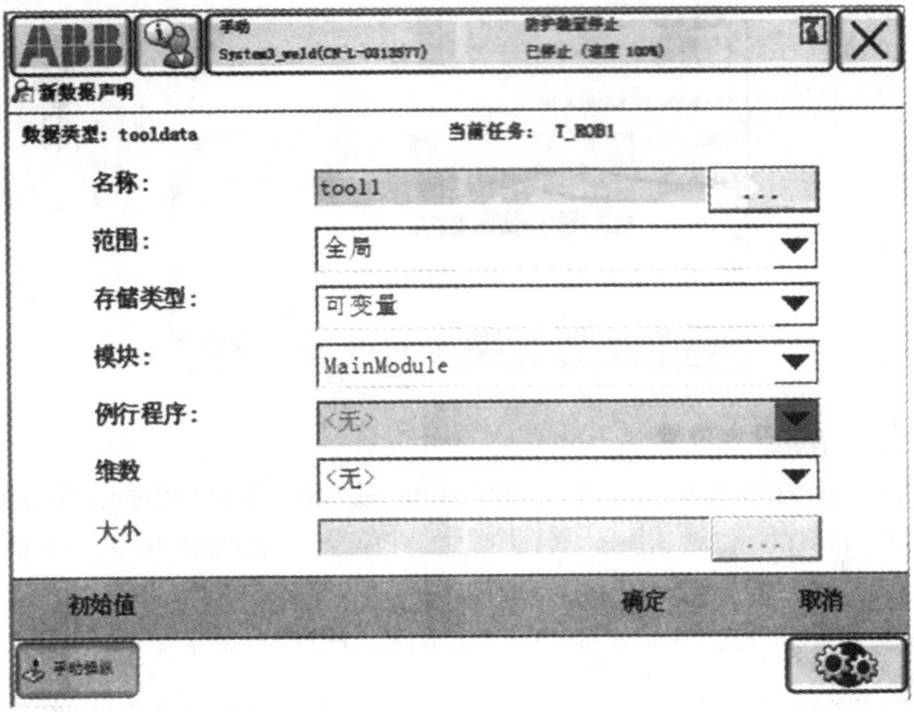

图 18-15 创建工具坐标界面

2. 选择定义 TCP 的方法

创建工具坐标的信息确认完毕,点击"确定",进入如图 18-16 所示的定义 TCP 选择界面。在图 18-16 所示界面中选中需要定义的"工具坐标",点击"编辑",弹出选项卡,选择"定义…",进入如图 18-17 所示的 TCP 定义界面。在"方法"下拉菜单中选择 TCP 设定的方法,此处选择"TCP 和 Z,X"选项,即使用 6 点法进行 TCP 设定。

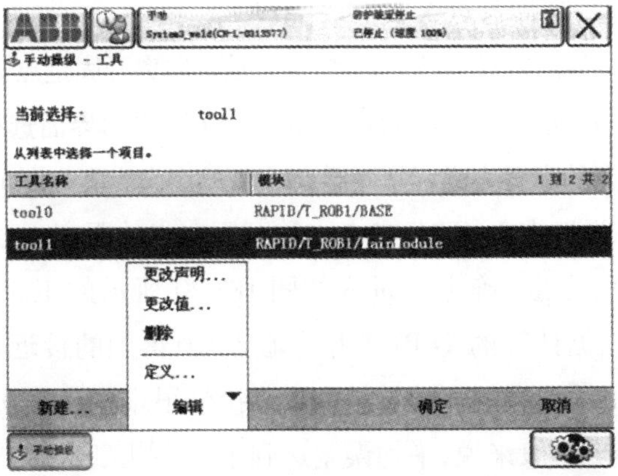

图 18-16 定义 TCP 选择界面

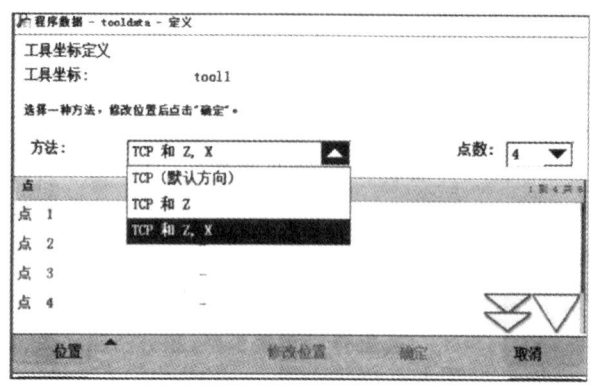

图 18-17　TCP 定义界面

3. 定义 TCP

首先手动操作机器人工具参考点,以图 18-18a 所示的位姿靠近固定点,然后在如图 18-17 所示的 TCP 定义界面选择"点 1",点击"修改位置",得到如图 18-19 所示的点的定义界面。那么,第一个点就定义成功。接着手动操作机器人工具参考点以图 18-18b 所示的位姿靠近固定点,在如图 18-19 所示的界面选择"点 2",点击"修改位置",点 2 定义完成。

手动操作机器人工具参考点以图 18-18c 所示的位姿靠近固定点,然后在图 18-19 所示的界面选择"点 3",点击"修改位置",点 3 定义完成。

手动操作机器人工具参考点以图 18-18d 所示的位姿靠近固定点,然后在图 18-19 所示的界面选择"点 4",点击"修改位置",点 4 定义完成。

手动操作机器人工具参考点沿着即将设定的 x 轴方向离开固定点 20~50cm 距离,至如图 18-18e 所示的延伸器点 X 设定位置,然后在如图 18-19 所示的界面选择"延伸器点 X",点击"修改位置",延伸器点 X 的定义完成。

手动操作机器人工具参考点沿着即将设定的 z 轴方向离开固定点 20~50cm 距离,至如图 18-18f 所示的延伸器点 Z 设定位置,然后在如图 18-19 所示的界面选择"延伸器点 Z",点击"修改位置",延伸器点 Z 的定义完成。延伸器点 X、Z 的定义界面如图 18-20 所示。

值得注意的是,在设置点 X、Z 时,参考点移开固定点的距离一般在 20~50cm 之间。

6 个点定义完成后,点击"确定",进入如图 18-20 所示的工具坐标误差确认界面。平均误差结果指的是根据计算的 TCP(工具中心点)所得到的接近点的平均距离。最大误差是所有接近点中的最大误差。结果是否可以接受很难作出确切判断,这取决于使用的工具、机器人类型等。一般来说,平均误差达到十分之几毫米时,则计算准确。如果定位合理精确,那么计算结果也会准确。

由于机器人被用作测量机器,因此误差结果还取决于机器人工作区域内的定位位置。工作区域内不同部件中的定义之间,实际 TCP 的差异可达到几毫米(对于大型机器人)。如果以后的 TCP 校准接近于之前的校准,则可重复性将提高。

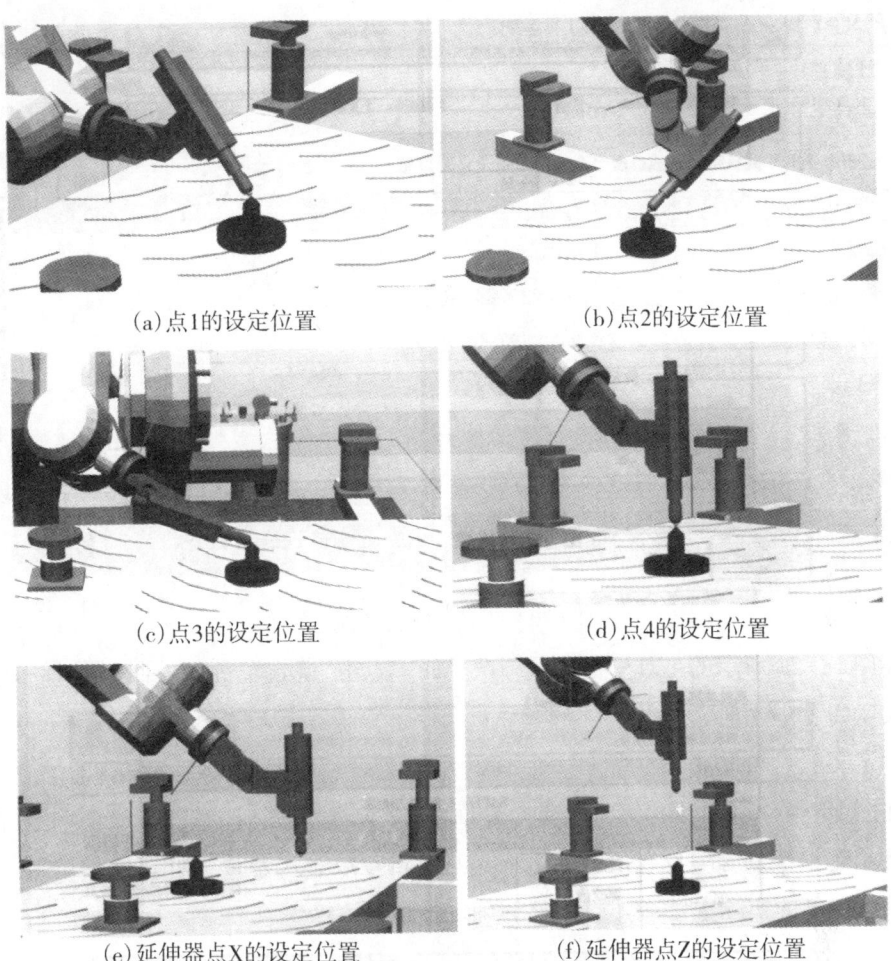

(a) 点1的设定位置　　　　　(b) 点2的设定位置

(c) 点3的设定位置　　　　　(d) 点4的设定位置

(e) 延伸器点X的设定位置　　(f) 延伸器点Z的设定位置

图 18-18　TCP 设定过程中的 6 个点的设定位置

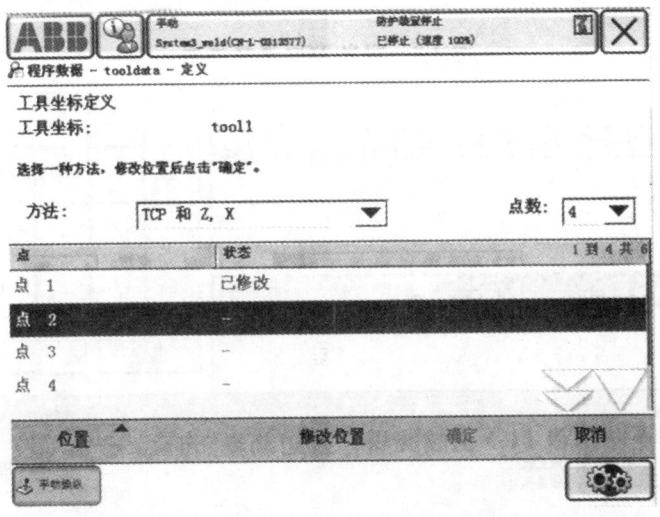

图 18-19　点的定义界面

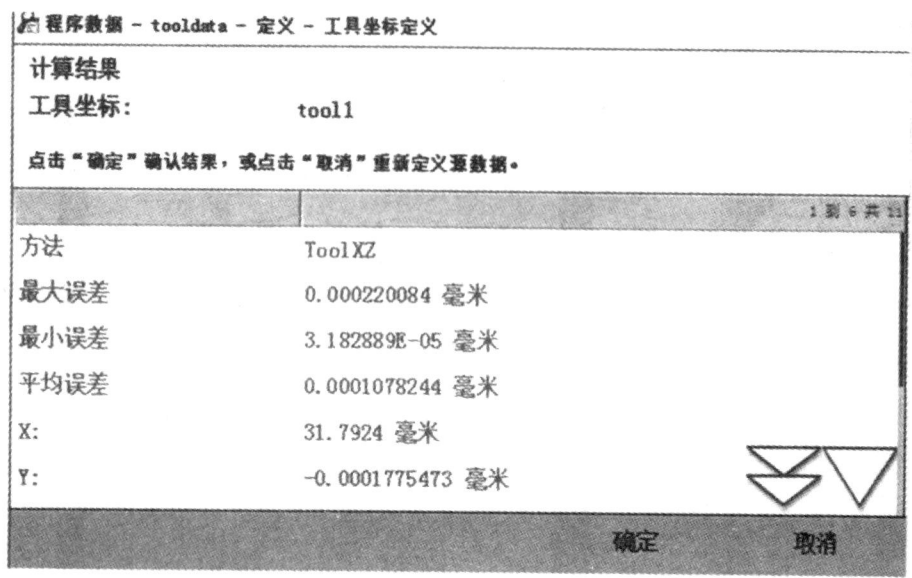

图 18-20　工具坐标误差确认界面

在图 18-20 所示的工具坐标误差确认界面中点击"确定",界面返回至图 18-16 所示的定义 TCP 选择界面。

4. 定义工具的重量

在图 18-16 所示的定义 TCP 选择界面,选中刚定义完成的"工具坐标",点击"编辑",弹出选项卡,选择"更改值…",进入工具重量参数输入界面。如图 18-21 所示,在此界面输入工具的实际重量,单位 kg,然后确定。

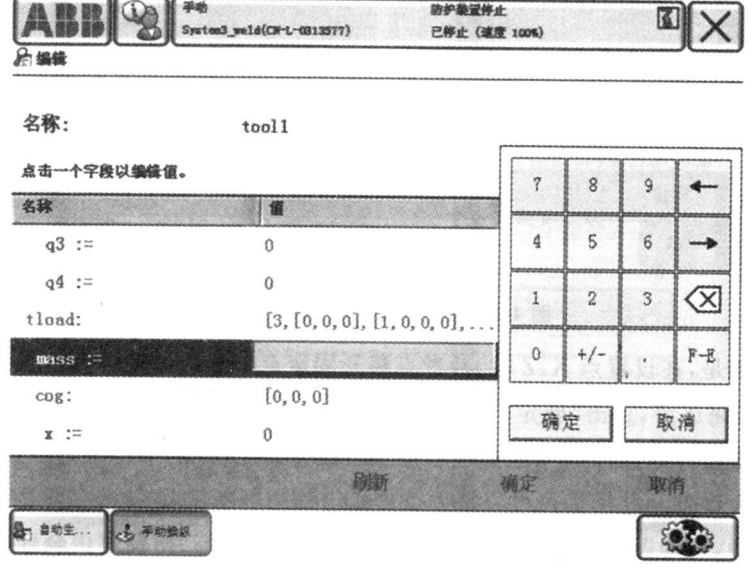

图 18-21　工具重量参数输入界面

5. 输入工具重心参数

在图 18-16 所示的定义 TCP 选择界面,选中刚定义完成的"工具坐标",点击"编辑",弹出选项卡,选择"更改值…",进入如图 18-22 所示的工具重心参数输入界面。在此界面输入工具的重心在 tool 0 坐标系下的坐标(x,y,z),单位是 mm。输入完毕,点击"确定"。

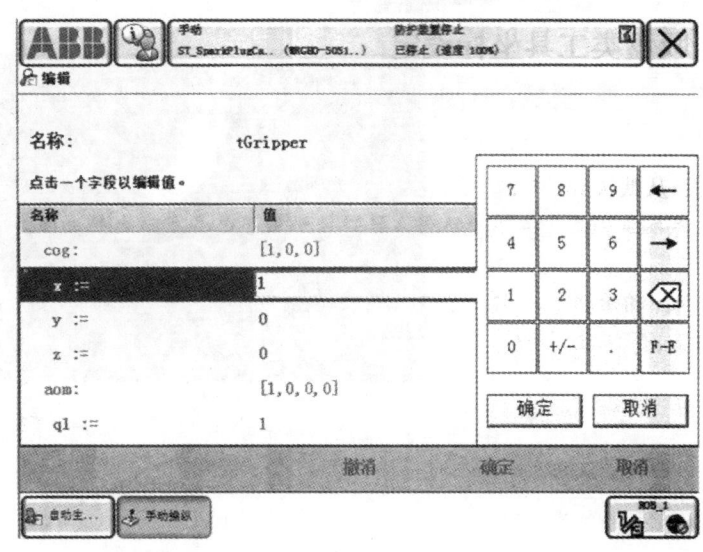

图 18-22 工具重心参数输入界面

6. 验证工具坐标

工具坐标设定完成后,需要对其精确度进行验证,在如图 18-23 所示的重定位操作界面进行工具坐标的精确度验证。动作模式选择"重定位",坐标系选择"工具坐标",工具坐标选择需要验证的工具坐标"tool 1",手动操纵机器人做姿态变换,即绕各轴运动,如果 TCP 设定准确,可以看到工具参考点与固定点始终保持接触,观察新设的工具 TCP 与固定点之间的相对位移,确保误差在规定范围之内。

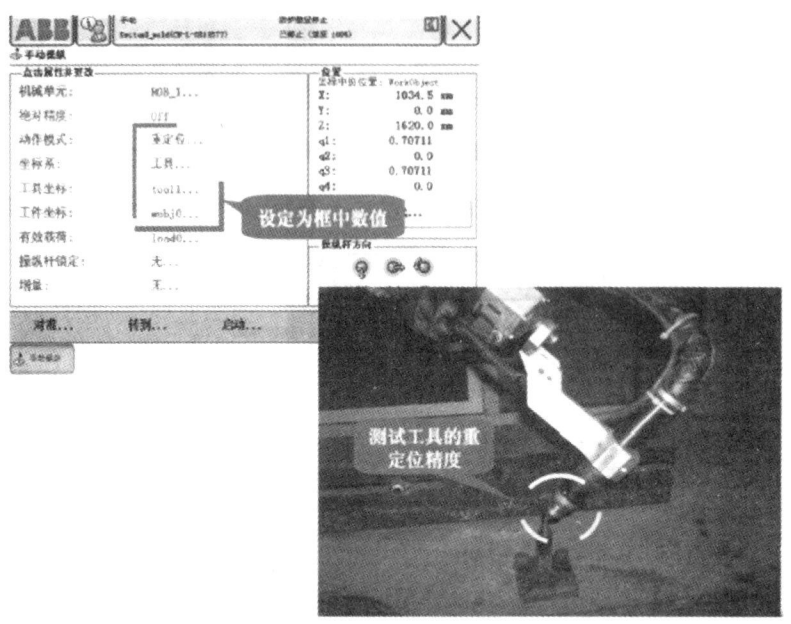

图 18-23　重定位操作界面

二、工件坐标设定

工件坐标系是为了方便编程而建立的一个坐标系,如图 18-24 所示的工件坐标原理图中,A 是机器人的大地坐标系,B 是工件坐标系,并在这个工件坐标系中进行轨迹编程。如果工作台上还有一个一样的工件需要走一样的轨迹,那么只需要建立一个工件坐标系 C,将工件坐标系 B 中的轨迹复制一份,然后将工件坐标系从 B 更新为 C,而不需要对一样的具有重复轨迹的工件进行编程。

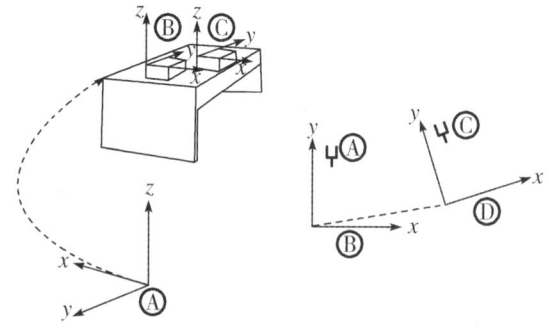

图 18-24　工件坐标原理图

在工件坐标系 B 中对 A 对象进行了轨迹编程。如果工件坐标的位置变化成工件坐标系 D 后,只需在机器人系统重新定义工件坐标系 D,则机器人的轨迹就自动更新到 C 了,不需要再次进行轨迹编程。因为 A 相对于 B 与 C 相对于 D 的关系是一样,并没有因为整体偏移而发生变化。

(一)工件坐标

工件坐标对应于工件,它用来定义工件相对于大地坐标(或者其他坐标)的位置。机器人可以拥有若干个工件坐标,用来表示不同的工件,或者同一个工件在不同的位置的若干个副本。

对机器人进行编程就是在工件坐标中创建目标点和路径轨迹。创建机器人的工件坐标,具有很多优点:重新定位工作站中的工件时,只需要更改工件的坐标位置,所有的路径轨迹即刻被更新;允许操作以外轴或传送导轨移动的工件,因为整个工件可连同其路径一起移动。

(二)工件坐标设定原理

工件坐标是设定在工作平面上的坐标系。在工作对象的平面上,通过定义3个点来建立一个工件坐标。工件坐标设定原理图如图18-25所示,其确定方式如下。

(1) X1点确定工件坐标的原点。
(2) X1、X2点确定工件坐标的X轴正方向。
(3) Y1点确定工件坐标的Y轴正方向。
(4) 工件坐标方向遵循右手定则。

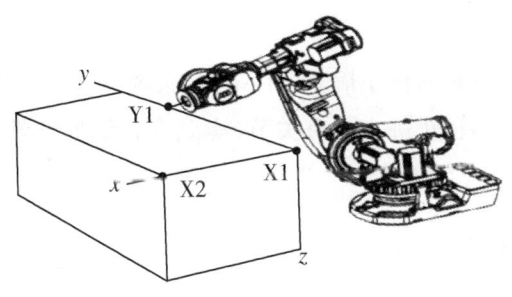

图18-25 工件坐标设定原理

(三)有效载荷设定

对于搬运机器人来说,搬运工具在搬运工件前和搬运过程中整体的质量要发生变化。因此,搬运机器人不但需要设定夹具的质量、重心工具数据(tooldata),还需要设定搬运对象的质量、重心、有效载荷数据(loaddata)。

对有效载荷数据要根据实际的情况进行设定。设置有效载荷的参数,如质量、重心、力矩轴方向及转动惯量的方法为分别输入有效载荷的质量、重心、力矩轴方向及转动惯量,设置的内容见表18-2。

表18-2 有效载荷的参数

名称	参数	单位
有效载荷质量	Load. mass	kg
有效载荷重心	Load. cog. x Load. cog. y Load. cog. z	mm
力矩轴方向	Load. aom. q1 Load. aom. q2 Load. aom. q3 Load. aom. q4	
转动惯量	Lx Ly Lz	$kg \cdot m^2$

第四节 四项基础运动指令

工业机器人有自己专有的程序指令运行编程,实现自动生产线工位的工艺和轨迹运动。机器人在空间运动路径轨迹主要有关节(点到点)运动、线性运动、圆弧运动和绝对位置运动等。

一、关节运动指令

在机器人对运动路径的精度要求不高,运动空间范围相对较大,不易发生碰撞的情况下,机器人的工具中心点TCP从一个位置移动到另一个位置,两个位置间的路径不一定是直线,但是可以避免机器人在运动过程中出现关节轴进入机械死点的问题。

(一)关节运动指令解析

关节运动指令用于将机器人的工具中心点TCP快速移动至给定目标点,运行轨迹不一定是直线。关节运动指令的格式如下:

MoveJ　p20,v1000,z10,tool1\WObj: = wobj1;

各指令的含义见表18-3。

表 18-3 关节运动指令含义

指令参数	含义	说明
MoveJ	关节运动指令	定义机器人的运动轨迹
p20	目标点位置数据	定义机器人 TCP 的运动目标,可以在示教器中点击"修改位置"进行修改
v1000	运动速度数据	定义速度,单位是 mm/s,最高限速为 5000mm/s
z10	转弯区数据	定义转弯区的大小,单位是 mm,转弯区数值越大,机器人的动作路径就越圆滑与流畅
tool1	工具坐标数据	定义当前指令使用的工具
Wobj1	工件坐标数据	定义当前使用的工具坐标

(二)关节运动指令示例

关节运动指令的各参数可以通过示教器进行修改,以达到实际生产中的工艺要求。机器人在进入工作路径之前和离开工作路径之后其运动空间通常较大,对路径轨迹没有严格要求,运动速度要求快速且不产生机械死点,使用此指令完成此段的空行程运动,可以提高生产效率。例如机器人从其他位置点回至 home 点位置,或机器人从 home 点位置运动至接近工作路径位置点。如图 18-26 所示的机器人 home 点运动轨迹,程序编写示例如下:

MoveJ　home,v1000,z50,tool1\WObj:=wobj1;
MoveJ　p20,v1000,z10,tool1\WObj:=wobj1;
……
MoveJ　home,v1000,z50,tool1\WObj:=wobj1;

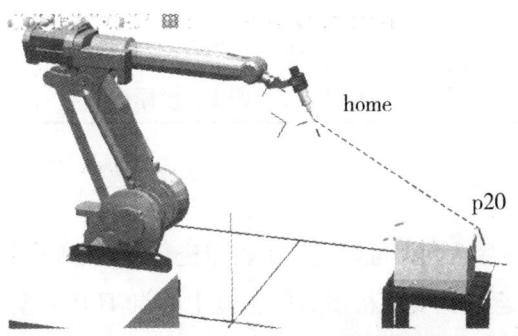

图 18-26 机器人 home 点运动轨迹

二、线性运动指令

在切割、涂胶等典型应用中,机器人的运动轨迹是相对固定的直线轨迹,工作范围内的运动空间有限,运动路径精度要求高,运动轨迹要求精准。线性运动指令可使机器人的工具中心点 TCP 从起点到终点之间的路径始终保持为直线。此指令使用在对路径要求高的场合。如图18-27所示的是线性运动示意图。

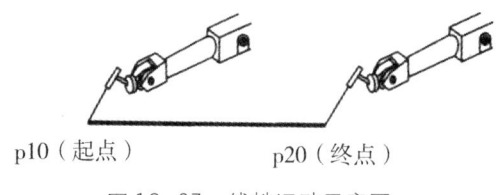

图18-27　线性运动示意图

(一)线性运动指令解析

线性运动指令用于将机器人的工具中心点 TCP 沿直线运动至给定目标点,运动路径为直线轨迹。线性运动指令的格式如下:

MoveL　p20,v1000,z10,tool1\WObj:=wobj1;

各指令的含义见表18-4。

表18-4　直线运动指令含义

指令参数	含义	说明
MoveL	直线运动指令	定义机器人的运动轨迹
p20	目标点位置数据	定义机器人 TCP 的运动目标,可以在示教器中点击"修改位置"进行修改
v1000	运动速度数据	定义速度,单位是 mm/s,最高限速为 5000mm/s
z10	转弯区数据	定义转弯区的大小,单位是 mm,转弯区数值越大,机器人的动作路径就越圆滑与流畅
tool1	工具坐标数据	定义当前指令使用的工具
Wobj1	工件坐标数据	定义当前使用的工具坐标

(二)线性运动指令示例

线性运动指令的各参数同样可以通过示教器进行修改,以达到实际生产中的工艺要求。实际生产中,经常会遇到要求机器人的工具中心点 TCP 完全到达指定目的地点,而不产生转弯区的尺寸,则指令格式如下:

MoveL p20,v1000,fine,tool1\WObj:=wobj1;

此指令中的转弯区尺寸选择参数 fine,fine 指机器人工具中心点 TCP 在到达目标点时,其速度降为零。机器人动作有所停顿,然后再向下一个目标点运动,如果是一段路径的最后一个点或者是封闭轨迹时,使用 fine。

(三)线性运动轨迹编程示例

如图 18-28 所示的机器人运动轨迹中,机器人从当前位置向 pl 点以线性运动的方式前进。速度为 200mm/s,转弯区数据是 10mm,即距离 p1 点 10mm 的时候开始转弯,方向转向下一个 p2 点方向,以线性方式继续前进,速度为 100mm/s,转弯区数据是 fine,即机器人在 p2 点稍作停顿,继续以关节运动方式前进,速度为 500mm/s,转弯区数据是 fine,机器人在 p3 点停止。机器人在运动过程中使用工具坐标数据为 tool1,工件坐标数据为 wobj1。机器人的示教程序如下:

MoveL P1,v200,z10,tool1\WObj:=wobj1;
MoveL P2,v100,fine,tool1\WObj:=wobj1;
MoveJ P3,v500,fine,tool1\WObj:=wobj1;

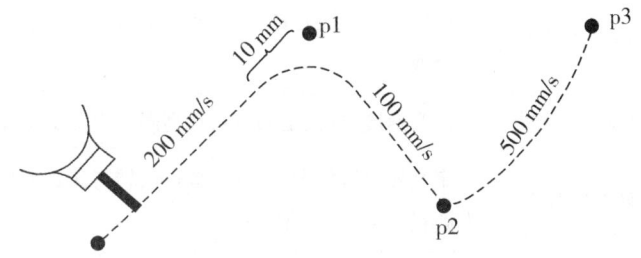

图 18-28　机器人线性运动轨迹

三、圆弧运动指令

圆弧路径是在机器人可到达的空间范围内定义三个位置点,第一个点是圆弧的起点,第二个点用于圆弧的曲率,第三个点是圆弧的终点。如图 18-29 所示的是圆弧运动示意图。

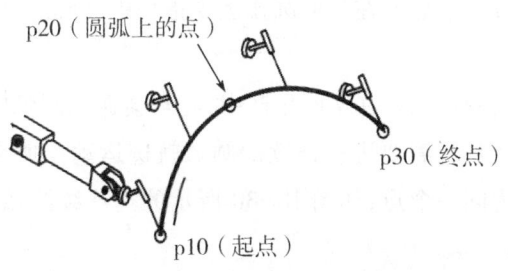

图 18-29　圆弧运动示意图

(一)圆弧运动指令解析

圆弧运动指令用于将机器人的工具中心点 TCP 沿圆弧运动至目标点,运动路径为圆弧线轨迹。圆弧运动指令的格式如下：

MoveL p10,v1000,z10,tool1\WObj:=wobj1;

MoveC p20,p30,v1000,z10,tool1\WObj:=wobj1;

各指令的含义见表 18-5。

表 18-5 圆弧运动指令含义

指令参数	含义	说明
MoveC	圆弧运动指令	定义机器人的运动轨迹
p10	目标点位置数据	机器人当前位置 p10 点作为圆弧的起点,可以在示教器中点击"修改位置"进行修改
p20	目标点位置数据	P20 点为圆弧上的一点,可以在示教器中点击"修改位置"进行修改
p30	目标点位置数据	P30 点为圆弧上的一点,可以在示教器中点击"修改位置"进行修改
v1000	运动速度数据	定义速度,单位是 mm/s,最高限速为 5000mm/s
z10	转弯区数据	定义转弯区的大小,单位是 mm,转弯区数值越大,机器人的动作路径就越圆滑与流畅
tool1	工具坐标数据	定义当前指令使用的工具
Wobj1	工件坐标数据	定义当前使用的工具坐标

（二）圆弧运动指令示例

圆弧运动指令的各参数同样可以通过示教器进行修改,以达到实际生产中的工艺要求。

由于圆弧运动轨迹的起点不在当前圆弧运动指令中,因此圆弧运动指令一般不作为运动轨迹。

编程中的第一条指令使用。在实际生产中,经常会遇到圆弧的运动轨迹不是单独的一段,而是由多段圆弧组成,需要进行连续的圆弧轨迹运动。那么第二段圆弧的起点和上一段圆弧的终点可为同一个点,如图 18-30 所示的是连续圆弧运动轨迹示意图,相应的程序编写示例如下：

MoveL p10, v1000,z10,tool1\WObj:=wobj1;

MoveC p20, p30,v1000,z10,tool1\WObj:=wobj1;

MoveC p40,p50,v1000,z10,tool1\WObj:=wobj1;

如图 18-30 所示的圆弧运动轨迹中,第一段圆弧的运动轨迹是从 p10 点起始,经 p20

点,到达 p30 点结束。第二段圆弧的运动轨迹是从 p30 点起始,经 p40 点,到达 p50 点结束。

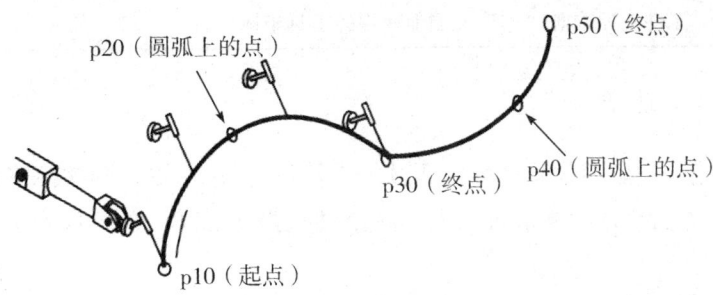

图 18-30　连续圆弧运动轨迹示意图

四、绝对运动指令

绝对运动指令是机器人的运动使用六个轴和外轴的角度值来定义目标位置数据。使用此指令时要求注意机器人各轴的可能运动轨迹,避免发生碰撞。常使用绝对运动指令使机器人的六个轴从当前位置回到机械零点(0°)的位置。

(一)绝对运动指令解析

绝对运动指令用于将机器人的各个关节轴运动至给定位置,运动路径为不确定轨迹。绝对运动指令的各参数同样可以通过示教器进行修改,以达到实际生产中的要求。在实际生产中,经常会遇到要求机器人的各个轴从当前的某一位置回到机械零点(0°)的位置。

绝对运动指令格式如下:

MoveAbsj ＊\NoEOffs, v1000, z50, tool1 \WObj: = wobj1;

各指令的含义见表 18-6。

表 18-6　圆弧运动指令含义

指令参数	含义	说明
MoveAbsj	绝对运动指令	定义机器人的运动轨迹
＊	目标点位置数据	定义机器人 TCP 的运动目标,可以在示教器中点击"修改位置"进行修改
\NoEOffs	外轴不带偏移数据	
v1000	运动速度数据	定义速度,单位是 mm/s,最高限速为 5000mm/s
z50	转弯区数据	定义转弯区的大小,单位是 mm,转弯区数值越大,机器人的动作路径就越圆滑与流畅

指令参数	含义	说明
tool1	工具坐标数据	定义当前指令使用的工具
Wobj1	工件坐标数据	定义当前使用的工具坐标

(二)绝对运动指令示例

绝对运动指令的各参数同样可以通过示教器进行修改,以达到实际生产中的要求。在实际生产中,经常会遇到要求机器人的各个轴从当前的某一位置回到机械零点(0°)的位置。

其指令格式如下:

PERSjointarget jpos10:=[[0,0,0,0,0,0],[9E+09,9E+09,9E+09,9E+09,9E+09,9E+09]];

M0veAbsi jpos10,v1000,z50,t0011\wobj:=wobj1;

关节目标点数据中各关节轴为0°,则机器人运行至各关节轴0°位置。

第五节 工业机器人搬运的运动轨迹设定

机器人搬运工作站与数控机床组成柔性制造系统,通过末端执行器的快速更换以及程序的灵活调整,能够迅速地更改整套系统的制造对象,满足了目前企业小批量高速生产又快速更新换代的生产需求。搬运机器人工作站通常由安装了搬运工具的机器人、货物输送流水线和货物码垛设备三个部分组成。

一、搬运工具

机器人在搬运货物的过程中,需要末端的搬运执行器对工件实现可靠夹持,以便机器人能够带着货物沿着预设的轨迹运行。根据搬运的货物种类不同,目前主要有气动手爪、真空吸盘、齿形夹爪三种用于搬运类工作的机器人末端执行器。

(一)气动手爪

气动手爪依靠换向阀调整气缸中压缩空气的流向,由压缩空气推动活塞后,以活塞带动手指实现开合动作从而夹取工件,常用于夹取中小型机械产品。在实际使用过程中根据所夹取工件的外形不同,可以选择如图18-31(a)所示的平面型手指或如图18-31(b)所示的V型手指。平面型手指适合夹取两个侧面为平行面的零件,而V型手指能够夹取轴类零件。

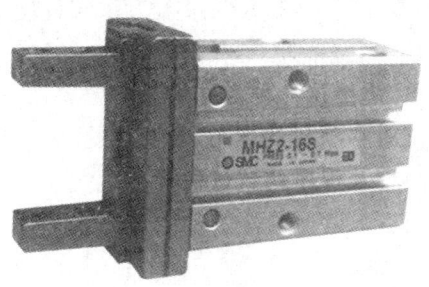 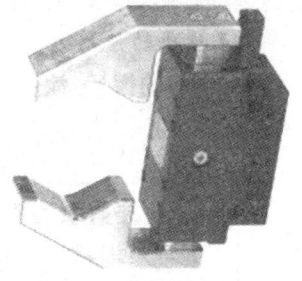

(a)平面型手指　　　　　　(b)V型手指

图 18-31　气动手爪

(二)真空吸盘

真空吸盘依靠控制阀和气压管路在橡胶吸盘内部产生的真空负压吸附工件,其外形与气动手爪相比,单吸盘所能吸附的货物重量较小,能够吸附软性或者脆性材料,常用于药片、糖果以及袋装日用品等轻型产品的搬运工作。将多个真空负压吸盘组合构成阵列式真空吸盘,能够吸附具有大表面积的曲面类零件,例如汽车表面钢板、玻璃等。

(三)齿形夹爪

齿形夹爪由气缸驱动四杆机构,实现两个齿形抓手的扣合运动,齿形抓手从底部抓取工件并完成搬运工作,其外形如图 18-32 所示。齿形夹爪负载能力大,适合于饲料、种子等农业及化工类袋装产品的搬运工作。

(a)齿形夹爪外形图　　　　　(b)工作状态的齿形夹爪

图 18-32　齿形夹爪

上述三种机器人的末端执行器都属于气动机构,需要在气动回路中设置压力开关,通过压力开关表面的按键,可以设定压力开关内部触点动作的触发值。

二、搬运机器人的轨迹设计

相对复杂的机器人工作站程序设计的整体性要求为:逻辑性判断程序写在主程序之

中,不同功能的运动程序单独写在例行程序之中。搬运机器人工作流程图如图18-33所示。

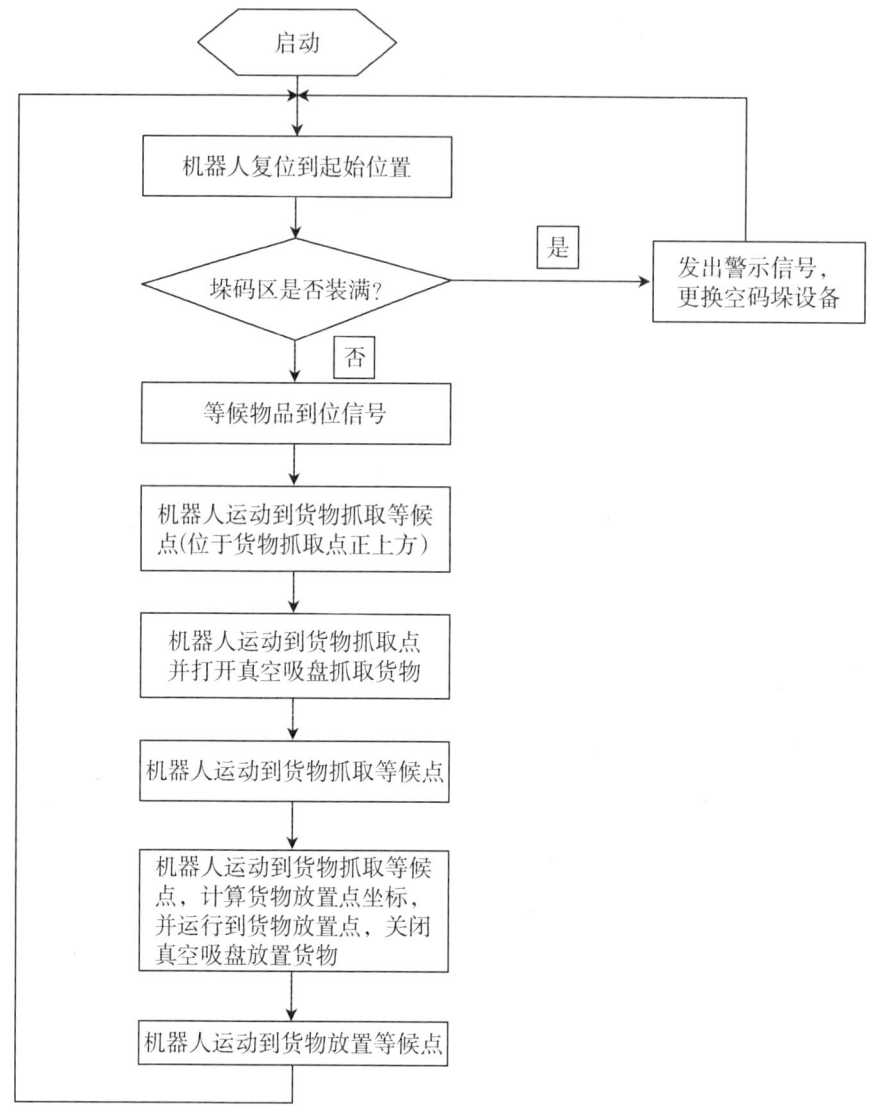

图18-33 搬运机器人工作流程图

（一）码垛区货物数量统计

码垛设备每次能够堆垛的货物数量是有限的,机器人系统在调用搬运程序前应该确认码垛区的货物数量。如果货物数量达到上限值,应该立即停止整个搬运工作站,并发出警示信号。搬运流水线的上位机收到警示信号后进行码垛设备的自动更换操作,或者基于人工操作的方式更换码垛设备。

码垛区货物数量的判断程序应该写在main0主程序之中,主程序结构示例如下:

VAR num PutedNO;(定义数值型变量 PutedNO)

VAR signaldo do-Full;(定义数字量输出信号 do-Full)

VAR signaldi di-Start;(定义数字量输入信号 di-Start)

CONST robtarget Pwait;(定义机器人起始等候点)

PROC main( )

Initial;(调用初始化程序)

WaitDI di-start,1;(等候机器人启动信号)

WHILE TRUE DO(程序进入死循环运行)

MoveJ Pwait,v200,z50,tool1;(机器人运动到起始等候点)

IF PutedNO<=9 THEN(码垛区货物数量没有达到上限)

RobotMOVE;(调用货物搬运程序)

PutedNO:=PutedNO+1;(码垛区已放置货物数量加1)

ELSE(码垛区货物数量达到上限)

SET do-FULL;(发出警示信号)

END IF

ENDWHILE

ENDPROC

上述程序中,预置的码垛区放置货物数量上限为9。实际工程中,可以根据具体情况设置码垛区实际放置货物的上限值。

(二)货物堆垛逻辑程序

货物的堆垛过程通常有以下三种形式:

(1)在 xy 平面中平铺摆放。

(2)在 z 轴方向叠加摆放。

(3)首先在 y 平面中平铺,货物铺满一层后再进行 z 轴方向的第二层叠加。

(三)机器人运动中间点选择

在机器人运动程序 RobotMOVE 中,机器人在货物抓取点和放置点的正上方,分别设置了抓取等候点 Ppick0 和放置等候点 Pplace0。这样做的目的是保证机器人在抓取或者放置货物时,沿着 z 轴方向竖直运行,避免机器人、手爪、货物在搬运过程中对其他设备产生干涉或者发生碰撞。实际工程中 Ppick0 和 Pplace0 之间如果还有其他设备存在,则机器人需要选择更多的运动中间点以规划出合理的避障运动路线。

第六节　焊接机器人的运动轨迹设定

汽车车身焊装工程是汽车整车制造中的重要工程之一。汽车车身,特别是轿车车身制造一直是高新技术应用相对集中的场合,其主要特征是采用了大量的焊接机器人进行车身焊装。随着汽车生产线柔性化水平的提高,对汽车白车身点焊的工艺有了更高的要求。据统计,每辆汽车(车身总成及车身部装件)有 3000~4000 个电阻点焊焊点。在汽车车身焊装工艺中,电阻点焊机器人处于主导地位。

一、点焊系统

点焊机器人系统如图 18-34 所示。点焊电缆包为机器人法兰盘上的点焊钳、点焊控制器和水冷及压缩空气单元提供标准可靠的连接,确保工业机器人在大范围运动时的柔性及线缆连接的可靠性。点焊钳,一般分为气动点焊钳和伺服点焊钳两大类。目前,伺服点焊钳的应用越来越广泛。相比气动点焊钳,伺服点焊钳的特点是输入量和相应的控制模型为恒定转矩。从控制系统的角度分析,气动点焊钳是开环控制,伺服点焊钳则是具有反馈的闭环控制。相应地,伺服点焊钳电极的运动和力就可以得到更加精确的控制。采用焊接机器人进行焊接,可使焊接过程更易控制,焊机更易操作,焊点质量得到保证。点焊控制器是对点焊钳的点焊参数进行控制的设备。水冷及压缩空气单元是为点焊钳提供冷却与动作支持的单元。

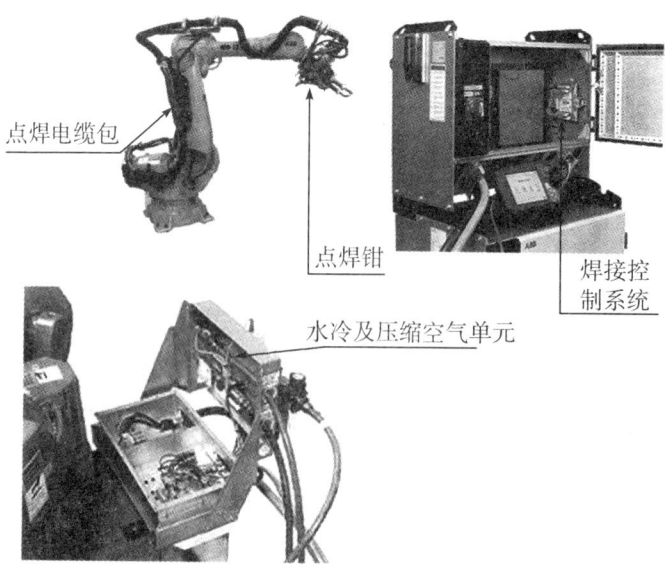

图 18-34　点焊机器人系统

二、点焊运动轨迹设计

点焊机器人在汽车白车身的焊接过程中,需要预设焊接轨迹,以便机器人的点焊钳可以沿着预设焊接轨迹运行。焊接机器人的运动轨迹是:机器人首先复位到起始位置点,机器人到达焊接接近点,机器人的焊枪在到达规划的焊点位置时,开启点焊钳,启动焊接系统并开始点焊,焊接结束,关闭点焊钳,机器人退回至焊接接近点,运动至下一个焊接接近点,准备焊接,在焊接结束后退回至起始位置点,完成焊接任务。机器人点焊运动的轨迹流程图如图 18-35 所示。

焊接机器人运动过程中有轨迹运动点和焊接点,需要根据焊接工艺和焊接路径示教这些点。在示教目标点时需要根据实际情况调整工具姿态,使得工具 z 轴方向与工件表面保持垂直。同时,若长期使用点焊钳,点焊钳会受到一定的磨损,需要进行修整或更换。

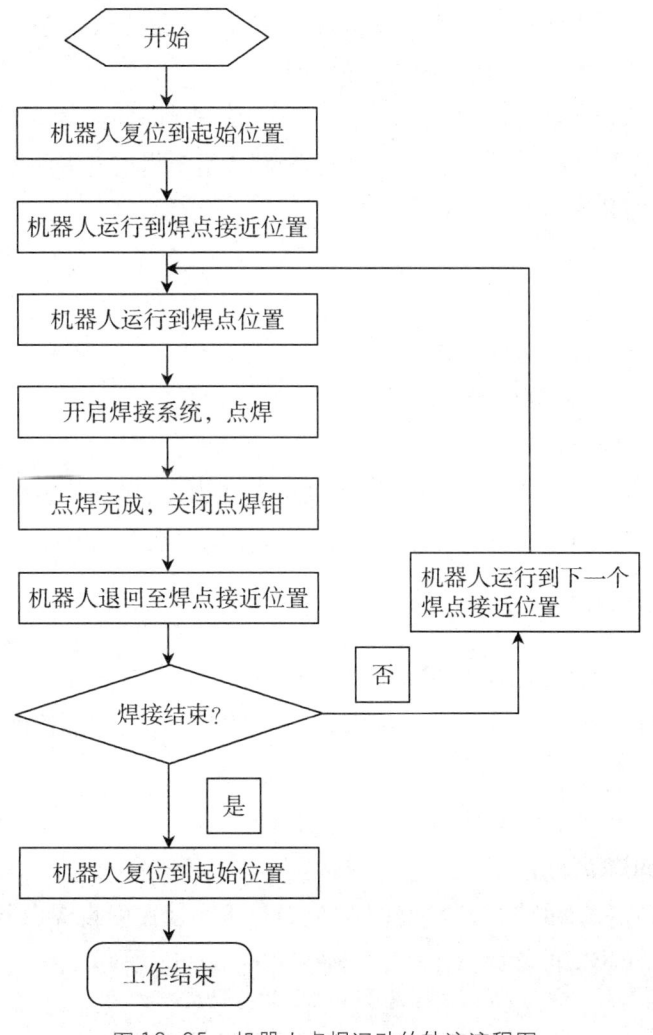

图 18-35 机器人点焊运动的轨迹流程图

三、点焊常用指令

焊接机器人系统需要安装专用的焊接模块系统,在需要进行焊接的位置点上使用焊接指令进行焊接。常见的焊接系统使用的指令如下。

(一)线性/关节点焊指令

点焊指令(SpotI/SpotJ),用于点焊工点对点过程的机器人运动控制,其中包括了机器人的移动、点焊钳的开关控制和点焊参数的调用:SpotL 用于在点焊位置的 TCP 线性移动,SpotJ 用于在点焊之前的 TCP 关节运动。

SpotL 指令程序示例如下:

SpotL p100,vmax,gunl,spotl0. tooll:

其中:

(1)当前的点焊钳 tooll 以速度 vmax 线性运动到点焊位置点 p100。

(2)点焊钳在机器人运动的过程中会预关闭。

(3)点焊工艺参数 spotl0 包含了在点焊位置 p100 点焊时所需要的点焊参数。

(4)点焊设备参数 gunl 是一个 num 类型的数据,用于指定点焊的控制器。点焊设备参数储存在系统模块 SWUSER. SYS 中。

(二)点焊枪关闭压力设定

点焊枪关闭压力设定指令 SetForce,用于点焊枪关闭压力的控制。

SetForce 指令程序示例如下:

SetForce gunl,forcel0;

点焊枪关闭压力设定指令指定使用点焊枪参数压力,点焊设备参数 gunl 是一个 num 类型的数据,用于指定点焊的控制器。点焊设备参数储存在系统模块 SWUSER. SYS 中。

(三)校准点焊枪指令

校准点焊枪指令 Calibrate,用于在点焊中校准点焊枪电极的距离。在更换了点焊枪或焊枪枪嘴后需要进行一次校准。在执行校准点焊枪指令后,校准数据会更新到对应的程序数据 gundata 中去。

Calibrate 指令程序示例如下:

Calibrate gunl\TipChg;

在更换枪嘴后对 gunl 进行校准,gunl 对应的是正在使用的点焊设备。指令执行后,程序数据 curr—gundata 的参数 curr—tip—wear 将自动复位为零。

思考题：

1. 工业机器人操作安全主要有哪些内容？
2. 工业机器人的特点有哪些？
3. 工业机器人工具中心点 TCP 如何设定？
4. 怎样使用 6 点法建立工具坐标系？

第十九章 三维扫描仪

> 【教学目标】
>
> **知识目标**
> 1. 了解三维扫描仪的安全操作守则及实训要求。
> 2. 了解三维扫描技术的基本知识。
> 3. 了解素材的选择初步处理过程。
> 4. 掌握三维扫描仪物理扫描过程和方法。
> 5. 掌握三维扫描软件后期模型美化修补方法。
>
> **能力目标**
> 1. 初步掌握三维扫描仪的使用方法和使用流程。
> 2. 能够完成模型的美化和修补。

第一节 概述

一、安全操作规程

（1）三维扫描仪为昂贵精密仪器，务必确保现场秩序，严禁喧哗打闹。

（2）必须严格按照操作规程进行操作，禁止从事一切未经指导教师许可的工作。

（3）扫描前务必保持线路连接正确、镜头洁净、工作台清洁；将扫描仪置于干燥、无灰尘的地方并保持周围的温度；用干净且洁净的布片擦拭滤镜。

（4）扫描头应放置于支撑架上，在不用时放于便携箱，扫描前应认真进行扫描精度预调试，一经确定禁止擅自调试改变。

（5）校准板要轻拿轻放，用完之后马上放回箱中，防止破损；各部件放回便携箱时，数据线不能有180°的折角，电源适配器的线头空间要足够；严禁擅自拆卸组装镜头、严禁带电拔插插头。

（6）设备故障时应立即停机，关闭电源，及时报告，不得擅自检修。

（7）注意安装先后顺序（扫描头先插后拔，软件后开先关）；临下课前应注意整理清点配件，以防丢失。

（8）全天操作结束后，应关闭机器，关闭电源，清洁和整理现场。

二、扫描原理

三维扫描仪扫描原理类似于照相机拍摄照片而得名，是为满足工业设计行业应用需求而研发的产品，它集高速扫描与高精度优势，可按需求自由调整测量范围，从小型零件扫描到车身整体测量均能完美胜任，具备极高的性能价格比。

拍照式结构光三维扫描仪是一种高速高精度的三维扫描测量设备，采用的是目前国际上最先进的结构光非接触照相测量原理。结构光三维扫描仪的基本原理是：采用一种结合结构光技术、相位测量技术、计算机视觉技术的复合三维非接触式测量技术。采用这种测量原理，使得对物体进行照相测量成为可能，所谓照相测量，就是类似于照相机对视野内的物体进行照相，不同的是照相机摄取的是物体的二维图像，而研制的测量仪获得的是物体的三维信息。与传统的三维扫描仪不同的是，该扫描仪能同时测量一个面。测量时光栅投影装置投影数幅特定编码的结构光到待测物体上，成一定夹角的两个摄像头同步采得相应图像，然后对图像进行解码和相位计算，并利用匹配技术、三角形测量原理，解算出两个摄像机公共视区内像素点的三维坐标。拍照式三维扫描仪可随意搬至工件位置做现场测量，并可调节成任意角度作全方位测量，对大型工件可分块测量，测量数据可实时自动拼合，非常适合各种形状、大小物体（如汽车、摩托车外壳及内饰、家电、雕塑等）的测量。

拍照式三维扫描仪采用的是白光光栅扫描，以非接触三维扫描方式工作，全自动拼接，具有高效率、高精度、高寿命、高解析度等优点，特别适用于复杂自由曲面逆向建模，主要应用于产品研发设计（RD，比如快速成型、三维数字化、三维设计、三维立体扫描等）、逆向工程（RE，如逆向扫描、逆向设计及三维检测 CAV），是产品开发、品质检测的必备工具。

三、工作大致流程步骤

三维扫描仪的工作大致流程分以下三个步骤：

（1）素材的选择以及处理。素材的选择对于一个扫描过程来说非常重要。由于受到光学扫描仪本身的性能和原理的限制，所以对于被扫描的物体则有着一些限制，对于不满足条件的素材物体，则需要进行初期的处理，使之满足扫描的条件。

（2）对素材物体进行环状扫描，初步建立 3D 模型。

初步建立 3D 模型的方法具体见后续章节的操作流程。

(3) 对 3D 模型进行精修

对 3D 模型进行精修的方法具体见后续章节的操作流程。

第二节　三维扫描仪相关设备

一、机器整体结构外观

以 Artec Space Spider 三维扫描仪为例介绍,其设备外观如图 19-1 所示。

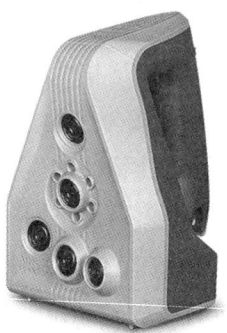

图 19-1　Artec Space Spider 系列三维扫描仪正面图

二、精修模型设备

由于三维模型的处理需要相对较高的电脑性能,普通的电脑无法胜任,所以一般都采用工作站级别的 PC 来进行处理。这里以如图 19-2 所示 HP ZBook Studio G3 (V8N23PA)型号移动工作站为例进行介绍。

图 19-2　HP ZBook Studio G3(V8N23PA)移动工作站

HP ZBook Studio G3(V8N23PA)移动工作站配置见表 19-1。

表 19-1 HP ZBook Studio G3(V8N23PA)移动工作站配置

CPU 型号	酷睿 i7-6700HQ
CPU 主频	2.6GHz
制程工艺	14nm
三级缓存	6MB
总线规格	DMI3 8GT/s
CPU 核心	四核
CPU 线程数	八线程
内存类型	DDR4
内存	32GB
显卡芯片	特别版 NVIDIA Quadro M1000M
显存容量	4GB

三、扫描素材

由于该扫描仪采用光学扫描原理,扫描的过程则采用360°环绕一周取样成像,所以对于被扫描的素材有一定的限制,对于一些限制则有着一些解决的方案,而有的则由于条件所限则无法克服。

(一)形状规则对称介质

由于扫描过程采用360°环绕一周取样成像,采用无数个角度的点采集来的图像成像,然后再通过软件把无数个图像的边缘进行计算拼接,最终形成模型。但是由于形状规则对称的介质,从很多角度的取样成像没有很明显的区别,所以会造成边缘无法识别拼接的情况出现,导致扫描采集失败。例如表面无花纹颜色单一的红色球体,从任何角度采集图像呈现的均为红色圆球,会导致扫描失败。

针对这种情况,一般采用的方法是如图19-3所示在表面粘贴辅助标靶点,这样从各个角度所采集的图像则会呈现出不同,以便于下一步图像拼接步骤的实施。

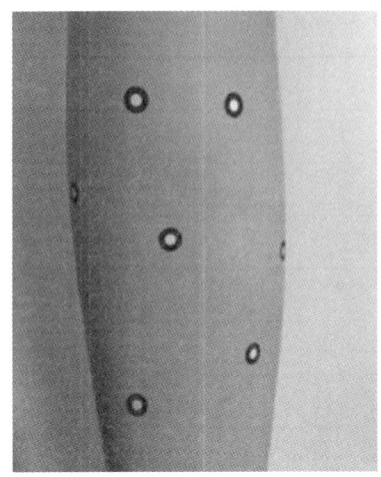

图19-3 标靶点辅助扫描

（二）表面颜色黑色或者白色的介质

由于扫描仪采用光学成像的技术来采集图像，所以要依靠素材介质的表面来反射光线好到达采集摄像头，而黑色则吸收所有的光线导致无法采集图像，白色反射所有的光线造成光路冗余导致无法采集图像，所以纯黑或者纯白则无法扫描。

针对这种情况，一般采用表面撒上粉末方式，来使表面颜色正常化。

（三）表面金属光泽或者透明的介质

金属光泽会产生镜面反射而不是漫反射会导致无法采集图像，透明介质的光线直接穿过物体无法反射使采集摄像头导致无法采集图像，所以表面金属光泽或者透明的介质则无法扫描。

针对这种情况，一般采用表面喷上特殊防眩光喷雾方式，来使表面正常化。

第三节 三维扫描仪的基本操作实例

一、开机操作步骤

第一步：将扫描仪接入电源并连接到移动工作站上。
第二步：移动工作站接入电源并打开工作站。
第三步：打开软件"Artec studio professional 12"。
第四步：点击左上角"扫描"进入扫描过程。

二、"Artec studio professional 12"软件程序功能说明

（一）主功能窗口

主功能窗口，如图19-4所示。

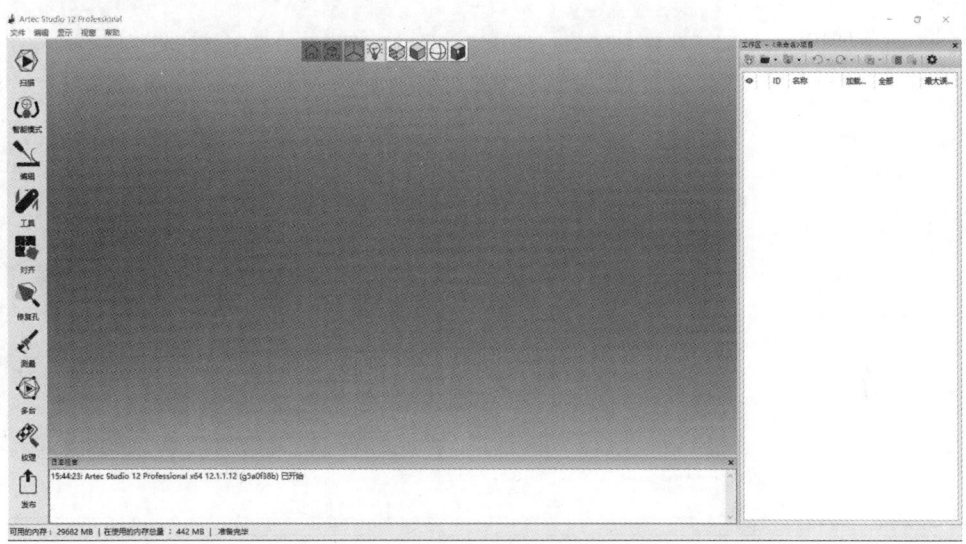

图19-4　主功能窗口

（二）扫描准备

如图19-5所示打开扫描仪电源，然后点击左上角"扫描"，然后屏幕显示进入机器预热过程，预热过程大约需要5~10分钟，预热过程完成后则准备就绪。

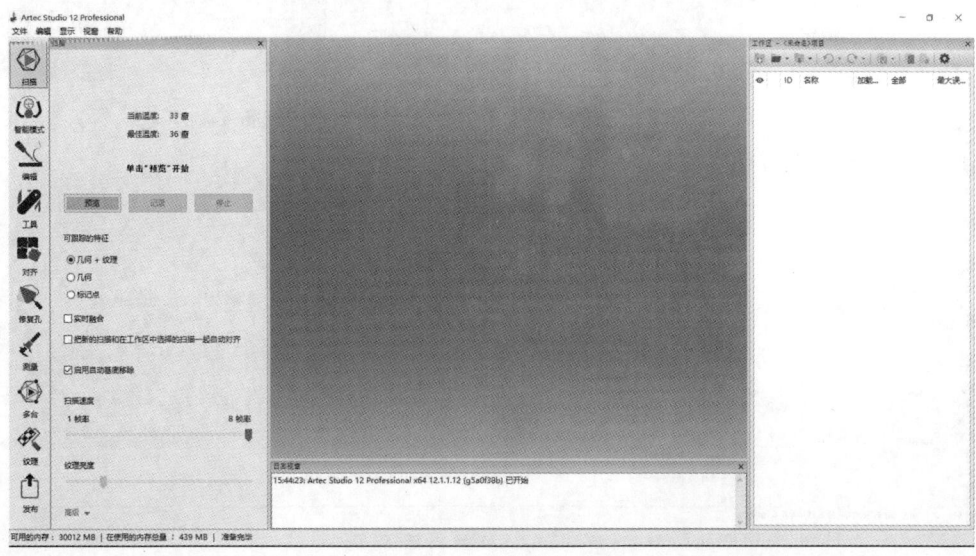

图19-5　预热准备就绪

(三)预览调试

如图19-6所示先点击"预览",然后调整距离,到屏幕显示出清晰图像为止,具体也可以参考屏幕中部的距离波段,如图所示在248左右时距离最合适。

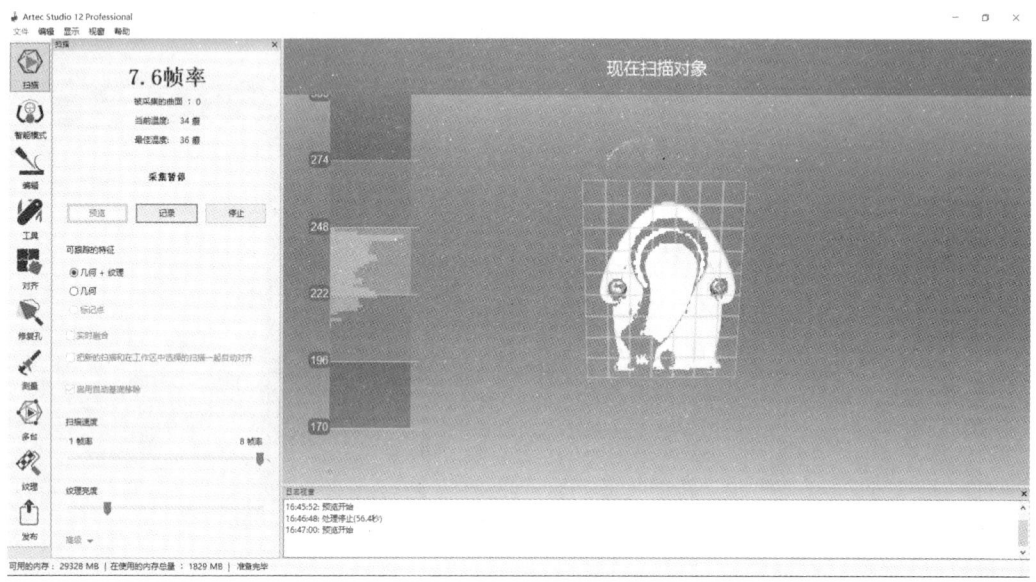

图19-6 预览调试窗口

(四)360°环绕采集图样

如图19-7所示单击右上方"记录",则进入采集的界面。

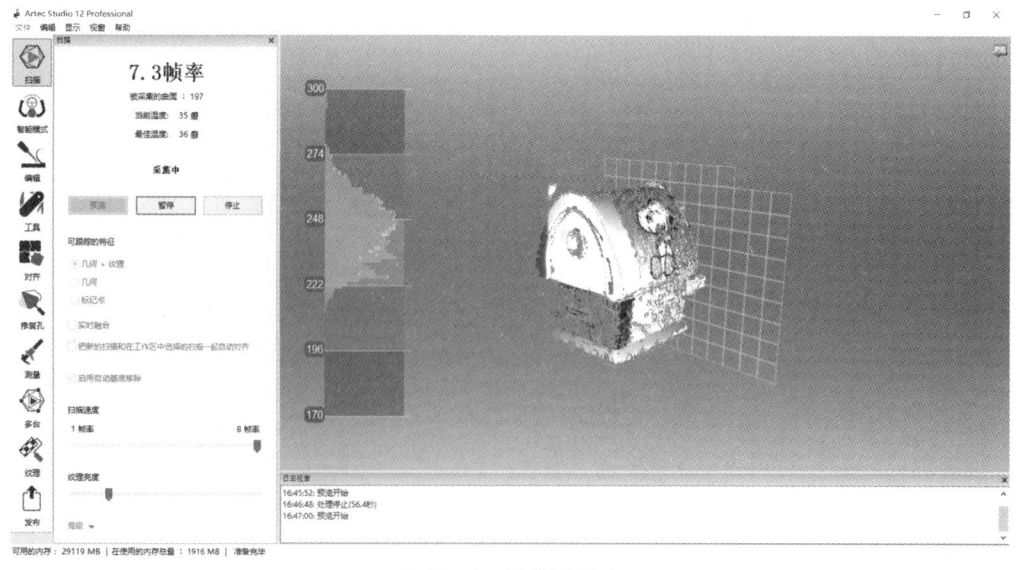

图19-7 采集过程A

采集过程中,采用360°环绕的方式来进行。

对于普通的直径在 30cm 以下的物体,采用扫描仪固定物体旋转的方式来进行,以达到 360°全方位无死角的扫描效果;对于体积比较大的物体,由于物体的移动旋转有着一定的困难,所以一般采用扫描仪环绕旋转物体的方式来进行。此实例中采用物体旋转的方式来进行。

如图 19-8 所示则是不同的角度进行的截图。

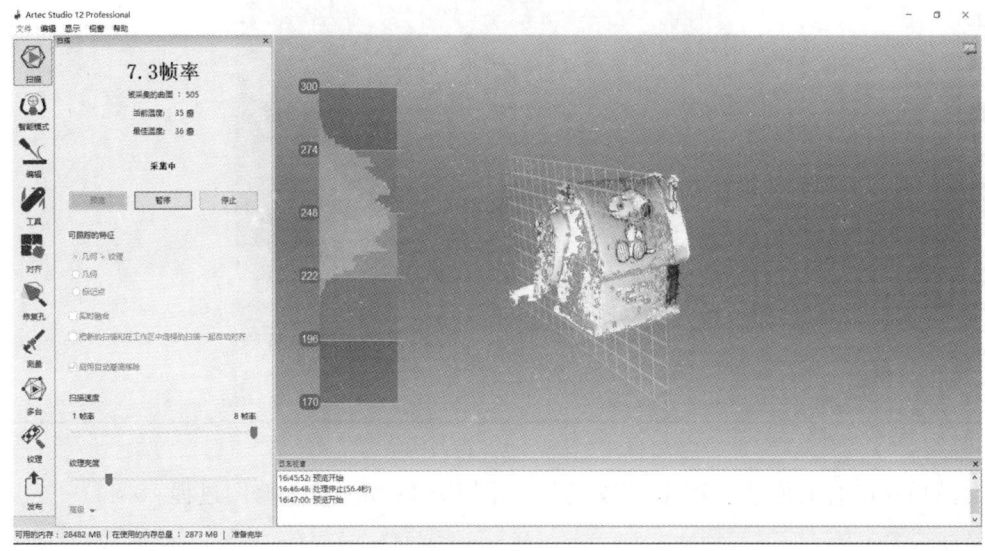

图 19-8　采集过程 B

如图 19-9 所示采集完成后初步的粗糙模型。

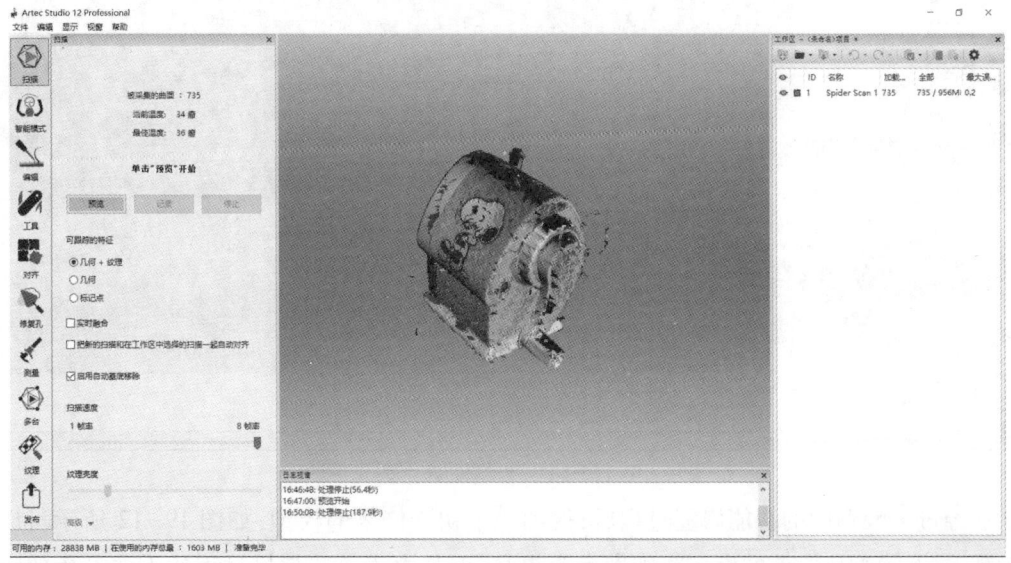

图 19-9　扫描初步完成

(五)模型的去噪处理

初步完成的模型,可以看到内容有着一些粗糙的地方,并且四周外围有着大量的噪点,如图19-10所示,可以看出由于此处的扫描是没有扫描底座的,所以整个模型的底座是个黑洞,并非一个闭合的3D模型的空间。

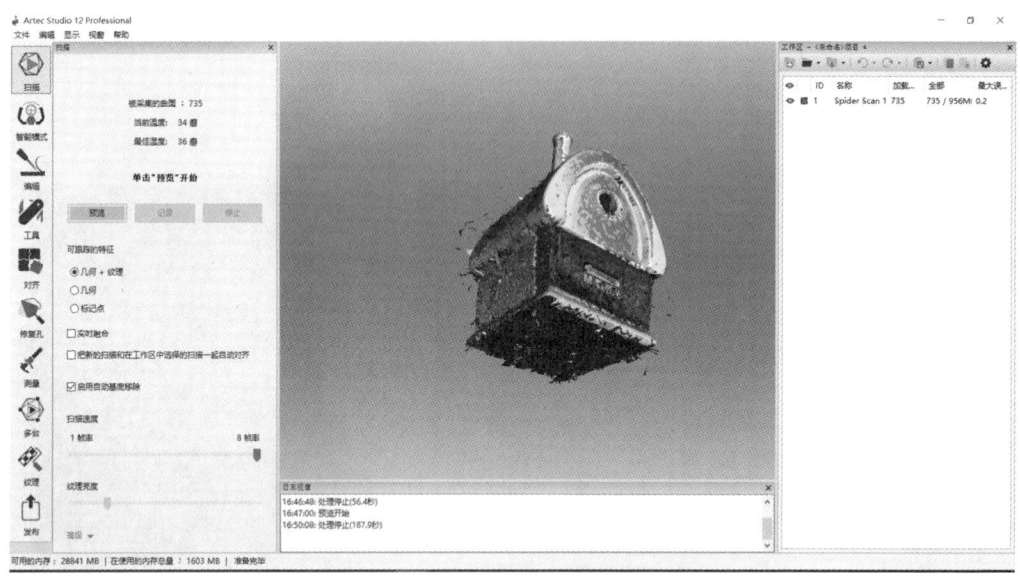

图19-10　初步完成的模型

然后点击右上角第二个"智能模式",如图19-11所示进入修图过程。

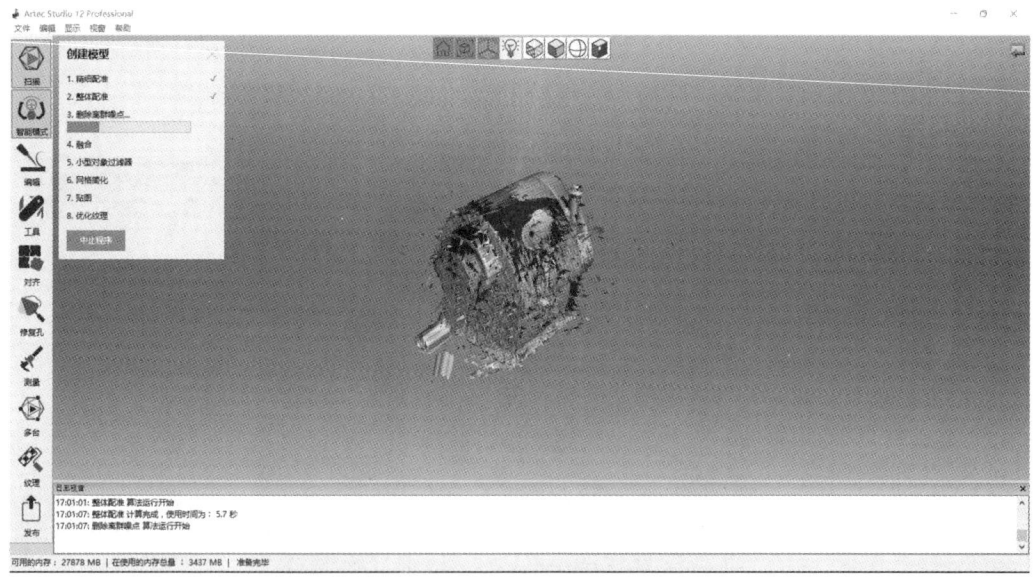

图19-11　智能修图过程

经过去噪贴图的智能修复过程后,得到一个初步修复的模型,如图19-12所示可以发现,这个模型比之前的模型精细度大为提高,但是由于一些扫描过程的无法避免的噪点和障碍,底部依旧有一些冗余部分。

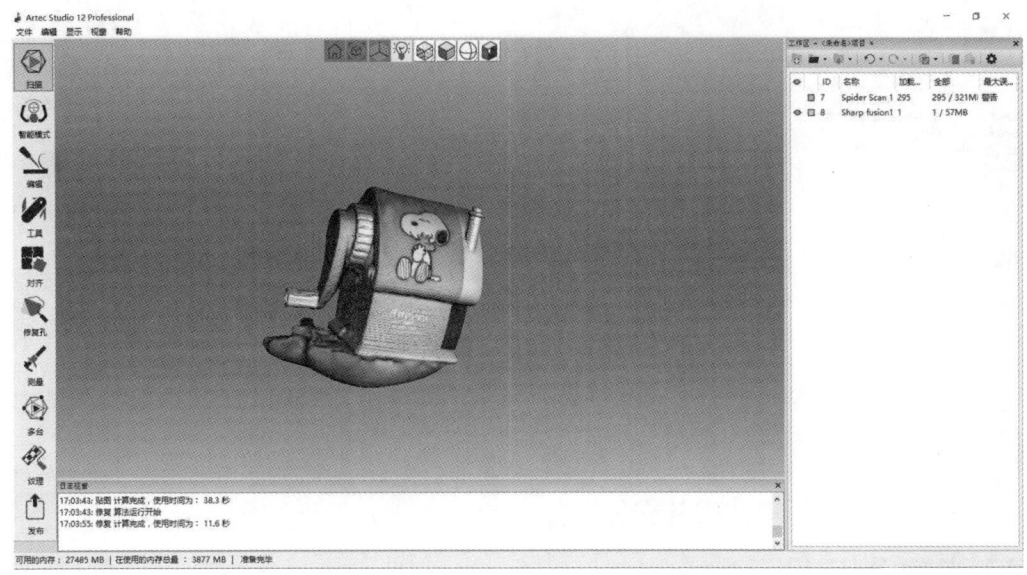

图 19-12　智能模式修复后的模型

(六) 去除冗余模型

在这里我们要进一步手动删除掉冗余的模型空间,如图 19-13 所示点击左上角第三个"编辑",进入编辑模式。

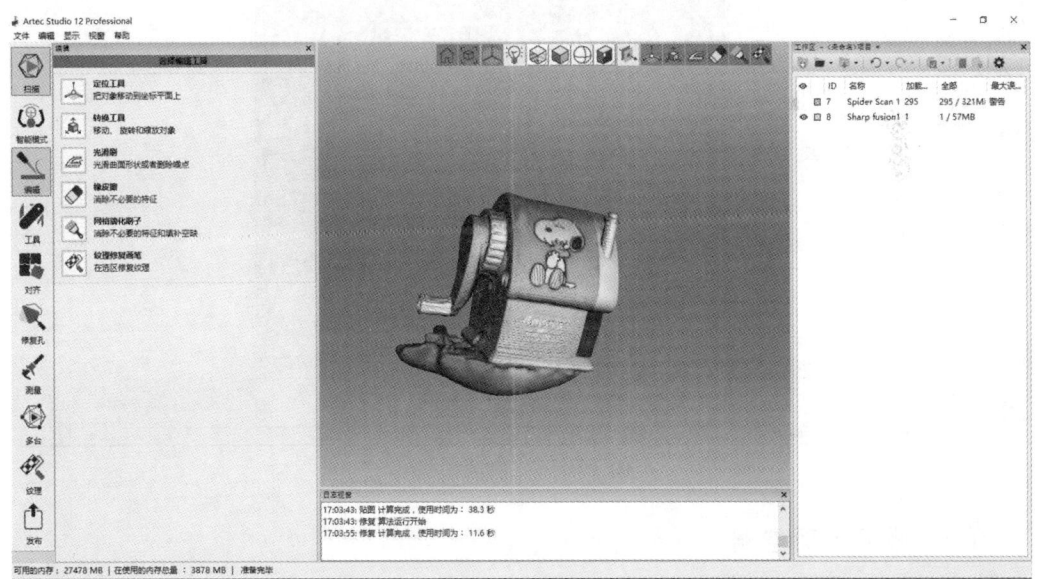

图 19-13　编辑模式

然后点击新出现的编辑菜单中的第四个选项"橡皮擦",如图 19-14 所示进入擦除模式,这里采用"二维选择",然后点 ctrl 键同时用鼠标左键选择住将要擦除的部分,使之变成红色。

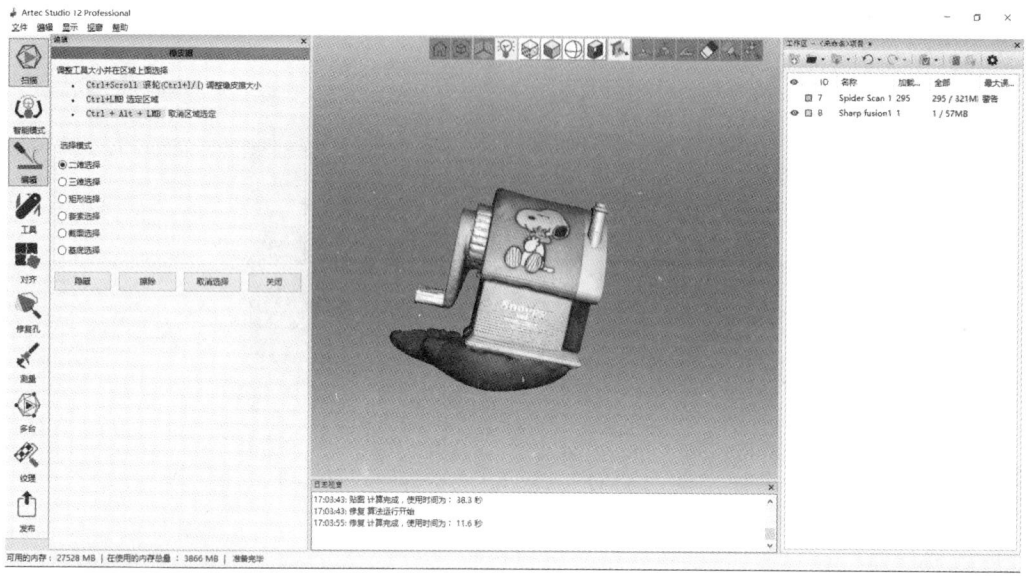

图19-14 擦除模式

然后点击"擦除",如图19-15所示将冗余的部分删除掉。

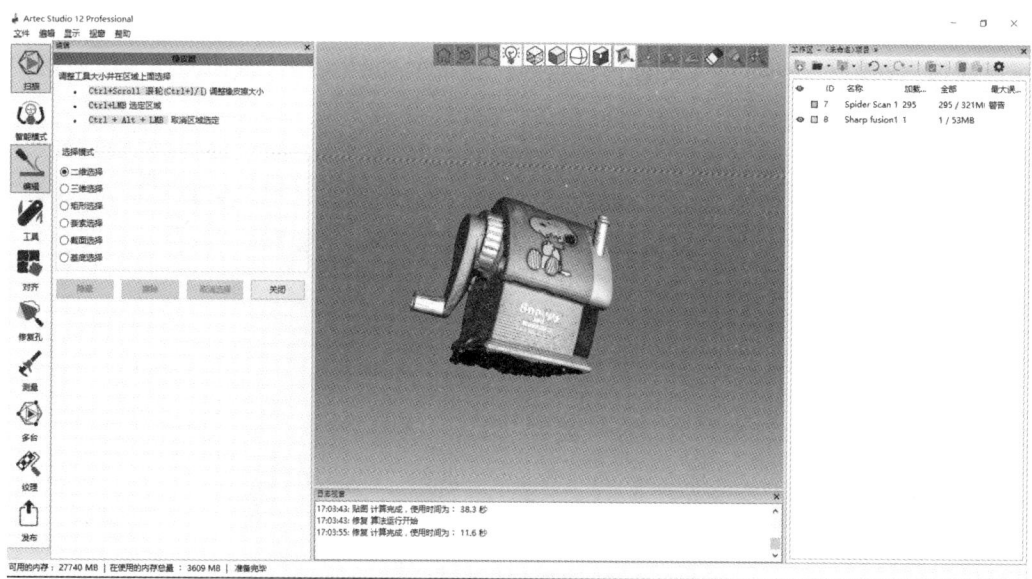

图19-15 擦除模式

(七)修复表面空洞

由于在扫描过程中的一些条件限制,会造成一些纰漏,表面会有一些空洞的孔,另外由于底面无法扫描,所以底面会有一个巨大的黑洞,这些统称为"孔",需要进行修复工作,这里就介绍下修复的过程。

首先选择图形模式,将表面纹理图案隐藏起来,进入纯粹的模型模式,然后点击右边工具栏的第六项"修复孔",出现修复孔的界面,如图19-16所示可以看到例子中有4个孔待修复，其中第 1 个周长最大的孔则是底面黑洞，其他 3 个小孔则是分布在表面其他位置的噪点误差产生的小孔，现在全部打钩选中这些孔，来修复它们。

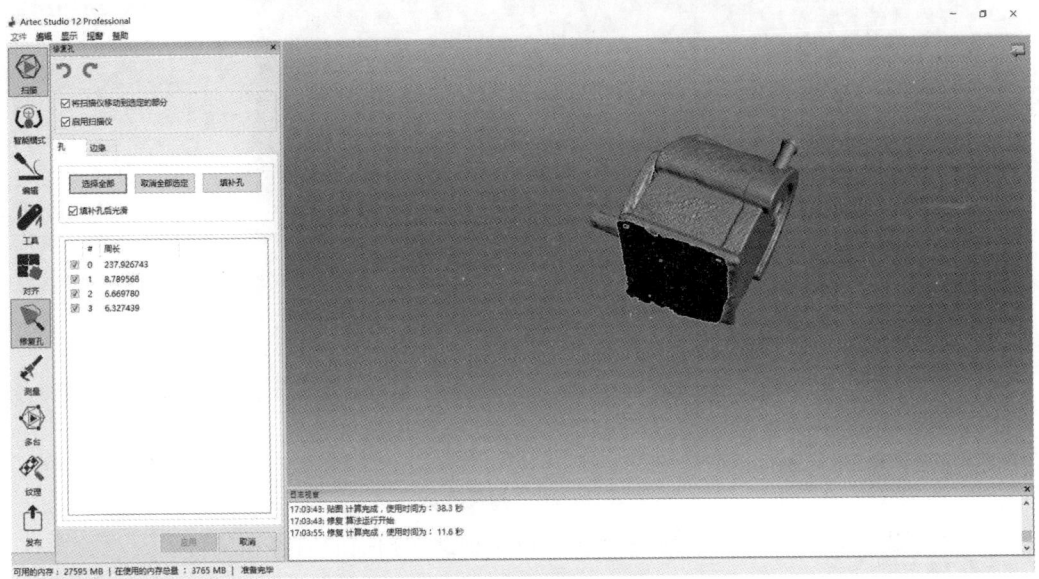

图 19-16　修复孔界面

如图 19-17 所示修复之后，可以看到底面黑洞已经修补起来。

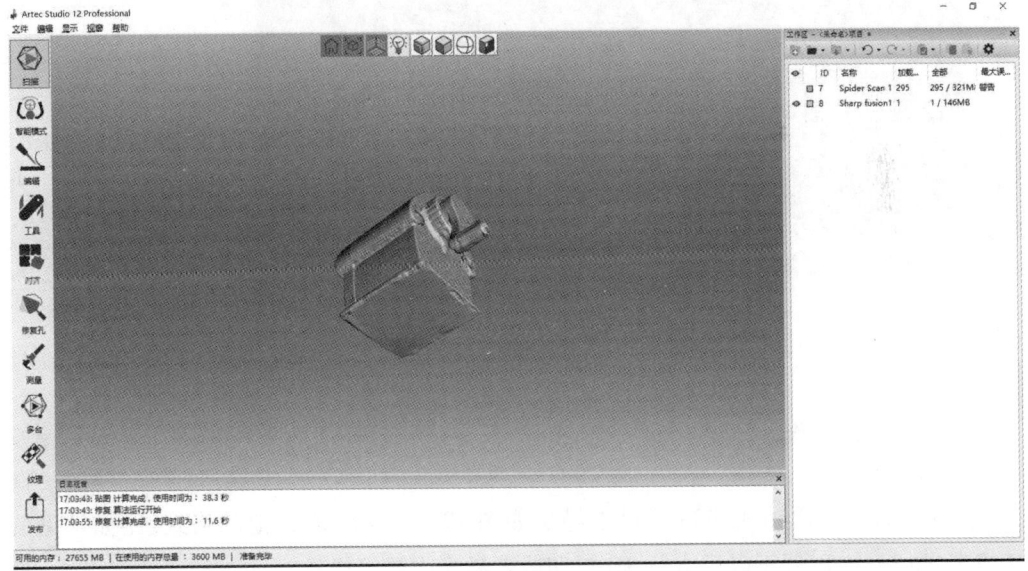

图 19-17　修复孔完成

(八)保存及导出

经过之前一系列步骤，本次扫描工作基本完成，最终效果如图 19-18 所示。

工程训练教程

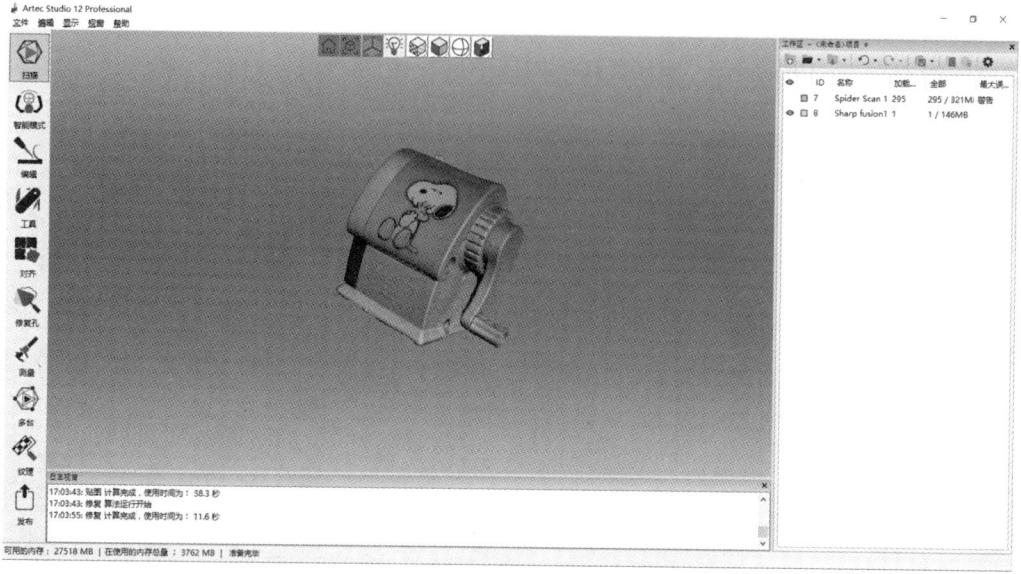

图 19-18　扫描完成

然后点击"ctrl+s",如图 19-19 所示可以保存此次扫描的内容和项目。

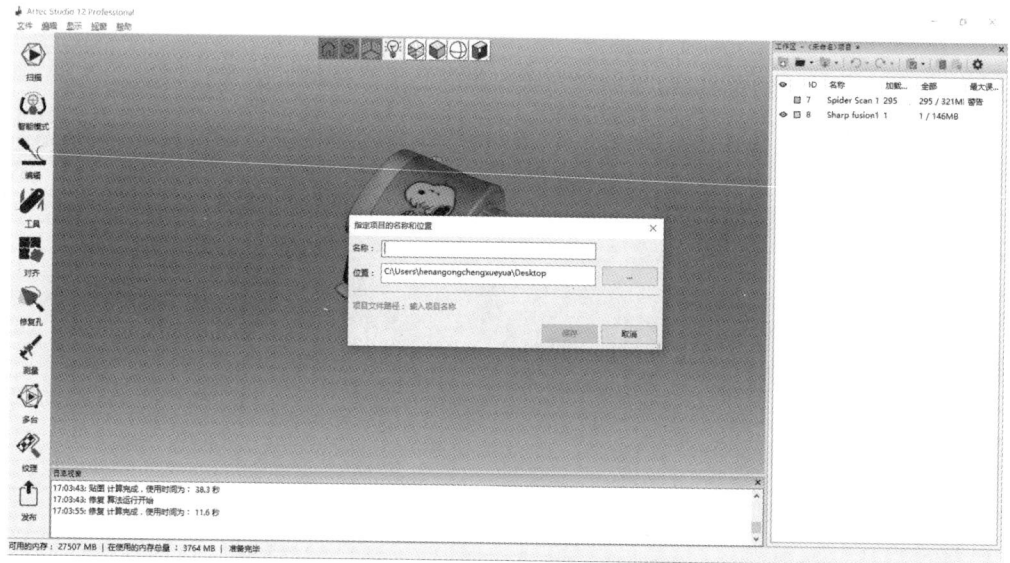

图 19-19　保存项目

保存之后,点击"ctrl+shift+e"可以导出如图 19-20 所示成其他的格式,比如常见的 stl 或者 obj 模式,以便于以后进行 3D 打印或者激光内雕等操作。

348

第十九章　三维扫描仪

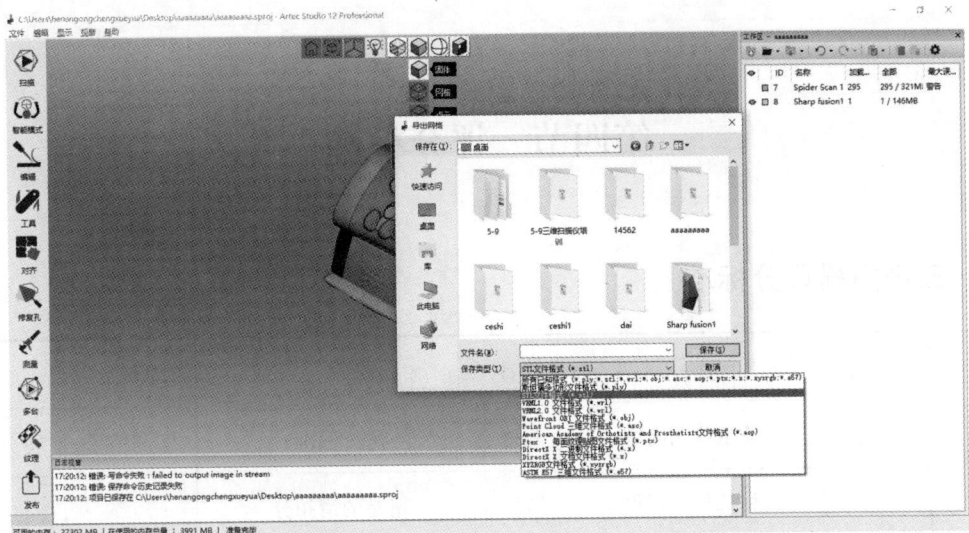

图 19-20　导出

三、关机顺序

第一步：关闭扫描仪，等待其冷却大约 5~10 分钟。

第二步：关闭工作站。

第三步：将扫描镜头用柔软纸巾擦拭干净后收入包装箱内。

第四节　评分标准

三维扫描评分标准

	工位号		学号		姓名		总得分	
成绩评定	项目	质量检测内容		配分	评分标准		实测结果	得分
		素材选择是否得当		15	超差酌情扣分			
		扫描过程噪点数量		15	超差酌情扣分			
		模型修复是否得当		30	超差酌情扣分			
		孔的修复是否得当		10	超差酌情扣分			
		安全文明生产		30	违者不得分			
	现场记录：							

思考题

1.扫描大件物体如何保持手持扫描仪的稳定性？

2.扫描过程中如果在扫描物体之外反复出现大量的噪点，这种情况为什么会出现？如何解决？

3.修复过程中对于表面的细节程度如果有着更高的要求，需要在哪些方面来加强？如何做？

参考文献

[1] 魏斯亮,邱小林.金工实习(第二版)[M].北京:北京理工大学出版社,2016.
[2] 滕向阳.金属工艺学实习教材[M].北京:机械工业出版社,2008.
[3] 张瑞平.金属工艺学[M].北京:冶金工业出版社,2008.
[4] 张学政,李家枢.金属工艺学实习教材(第四版)[M].北京:高等教育出版社,2011.
[5] 刘新佳.金属工艺学实习教材[M].北京:高等教育出版社,2008.
[6] 牛瑞利.金工实习指导[M].郑州:河南科学技术出版社,2010.
[7] 李华.机械制造技术[M].北京:机械工业出版社,1997.
[8] 张茂.机械制造技术基础[M].北京:机械工业出版社,2007.
[9] 郭成操,李刚俊.机械加工工艺基础[M].北京:冶金工业出版社,2008.
[10] 同济大学金属工艺学教研室.金属工艺学实习教材[M].北京:高等教育出版社,1992.
[11] 邓文英,宋力宏.金属工艺学[M].北京:高等教育出版社,2008.
[12] 范培耕.金属材料工程实习实训教程[M].北京:冶金工业出版社,2011.
[13] 高正一.金工实习[M].北京:机械工业出版社,2006.
[14] 朱华炳,田杰.工程训练简明教程[M].北京:机械工业出版社,2015.
[15] 李文双,邵文冕,杜林娟.工程训练:非工科类[M].哈尔滨:哈尔滨工程大学出版社,2010.
[16] 商利容,汤胜常.大学工程训练教程[M].上海:华东理工大学出版社,2010.
[17] 刘世平,贝恩海.工程训练[M].武汉:华中科技大学出版社,2008.
[18] 正天激光.激光内雕机教学讲义.培训资料.2016.
[19] 周功耀,罗军.3D打印基础教程[M].北京:东方出版社,2016.
[20] 王永信.快速成型及真空注型技术与应用[M].西安:西安交通大学出版社,2014.
[21] 曹明元.3D打印快速成型技术[M].北京:机械工业出版社,2017.
[22] 华健,赵晓昱.现代汽车制造工艺学(第三版)[M].上海:上海交通大学出版社,2008.

［23］钟翔山,黄志雄,肖军.挂钩冲压工艺及模具设计[J].产品与技术,2015(5).

［24］范培耕.金属材料工程实习实训教程[M].北京:冶金工业出版社,2011.

［25］刘天祥.工程训练教程[M].北京:中国水利水电出版社,2009.

［26］黄风.工业机器人编程指令详解[M].北京:化学工业出版社,2017.

［27］刘伟.六轴工业机器人在自动装配生产线中的应用[J].电工技术,2015,(8):49,50.

［28］吴昊.基于PLC的控制系统在机器人码垛搬运中的应用[J].山东科学,2011,(6):75-78.

［29］陈先锋.伺服控制技术自学手册[M].北京:人民邮电出版社,2010.

［30］Artec3D.Artec3D扫描仪教学讲义.培训资料.2017.